普通高等教育“十三五”重点规划教材·计算机基础教育系列

Visual FoxPro 程序设计与 SQL 数据库应用实践教程

高　昱　姜　雪　黄　和　主　编

李锦平　姜　涌　佟　力
韩智涌　赵　慧　副主编

科学出版社

北　京

内 容 简 介

本书是《Visual FoxPro 程序设计与 SQL 数据库应用教程》（高昱、张宇、黄和主编，科学出版社出版）的配套教材，根据教育部考试中心“全国计算机等级考试二级 Visual FoxPro 数据库程序设计考试大纲”的要求编写而成。

本书是上机操作实践教程，步骤详细，结构清晰，以面向对象的程序设计为轴心，特别适合高等学校非计算机专业的学生使用。同时，编者基于多年的教学实践和全国计算机等级考试（二级）培训工作经验，在书中加入了大量的例题和习题，并配有完整的答案。

本书既可作为 Visual FoxPro 程序设计的教材使用，也可作为全国计算机等级考试（二级）Visual FoxPro 程序设计的辅导和培训教材。

图书在版编目（CIP）数据

Visual FoxPro 程序设计与 SQL 数据库应用实践教程/高昱，姜雪，黄和主编. —北京：科学出版社，2017

（普通高等教育“十三五”重点规划教材·计算机基础教育系列）

ISBN 978-7-03-053881-9

Ⅰ. ①V… Ⅱ. ①高… ②姜… ③黄… Ⅲ. ① 关系数据库系统-程序设计-高等学校-教材 Ⅳ. ① TP311.138

中国版本图书馆 CIP 数据核字（2017）第 153579 号

责任编辑：宋 丽 陈将浪 / 责任校对：王万红

责任印制：吕春珉 / 封面设计：东方人华平面设计部

科学出版社 出版

北京东黄城根北街 16 号

邮政编码：100717

http://www.sciencep.com

北京中科印刷有限公司 印刷

科学出版社发行 各地新华书店经销

*

2017 年 8 月第 一 版 开本：787×1092 1/16

2020 年12月第 五 次印刷 印张：15 1/2

字数：367 000

定价：37.00 元

（如有印装质量问题，我社负责调换〈中科〉）

销售部电话 010-62136230 编辑部电话 010-62135927-2014

前　言

Visual FoxPro 6.0 关系数据库管理系统是由 FoxPro 发展而来的一种面向对象的数据库程序设计语言，是一种既支持面向过程又支持面向对象的混合型编程语言，是新一代小型关系数据库管理系统的杰出代表。Visual FoxPro 6.0 引进面向对象的程序设计方法和事件驱动方式，提供了更多更好的设计器、生成器、向导和类，强大的工具使程序设计更加方便快捷，更加便于实践操作。

本书是《Visual FoxPro 程序设计与 SQL 数据库应用教程》（高昱、张宇、黄和主编，科学出版社出版）的配套教材，编者全部由多年从事教学工作的一线教师组成，实验设计合理，类型全面，强调理论与实践的结合，突出面向对象的程序设计理念。本书通过一些具有代表性的实例，可使学生快速理解 Visual FoxPro 知识，提高上机操作能力，掌握编程思路和计算机语言技巧。

本书包括实验篇和习题篇两部分。实验篇共 10 个实验，与主教材的第 1～10 章对应（第 11 章没有安排实验）；习题篇共 11 套习题，与理论及实践内容相呼应，与全国计算机等级考试（二级）的单选题内容相关。本书既与主教材内容匹配又与全国计算机等级考试（二级）内容相对应，能很好地展示各种控件的优良性能和使用方法，更好地应用于各类设计任务中。

本书在内容的设置上同样突出了应用特点，难度与全国计算机等级考试（二级）的难度保持一致。实验内容丰富，涵盖全面，设计了学生感兴趣的实验，安排了综合应用的习题，以培养学生分析问题和解决问题的能力。在学生学习表单之后，可以安排综合应用的练习，在巩固前面章节知识和操作能力的同时，达到融会贯通的目的。

本书由高昱、姜雪、黄和担任主编，李锦平、姜涌、佟力、韩智涌、赵慧担任副主编，其中高昱负责整体结构设计及统稿，高昱、姜雪、黄和负责编审。具体编写分工如下：赵慧编写第 1 章习题和实验 1 及第 11 章习题，韩智涌编写第 2、9 章习题及实验 2、实验 9，高昱编写第 3、10 章习题及实验 3、实验 10，张丽君编写第 4 章习题及实验 4，宋敏杰编写第 5 章习题及实验 5，李锦平编写第 6 章习题及实验 6，姜涌编写第 7 章习题及实验 7，佟力编写第 8 章习题及实验 8，吴静、董睿等参与了本书的编写工作。

由于编者水平有限，书中难免存在疏漏和不妥之处，恳请广大读者批评指正。

编　者

2017 年 3 月

目　录

实　验　篇

习　题　篇

实 验 篇

实验1 Visual FoxPro 6.0 系统概述

一、实验目的

1）熟悉 Visual FoxPro 集成开发环境及工作方式。

2）掌握系统配置的设置方法。

二、重点和难点

1. 重点

系统配置的设置方法。

2. 难点

日期时间格式的设定。

三、实验内容

1. Visual FoxPro 6.0 的启动和退出

【实验题目】 Visual FoxPro 6.0 常用的启动方式有两种，即快捷方式启动和通过“开始”菜单启动；退出方式有 4 种。本实验题目共实践以下 4 种组合。

1）用快捷方式启动、菜单退出。

2）通过“开始”菜单启动、关闭窗口退出。

3）用快捷方式启动、使用命令退出。

4）用快捷方式启动、使用组合键退出。

【操作步骤】

（1）快捷方式启动、菜单退出

双击 Visual FoxPro 6.0 快捷方式图标，启动 Visual FoxPro 6.0，弹出欢迎界面。选中“以后不再显示此屏”复选框，以后启动系统不再弹出欢迎界面，选择“关闭此屏”选项进入 Visual FoxPro 6.0 系统。

选择“文件”→“退出”选项，退出 Visual FoxPro 6.0 系统。

（2）“开始”菜单启动、关闭窗口退出

选择“开始”→“所有程序”→“Microsoft Visual FoxPro 6.0”选项，启动 Visual FoxPro 6.0。因为之前已经选中了“以后不再显示此屏”复选框，所以本次启动不再弹出欢迎界面，直接进入系统。

单击 Visual FoxPro 6.0 窗口右上角的“关闭”按钮，退出 Visual FoxPro 6.0 系统。

（3）快捷方式启动、使用命令退出

双击 Visual FoxPro 6.0 快捷方式图标，启动 Visual FoxPro 6.0，直接进入系统。

在命令窗口中输入“QUIT”，按 Enter 键，退出 Visual FoxPro 6.0 系统。

（4）快捷方式启动、使用组合键退出

双击 Visual FoxPro 6.0 快捷方式图标，启动 Visual FoxPro 6.0，直接进入系统。

按 Alt+F4 组合键，退出 Visual FoxPro 6.0 系统。

2. 设置默认目录

系统的默认目录是指计算机自动存储文件和搜索文件的路径。初始的默认目录在 Visual FoxPro 系统所处的文件夹下，需要使用“选项”对话框进行更改。

【实验题目】设置默认目录为 D 盘根目录。

【操作步骤】

1）选择“工具”→“选项”选项，在打开的“选项”对话框中选择“文件位置”选项卡，如图 1-1 所示。

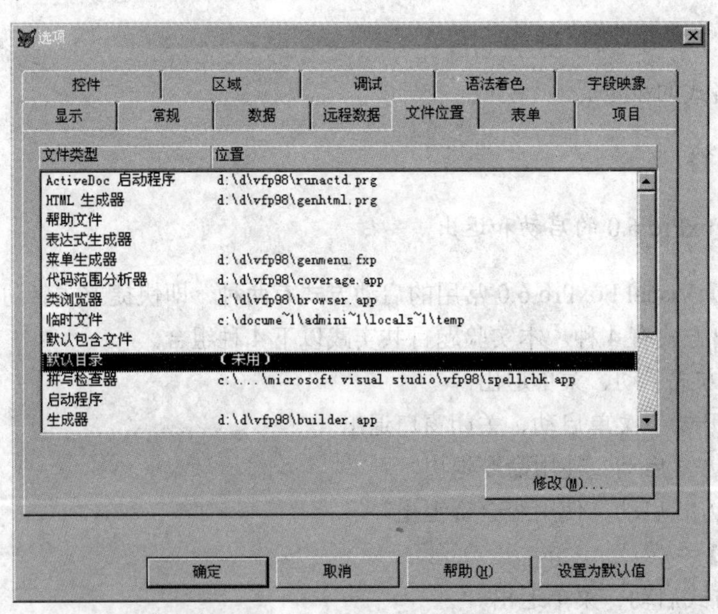

图 1-1 “文件位置”选项卡

在“文件类型”列表框中选择“默认目录”选项双击，或单击“修改”按钮，在打开的“更改文件位置”对话框中对“默认目录”进行更改，如图 1-2 所示。

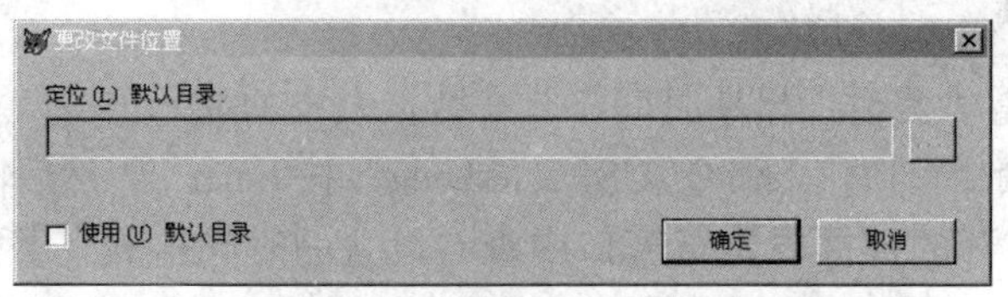

图 1-2 “更改文件位置”对话框

2）在“更改文件位置”对话框中选中“使用默认目录”复选框，单击“定位默认目录”右侧的按钮，在打开的“选择目录”对话框中选取 D 盘，如图 1-3 所示，然后单击“选定”按钮，关闭“选择目录”对话框，返回“更改文件位置”对话框，如图 1-4 所示。

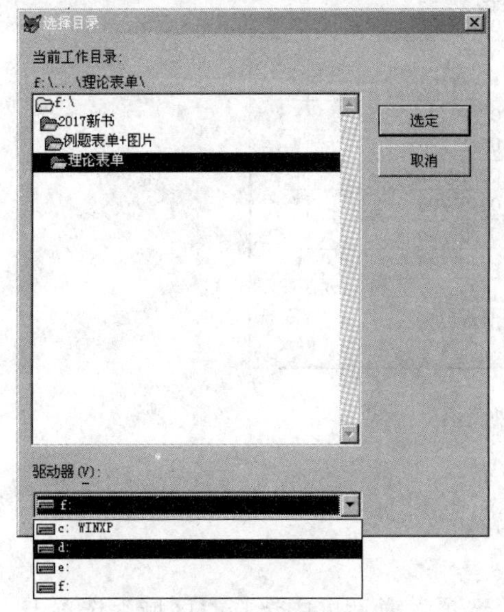

图 1-3 “选择目录”对话框

图 1-4 “更改文件位置”对话框

3）单击“确定”按钮，关闭“更改文件位置”对话框，返回“选项”对话框，则对话框中“默认目录”一项设置成“d:\”。

4）单击“设置为默认值”按钮，将设置做永久保存，在关闭 Visual FoxPro 系统后再重新打开时不必重新设置。

提示 保存和打开文件将直接在 D 盘根目录下进行。

5）单击“确定”按钮关闭“选项”对话框。

提示 如果在单击“确定”按钮关闭“选项”对话框前没有单击“设置为默认值”按钮，则所做的设置仅在本次 Visual FoxPro 运行期间有效，关闭系统再打开将恢复原来的设置。

3. 设置区域

打开 Visual FoxPro 系统，日期时间的最初设置往往不是系统默认的“短格式”，而是“美语”形式，即日期时间格式为“月/日/年”形式。如果更换显示顺序，要使用“工具”→“选项”→“区域”选项卡中的“日期和时间”栏进行设置。

（1）查看系统最初的日期格式

【实验题目】查看“美语”日期时间格式在数据表中的显示方式。

【操作步骤】在命令窗口输入命令“USE xuesheng”，按 Enter 键；然后输入命令“BROWSE”，再按 Enter 键，在打开的数据表浏览窗口中查看设置的时间格式在数据表中的显示方式为“月/日/年”形式，如图 1-5 所示，年份为两位数字，这是“美语”形式（不要关闭此浏览窗口，在下一个题目操作后可以直接看到窗口中日期格式的变化）。

Xuesheng

学号	姓名	性别	民族	出生日期	是
20160101	刘美辰	女	汉	01/07/98	F
20160102	李铮	男	汉	03/17/98	F
20160103	王宏宇	男	汉	02/18/98	F
20160104	杨诗瑶	女	汉	09/27/97	F
20160105	吴峻男	男	满	11/17/97	F
20160106	李光宁	男	汉	02/26/98	F
20160107	赵红静	女	藏	05/11/98	F
20160108	刘博	男	汉	09/19/97	T
20160109	杨一凡	男	汉	03/07/98	F
20160110	高鸿宇	男	回	01/09/98	F
20160111	李婧	女	汉	04/07/98	F
20160112	杨志良	男	汉	10/29/97	F
20160113	王慧	女	满	03/11/98	T

图 1-5　日期时间格式的“美语”形式

（2）设置日期时间格式

【实验题目】设置日期时间格式为“汉语”形式。

【操作步骤】

1）选择“工具”→“选项”选项，在打开的“选项”对话框中选择“区域”选项卡，在“日期格式”下拉列表中选择“汉语”形式，如图 1-6 所示。

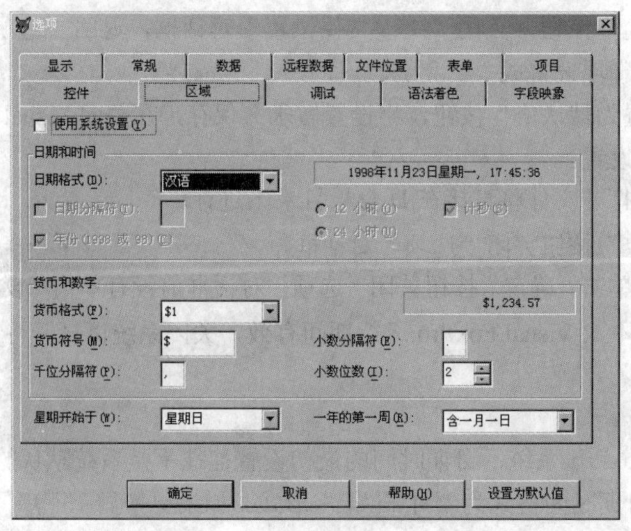

图 1-6　选择“汉语”形式

2）单击“设置为默认值”按钮，然后单击“确定”按钮保存设置。

3）在命令窗口输入命令“USE xuesheng”，按 Enter 键；然后输入命令“BROWSE”，再按 Enter 键，在打开的数据表浏览窗口中查看设置的时间格式在数据表中的显示方式，如图 1-7 所示（不要关闭此浏览窗口，在下一个题目操作后可以直接看到窗口中日期格式的变化）。

Xuesheng

学号	姓名	性别	民族	出生日期	是
20160101	刘美辰	女	汉	1998年1月7日星期三	F
20160102	李铮	男	汉	1998年3月17日星期二	F
20160103	王宏宇	男	汉	1998年2月18日星期三	F
20160104	杨诗瑶	女	汉	1997年9月27日星期六	F
20160105	吴峻男	男	满	1997年11月17日星期一	F
20160106	李光宁	男	汉	1998年2月26日星期四	F
20160107	赵红静	女	藏	1998年5月11日星期一	F
20160108	刘博	男	汉	1997年9月19日星期五	T
20160109	杨一凡	男	汉	1998年3月7日星期六	F
20160110	高鸿宇	男	回	1998年1月9日星期五	F
20160111	李婧	女	汉	1998年4月7日星期二	F
20160112	杨志良	男	汉	1997年10月29日星期三	F
20160113	王慧	女	满	1998年3月11日星期三	T

图 1-7 数据表中日期格式浏览

（3）修改日期时间格式及其选项

【实验题目】修改日期时间格式为“年月日”形式，年份 4 位显示，24 小时方式显示时间。

【操作步骤】

1）选择“工具”→“选项”选项，在打开的“选项”对话框中选择“区域”选项卡，在“日期格式”下拉列表中选择“年月日”形式（显示结果改为年份两位/月份两位/日期两位）。

2）选中“年份”复选框，在其右侧可以看到预览结果中年份改为 4 位；选中“24 小时”单选按钮，如图 1-8 所示。

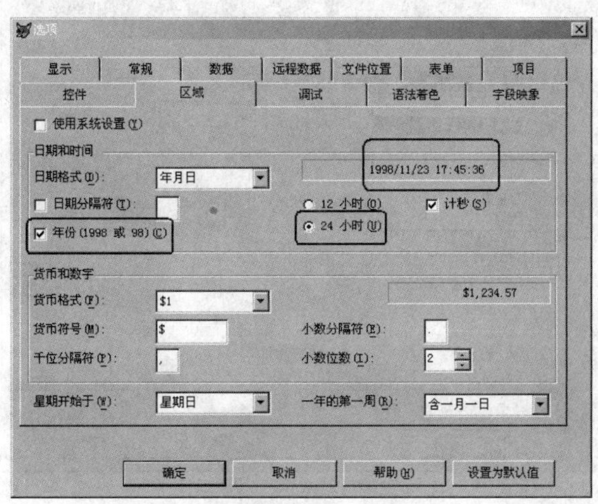

图 1-8 日期时间格式

3）单击“设置为默认值”按钮，然后单击“确定”按钮保存设置。如果数据表浏览窗口没有关闭，可以直接看到“出生日期”字段的格式变化。

4）在命令窗口输入下列两行命令，查看设置的时间格式在数据表中的显示方式，如图 1-9 所示。

```
USE  xuesheng
BROWSE
```

Xuesheng

学号	姓名	性别	民族	出生日期	是
20160101	刘美辰	女	汉	1998/01/07	F
20160102	李铮	男	汉	1998/03/17	F
20160103	王宏宇	男	汉	1998/02/18	F
20160104	杨诗瑶	女	汉	1997/09/27	F
20160105	吴峻男	男	满	1997/11/17	F
20160106	李光宁	男	汉	1998/02/26	F
20160107	赵红静	女	藏	1998/05/11	F
20160108	刘博	男	汉	1997/09/19	T
20160109	杨一凡	男	汉	1998/03/07	F
20160110	高鸿宇	男	回	1998/01/09	F
20160111	李婧	女	汉	1998/04/07	F
20160112	杨志良	男	汉	1997/10/29	F
20160113	王慧	女	满	1998/03/11	T

图 1-9　数据表中日期格式浏览

4. 设置语法着色

在命令窗口中输入命令时，命令中的不同组成成分，系统将显示为不同的颜色。系统默认的语法着色中，命令动词和其他系统使用的字用蓝色显示。调整关键字颜色为粉红色，调整操作界面如图 1-10 所示。

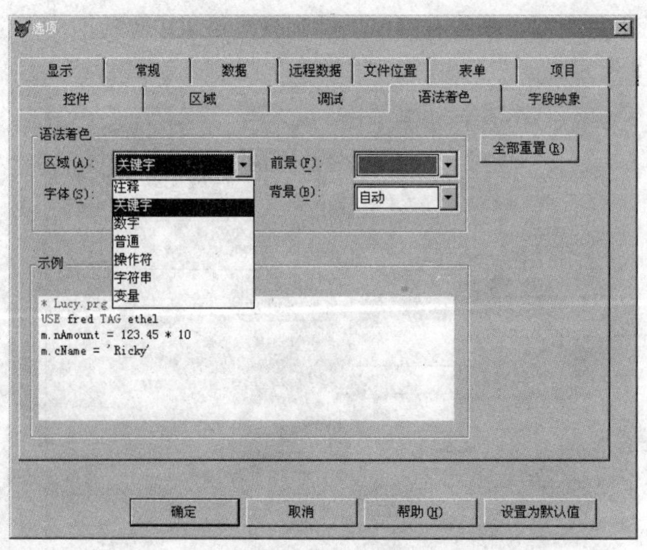

图 1-10　语法着色

实验2 面向过程的程序设计基础

一、实验目的

1）掌握常量的使用方法。
2）掌握简单变量的赋值与输出方法。
3）掌握交互式输入/输出命令的使用方法。
4）了解结构化程序的设计思路。
5）掌握面向过程程序设计的3种基本结构。

二、重点和难点

1. 重点

1）不同类型常量的区分。
2）常量、简单变量和数组的使用方法。
3）交互式输入语句的使用方法。
4）程序的顺序结构、选择结构和循环结构。

2. 难点

1）数值型、字符型、逻辑型和日期型常量的用法。
2）程序的选择结构和循环结构。

三、实验内容

1. 常量的使用

【实验题目】显示常量的值。

1）显示数值型常量的命令如下。

```
?127,-270,+36.54,-27.72,
```

2）显示字符型常量的命令如下。

```
?"辽宁锦州",'锦州医科大学',[计算机],"This's a computer."
```

3）显示日期型和日期时间型常量的命令如下。

```
?{^2018/03/15},{^2017-10-01},{^2018/3/1 10:58:00}
```

4）显示逻辑型常量的命令如下。

```
?.T. ,.F. ,.t. ,.f.
```

提示 在输入以上命令之前，先在命令窗口中输入命令“CLEAR”，用于清除屏幕，使结果看上去更清晰。然后在命令窗口中输入以上命令，查看主窗口中的运行结果，如图 2-1 所示。

技巧 常量就是一个具体的值，不同类型的常量有不同的定界符，字符型为""、''、[]；日期型为{}；逻辑型为两个圆点（..）；注意所有标点都是半角字符。通过定界符能区分常量的类型。

【拓展练习】写出下列命令的运行结果。

1）?123.45,-365,"12.5421",[abCDef]

2）?"教师",{^2017/2/3},2524.27,.t.

3）?{^2018/5/1 2:18:21 p},.F.,"{2015/3/6}"

4）?'姓名',"性别",564.98,{^2018-5-6}

提示 在输入以上命令之前，先在命令窗口中输入命令“CLEAR”，要注意区分定界符。

运行结果如图 2-2 所示。

```
文件(F) 编辑(E) 显示(V) 格式(O) 工具(T) 程序(P)

127 -270 36.54 -27.72
辽宁锦州 锦州医科大学 计算机 This's a computer.
03/15/18 10/01/17 03/01/18 10:58:00 AM
.T. .F. .T. .F.
```

图 2-1 常量的输出结果

```
文件(F) 编辑(E) 显示(V) 格式(O)

123.45 -365 12.5421 abCDef
教师 02/03/17 2524.27 .T.
05/01/18 02:18:21 PM .F. {2015/3/6}
姓名 性别 564.98 05/06/18
```

图 2-2 常量练习的输出结果

2. 简单变量的赋值与输出

【实验题目】写出下列简单变量赋值与显示命令的结果。

```
CLEAR
x=12.35
y=x
x1="大家"
x2='好'
y1=.F.
z={^2017/10/10}
?y,y1
??x1,x2
STORE 0 TO x,x1,x2
LIST MEMORY LIKE x*
LIST MEMORY LIKE ?
```

提示 在命令窗口中输入以上命令，查看主窗口中的运行结果，如图 2-3 所示。

说明 LIST MEMORY 命令中可以使用两个通配符?和*，?代表单个字符，*代表多个字符。

【拓展练习】写出下面命令的运行结果。

```
CLEAR
姓名="张三"
职称="副教授"
出生日期={^1976/7/30}
xm=姓名
?xm
??姓名,职称
?
?xm,'的出生日期是:',出生日期
```

技巧 每执行一个输出命令后，注意观察屏幕上的显示格式，这对书写运行结果很重要。

程序运行结果如图 2-4 所示。

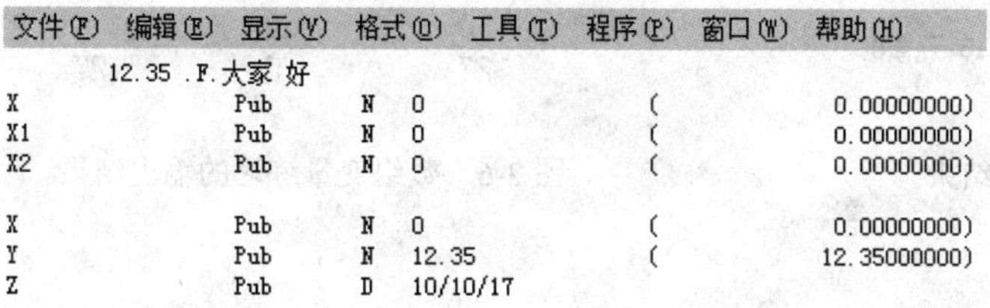

```
文件(F)  编辑(E)  显示(V)  格式(O)  工具(T)  程序(P)  窗口(W)  帮助(H)
        12.35 .F.大家 好
X            Pub    N  0          (          0.00000000)
X1           Pub    N  0          (          0.00000000)
X2           Pub    N  0          (          0.00000000)

X            Pub    N  0          (          0.00000000)
Y            Pub    N  12.35      (         12.35000000)
Z            Pub    D  10/10/17
```

图 2-3　简单变量的输出结果

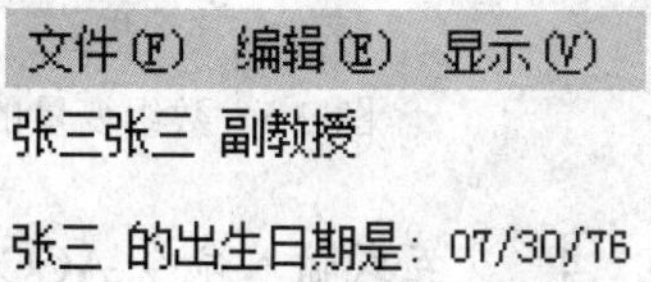

```
文件(F)  编辑(E)  显示(V)
张三张三 副教授

张三 的出生日期是: 07/30/76
```

图 2-4　简单变量练习的输出结果

3. 数组的赋值与输出

【实验题目】写出下列命令的运行结果。

```
CLEAR
DIMENSION a(2,3),b(5)
?a(1,1),a(1,2),b(1),b(3)
a(1,1)=12
b(3)="锦州"
?a(1,1),a(1,2),b(1),b(3)
b=0
a(1,3)=13
a(2,1)='abc'
a(2,2)=15
a(2,3)="元素 6"
?a(1),a(2),a(3),a(4),a(5),a(6)
?b(1),b(2),b(3),b(4),b(5)
```

说明 数组要先定义，后使用。数组定义后，所有元素的默认值都为.F. 。二维数组可以用作一维数组，而一维数组不能用作二维数组。

在命令窗口中输入以上命令，查看主窗口中的运行结果，如图 2-5 所示。

提示 注意观察数组各元素值的变化，体会数组的使用方法。

技巧 给数组单个元素赋值时，对数组其他元素的值无影响，使用数组名赋值时是对所有元素都赋相同的值。

【拓展练习】在命令窗口中输入下列命令，查看执行结果。

```
CLEAR
DIMENSION x(10),y(3,4)
x=0
?x(1),x(10),y(2,3)
STORE 27 TO x(1),y
?x(1),x(10),y(2,3)
```

程序运行结果如图 2-6 所示。

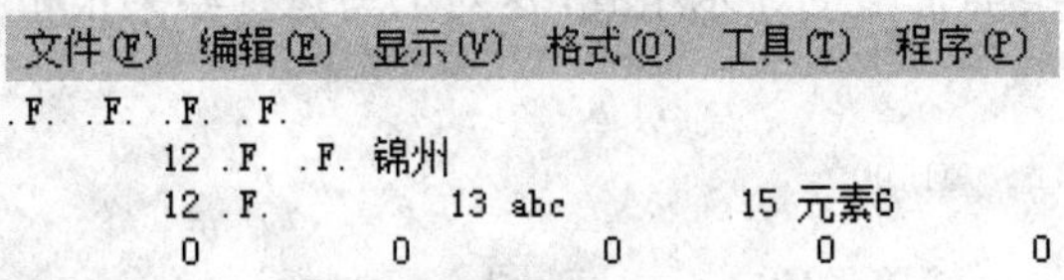

```
文件(F) 编辑(E) 显示(V) 格式(O) 工具(T) 程序(P)
.F. .F. .F. .F.
    12 .F. .F. 锦州
    12 .F.       13 abc       15 元素6
     0        0        0        0        0
```

图 2-5 数组变量的输出结果

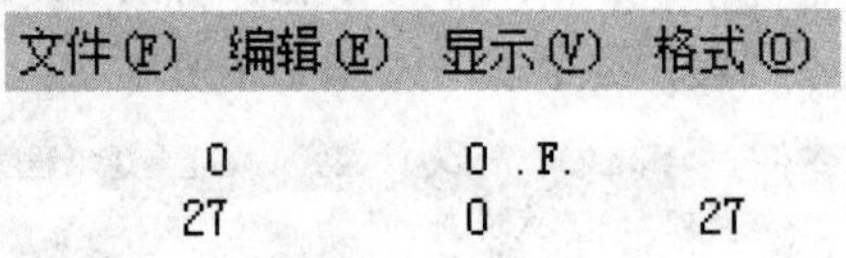

```
文件(F) 编辑(E) 显示(V) 格式(O)
      0          0 .F.
     27          0          27
```

图 2-6 数组变量练习的输出结果

4. 交互式输入命令 ACCEPT

【实验题目】设计程序，输入并显示学生的姓名。

【操作步骤】

1）在命令窗口中输入“MODIFY COMMAND sy2-4”，按 Enter 键打开程序编辑窗口，输入以下程序。

```
CLEAR
ACCEPT "请输入学生姓名：" TO xm
? "您输入的姓名是：",xm
RETURN
```

2）单击“关闭”按钮，并保存文件。

3）在命令窗口中输入“DO sy2-4”，按 Enter 键运行程序。

程序运行结果如图 2-7 所示。

技巧 ACCEPT 只能输入字符型数据，输入时不能加定界符，输入完毕后按 Enter 键。

【拓展练习】编写程序文件 sy2-4-1.prg，显示用户输入的字符串。

提示 参考程序如下。

```
CLEAR
ACCEPT "请输入一个字符串：" TO zfc
? "您输入的字符串是：",zfc
```

```
RETURN
```

程序运行结果如图 2-8 所示。

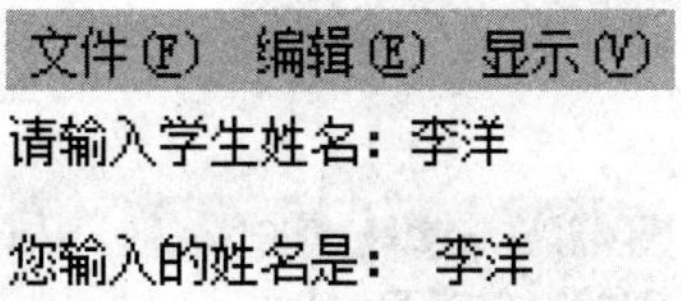

文件(F)　编辑(E)　显示(V)
请输入学生姓名：李洋
您输入的姓名是：　李洋

图 2-7　程序文件 sy2-4.prg 的运行结果

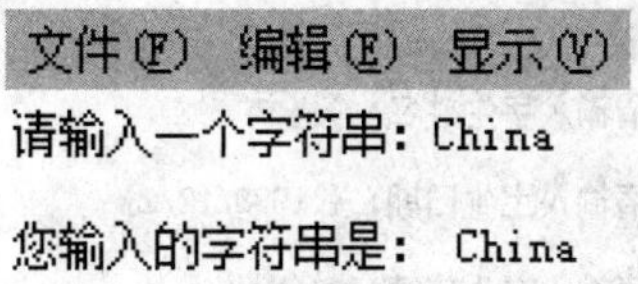

文件(F)　编辑(E)　显示(V)
请输入一个字符串：China
您输入的字符串是：　China

图 2-8　程序文件 sy2-4-1.prg 的运行结果

5. 交互式输入命令 INPUT

【实验题目】编写程序文件 sy2-5.prg，输入并显示学生的姓名、出生日期、成绩、汉族否。

【操作步骤】

1）在命令窗口中输入“MODIFY COMMAND sy2-5”，按 Enter 键打开程序编辑窗口，输入以下程序。

```
CLEAR
INPUT "请输入学生姓名:" TO xm
INPUT "请输入出生日期:" TO rq
INPUT "请输入学生成绩:" TO cj
INPUT "请输入汉族否:" TO hzf
? "您输入的学生姓名是:",xm
? "您输入的出生日期是:",rq
? "您输入的学生成绩是:",cj
? "您输入的汉族否是:",hzf
RETURN
```

2）单击“关闭”按钮，并保存文件。

3）在命令窗口中输入“DO sy2-5”，按 Enter 键运行程序。

程序运行结果如图 2-9 所示。

技巧 INPUT 可以输入各种类型数据，但每种类型数据在输入时都必须加上相应的定界符，输入完毕后按 Enter 键。

【拓展练习】编写程序文件 sy2-5-1.prg，要求分别使用 3 个交互式输入语句 WAIT、ACCEPT 和 INPUT 输入任意一个字符型数据，并显示输入数据的类型。

提示 参考程序如下。

```
CLEAR
INPUT "请输入一个字符串:" TO zf_in
ACCEPT "请输入一个字符串:" TO zf_ac
WAIT "请输入一个单个字符:" TO zf_wa
? "使用 INPUT 命令输入的数据类型是:",VARTYPE(zf_in)
? "使用 ACCEPT 命令输入的数据类型是:",VARTYPE(zf_ac)
? "使用 WAIT 命令输入的数据类型是:",VARTYPE(zf_wa)
```

```
RETURN
```

程序运行结果如图 2-10 所示。

```
文件(F) 编辑(E) 显示(V) 格式(O)
请输入学生姓名:"赵军"

请输入出生日期:{^1998/12/2}

请输入学生成绩:98

请输入汉族否:.T.

您输入的学生姓名是:  赵军
您输入的出生日期是:  12/02/98
您输入的学生成绩是:            98
您输入的汉族否是:  .T.
```

图 2-9 程序文件 sy2-5.prg 的运行结果

```
文件(F) 编辑(E) 显示(V) 格式(O)
请输入一个字符串:"赵军"

请输入一个字符串:赵军

请输入一个单个字符:a
使用INPUT命令输入的数据类型是: C
使用ACCEPT命令输入的数据类型是: C
使用WAIT命令输入的数据类型是: C
```

图 2-10 程序文件 sy2-5-1.prg 的运行结果

说明

① 使用 INPUT 命令输入时必须加定界符，并且输入完毕后按 Enter 键结束。

② 使用 ACCEPT 命令输入时不能加定界符，并且输入完毕后也必须按 Enter 键结束。

③ 使用 WAIT 命令输入时同样不能加定界符，但只能输入单个字符，而且输入完毕后不用按 Enter 键。

6. 顺序结构程序设计

【实验题目】设计程序文件 sy2-6.prg，根据输入球的半径 *r*，求出球的体积。

【操作步骤】

1）在命令窗口中输入“MODIFY COMMAND sy2-6”，按 Enter 键打开程序编辑窗口，输入以下程序。

```
CLEAR
INPUT "请输入球的半径 r:" TO r
v=4/3*3.14*r*r*r
?"球的体积为:",v
RETURN
```

2）单击“关闭”按钮，并保存文件。

3）在命令窗口中输入“DO sy2-6”，按 Enter 键运行程序。

程序运行结果如图 2-11 所示。

提示 顺序结构就是将程序中的命令按输入的先后次序依次执行。

技巧 程序还有更简单的运行方法，就是在程序编辑窗口打开状态下，单击工具栏上的“运行”按钮 **!**，如果程序未保存，会提示保存，单击“是”按钮后程序就会直接运行。

【拓展练习】建立程序文件 sy2-6-1.prg 并运行。输入长方形的长 *a* 和宽 *b*，求长方形面积 *s*。

提示 参考程序如下。

```
CLEAR
INPUT "请输入长方形的长a:" TO a
INPUT "请输入长方形的宽b:" TO b
s=a*b
?"长方形的面积为:",s
RETURN
```

程序运行结果如图 2-12 所示。

```
文件(F) 编辑(E) 显示(V)
请输入球的半径r: 5
球的体积为:          523.33
```

图 2-11 程序文件 sy2-6.prg 的运行结果

```
文件(F) 编辑(E) 显示(V)
请输入长方形的长a: 3
请输入长方形的宽b: 4
长方形的面积为:            12
```

图 2-12 程序文件 sy2-6-1.prg 的运行结果

7. 单分支选择结构程序设计

【实验题目】锦州市出租车规定，起步价为 2km 以内 6 元，超过 2km 后，每千米 2 元，试编写程序文件 sy2-7.prg，根据输入的里程，计算应付多少车费。

【操作步骤】

1）在命令窗口中输入“MODIFY COMMAND sy2-7”，按 Enter 键打开程序编辑窗口，输入以下程序。

```
CLEAR
INPUT "请输入行驶里程: " TO s
jg=6
IF s>2
  jg=6+(s-2)*2
ENDIF
?"应付车费为: ",jg,"元"
RETURN
```

说明 由于是单分支结构，太复杂实现不了，所以先把价格变量 jg 初值设为 6 元起步价，超过 2km 后再重新计算。

2）单击“关闭”按钮，并保存文件。

3）在命令窗口中输入“DO sy2-7”，按 Enter 键运行程序。

程序运行结果如图 2-13 所示。

提示 单分支程序适用于单个条件的情况，比较简单，格式为 IF…ENDIF。

【拓展练习】建立程序文件 sy2-7-1.prg，输入以下程序查看运行结果，并思考一下为什么。

```
CLEAR
INPUT "请输入一个数值:" TO a
IF a>1
  s=1
```

```
ENDIF
s=0
?s
RETURN
```

程序运行结果如图 2-14 所示。

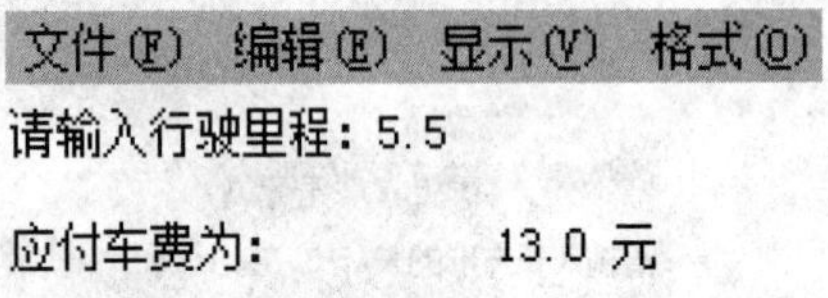

文件(F) 编辑(E) 显示(V) 格式(O)

请输入行驶里程：5.5

应付车费为：　　13.0 元

图 2-13　程序文件 sy2-7.prg 的运行结果

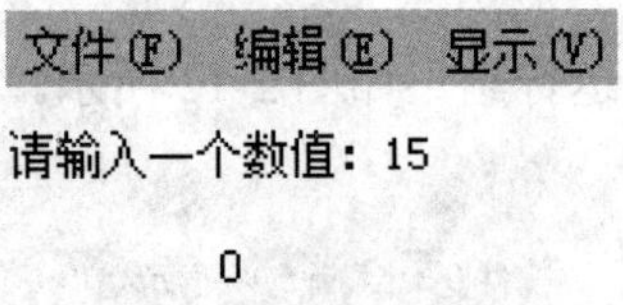

文件(F) 编辑(E) 显示(V)

请输入一个数值：15

0

图 2-14　程序文件 sy2-7-1.prg 的运行结果

说明 注意程序中 s=0 语句在分支结构之外。首先执行分支结构，*s* 是等于 1 了，但无论分支中的语句执行与否，分支之后都要执行 s=0，所以最后无论 *a* 值输入多少，*s* 的值都是 0。

8. 双分支选择结构程序设计

【实验题目】判断任意输入的一个整数 *n* 是奇数还是偶数。

【操作步骤】

1）在命令窗口中输入“MODIFY COMMAND sy2-8”，按 Enter 键打开程序编辑窗口，输入以下程序。

```
CLEAR
INPUT "请输入一个整数:" TO n
IF n%2=0
  ?"该数为偶数!"
ELSE
  ?"该数为奇数!"
ENDIF
RETURN
```

提示 n%2=0 中%为求余数运算符。*n* 对 2 取余数为 0，说明 *n* 是偶数，否则就是奇数。

2）单击“关闭”按钮，并保存文件。

3）在命令窗口中输入“DO sy2-8”，按 Enter 键运行程序。

程序运行结果如图 2-15 所示。

技巧 双分支结构的用法也很简单，相当于汉语中的“如果满足条件就…否则…”句式，执行哪个分支看条件的值是真还是假。

【拓展练习】分支嵌套用于题目中有 3 项或 4 项选择，且只能用双分支语句的编程。根据题意，先设定条件分成两部分，再将其中的一部分拆分成两部分。建立程序文件 sy2-8-1.prg 并运行。输入任意两个数 *a* 和 *b*，判断它们的大、小或相等。

提示 参考程序如下。

```
CLEAR
INPUT "请输入第一个数：" TO a
INPUT "请输入第二个数：" TO b
IF a>b
  ?a,"大于",b
ELSE
IF a=b
    ?a,"等于",b
  ELSE
    ?a,"小于",b
  ENDIF
ENDIF
RETURN
```

程序运行结果如图 2-16 所示。

```
文件(F)  编辑(E)  显示(V)
请输入一个整数：87
该数为奇数！
```

图 2-15　程序文件 sy2-8.prg 的运行结果

```
文件(F)  编辑(E)  显示(V)
请输入第一个数：27
请输入第二个数：72
      27 小于        72
```

图 2-16　程序文件 sy2-8-1.prg 的运行结果

9. 多分支选择结构程序设计

【实验题目】某运输公司对用户计算运费，每千米每吨货物的基本运费为 1 元，距离 *s* 越远，每千米运费越低，标准如下：*s*<250km，无折扣；250km≤*s*<500km，2%折扣；500km≤*s*<1000km，5%折扣；1000km≤*s*<2000km，8%折扣；2000km≤*s*<3000km，10%折扣；*s*≥3000km，15%折扣。现有 20t 货物运送 300km，设计程序计算运费是多少。

【操作步骤】

1）在命令窗口中输入“MODIFY COMMAND sy2-9”，按 Enter 键打开程序编辑窗口，输入以下程序。

```
CLEAR
p=1
w=20
s=300
DO CASE
    CASE s<250
    d=0
    CASE s<500
    d=0.02
    CASE s<1000
    d=0.05
```

```
    CASE s<2000
    d=0.08
    CASE s<3000
    d=0.1
    OTHERWISE
    d=0.15
ENDCASE
f=p*w*s*(1-d)
?"应付运费为:",f,"元"
RETURN
```

2）单击“关闭”按钮，并保存文件。

3）在命令窗口中输入“DO sy2-9”，按 Enter 键运行程序。

程序运行结果如图 2-17 所示。

提示 程序中变量 *p* 为基本运费，*w* 为货物质量，*s* 为运送距离，*d* 为折扣，*f* 为运费总价。

技巧 多分支语句在执行时，最多只能执行一个分支，如果有多个同时满足条件的分支，只执行第一个满足条件的分支。所以题中要求的条件，在 CASE 语句中可以省略一个，自己可以好好体会一下。

【拓展练习】写出下列程序的运行结果。

```
CLEAR
x=220
DO CASE
  CASE x>100
    ??"A"
  CASE x>200
    ??"B"
  OTHERWISE
    ??"C"
ENDCASE
RETURN
```

程序运行结果如图 2-18 所示。

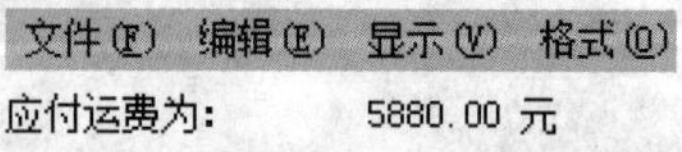

文件(F) 编辑(E) 显示(V) 格式(O)
应付运费为: 5880.00 元

图 2-17 程序文件 sy2-9.prg 的运行结果

文件(F) 编辑(E)
A

图 2-18 程序文件 sy2-9-1.prg 的运行结果

10. DO WHILE 循环结构程序设计

【实验题目】编制程序求 1～100 中奇数的和，以及偶数的个数。

【操作步骤】

1）在命令窗口中输入“MODIFY COMMAND sy2-10”，按 Enter 键打开程序编辑窗口，输入以下程序。

```
CLEAR
STORE 0 TO s,n
i=1
DO WHILE i<=100
  IF i%2=0
    n=n+1
  ELSE
    s=s+i
  ENDIF
  i=i+1
ENDDO
?"1-100 之间的奇数的和为:",s
?"1-100 之间的偶数的个数为:",n
RETURN
```

2）单击“关闭”按钮，并保存文件。

3）在命令窗口中输入“DO sy2-10”，按 Enter 键运行程序。

程序运行结果如图 2-19 所示。

技巧 程序中求和变量 *s*、求个数变量 *n* 的初值都是 0，这样在计算时加上初值对计算结果无影响。如果是求乘积，那么初值就要赋 1 才不会影响结果。

【拓展练习】

1）编写程序文件 sy2-10-1.prg，求 1!+2!+3!+4!+5!。

提示 参考程序如下。

```
CLEAR
STORE 1 TO p,i
s=0
DO WHILE i<=5
  p=p*i
  s=s+p
  i=i+1
ENDDO
?"1-5 的阶乘和为：",s
RETURN
```

程序运行结果如图 2-20 所示。

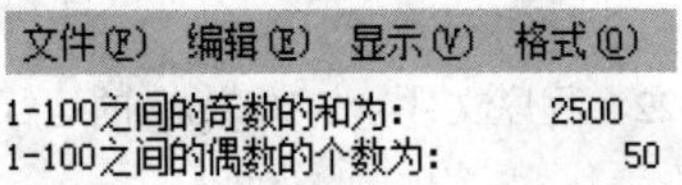

文件(F)　编辑(E)　显示(V)　格式(O)

1-100之间的奇数的和为:　　2500
1-100之间的偶数的个数为:　　50

图 2-19　程序文件 sy2-10.prg 的运行结果

文件(F)　编辑(E)　显示(V)

1-5的阶乘和为:　　153

图 2-20　程序文件 sy2-10-1.prg 的运行结果

提示 程序中用变量 p 求阶乘，因为是乘法，初值为 1 不影响计算结果。求和变量 s 初值为 0，加法初值为 0 不影响计算结果。

2）编写程序文件 sy2-10-2.prg，求给定数字 x=12345 中各位数字的和。

提示 参考程序如下。

```
CLEAR
x=12345
y=0
DO WHILE x>0
  y=y+x%10
x=INT(x/10)
ENDDO
?y
RETURN
```

程序运行结果如图 2-21 所示。

说明 x%10 为 x 对 10 取余数，当 x=12345 时，x%10 的值为 5，即取出 x 的个位数。y=y+x%10 则为将每次得到的 x%10 的值求和。INT( )为取整函数，返回值为一个数的整数部分。x/10 为 x 除以 10，当 x=12345 时，x/10 结果为 1234.5，则 INT(x/10)结果为 1234，即将最后一位数字去掉。

3）编写程序文件 sy2-10-3.prg，求 s=10+20+30+40+50。

提示 参考程序如下。

```
CLEAR
s=0
n=10
DO WHILE .T.
  s=s+n
  IF n>=50
    EXIT
  ENDIF
n=n+10
ENDDO
?s
RETURN
```

程序运行结果如图 2-22 所示。

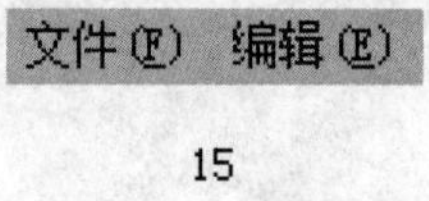

文件(F) 编辑(E)

15

图 2-21 程序文件 sy2-10-2.prg 的运行结果

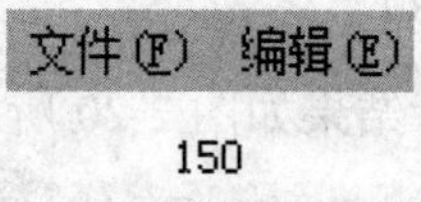

文件(F) 编辑(E)

150

图 2-22 程序文件 sy2-10-3.prg 的运行结果

4）编写程序文件 sy2-10-4.prg，要求能够重复输入自然数，并判断该数据的奇偶性，直到不想继续为止。

提示 参考程序如下。

```
CLEAR
DO WHILE .T.
  INPUT "请输入一个自然数：" TO n
  IF MOD(n,2)=0
    ?n,"是一个偶数！"
  ELSE
    ?n,"是一个奇数！"
  ENDIF
  WAIT "是否继续输入：" TO yn
  IF UPPER(yn)#"Y"
    EXIT
  ENDIF
ENDDO
RETURN
```

程序运行结果如图 2-23 所示。

```
文件(F)  编辑(E)  显示(V)
请输入一个自然数：72

          72 是一个偶数！
是否继续输入：y
请输入一个自然数：27

          27 是一个奇数！
是否继续输入：n
```

图 2-23　程序文件 sy2-10-4.prg 的运行结果

技巧

① 数值型数据只能使用 INPUT 命令输入。WAIT 只接收单个字符。

② UPPER(yn)="Y"是为了保证变量 yn 的值，输入时不论是大写还是小写，都能满足条件。其中等号后面的常量"Y"必须大写。

③ 求余数可以使用函数 MOD，也可以用求余运算符“%”。

④ 结束循环使用命令 EXIT。

11. FOR 循环结构程序设计

【实验题目】 编写程序文件 sy2-11.prg，将给定数字 x=12345 逆序输出，即输出结果为 54321。

【操作步骤】

1）在命令窗口中输入“MODIFY COMMAND sy2-11”，按 Enter 键打开程序编辑窗口，输入以下程序。

```
CLEAR
x=12345
y=0
DO WHILE x>0
  y=y*10+x%10
x=INT(x/10)
ENDDO
?y
RETURN
```

提示 参考 DO WHILE…ENDDO 循环中拓展练习 2）的程序，看一下两者的差别，试着自己读懂本程序。

2）单击“关闭”按钮，并保存文件。

3）在命令窗口中输入“DO sy2-11”，按 Enter 键运行程序。

程序运行结果如图 2-24 所示。

【拓展练习】

1）编写程序文件 sy2-11-1.prg，定义一维数组 *a*(5)，对其进行赋值并显示。

提示 参考程序如下。

```
CLEAR
DIMENSION a(5)
FOR i=1 TO 5
 a(i)=i+i
ENDFOR
FOR i=1 TO 5
 ??a(i)
ENDFOR
RETURN
```

程序运行结果如图 2-25 所示。

文件(F) 编辑(E)
54321

图 2-24 程序文件 sy2-11.prg 的运行结果

文件(F) 编辑(E) 显示(V) 格式(O) 工具(T)
2 4 6 8 10

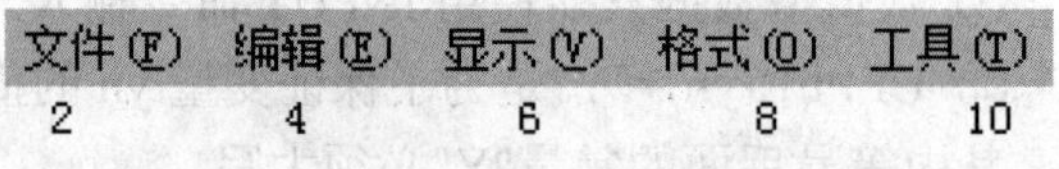

图 2-25 程序文件 sy2-11-1.prg 的运行结果

提示 由于数组中元素比较多，所以一般数组的赋值和显示都采用循环来实现。一维数组使用单重循环，二维数组则采用双重循环。

2）编制程序文件 sy2-11-2.prg，定义二维数组 *b*(2,3)，对其进行赋值并显示。

提示 参考程序如下。

```
CLEAR
DIMENSION b(2,3)
FOR i=1 TO 2
```

```
  FOR j=1 to 3
    b(i,j)=i+j
  ENDFOR
ENDFOR
FOR i=1 TO 2
  FOR j=1 to 3
    ??b(i,j)
  ENDFOR
  ?
ENDFOR
RETURN
```

程序运行结果如图 2-26 所示。

3）编制程序文件 sy2-11-3.prg，求 1～100 中能被 3 整除的数的和。

提示 参考程序如下。

```
CLEAR
s=0
FOR i=1 TO 100
  IF i%3=0
    s=s+i
  ENDIF
ENDFOR
?"1-100 之间能被 3 整除的数的和为:",s
RETURN
```

程序运行结果如图 2-27 所示。

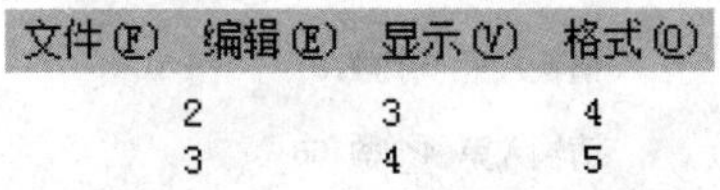

文件(F)	编辑(E)	显示(V)	格式(O)
	2	3	4
	3	4	5

图 2-26 程序文件 sy2-11-2.prg 的运行结果

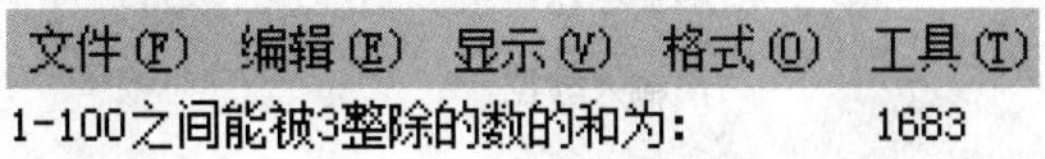

文件(F)	编辑(E)	显示(V)	格式(O)	工具(T)
1-100之间能被3整除的数的和为:				1683

图 2-27 程序文件 sy2-11-3.prg 的运行结果

4）编写程序文件 sy2-11-4.prg，定义一个数组 $a(5)$，为其每个元素输入字符型数据并同行显示。

提示 参考程序如下。

```
CLEAR
DIMENSION a(5)
FOR i=1 TO 5
  ACCEPT "请输入数据: " TO a(i)
ENDFOR
FOR i=1 TO 5
  ??a(i)
ENDFOR
```

```
RETURN
```

说明 使用 ACCEPT 命令输入的数据类型为 C 型，且不需要加定界符。

程序运行结果如图 2-28 所示。

5）编写程序文件 sy2-11-5.prg，从键盘输入 5 个数，找出其中的最大数和最小数。

提示 参考程序如下。

```
CLEAR
INPUT "请输入第 1 个数:" TO max
min=max
FOR i=2 TO 5
  INPUT "请输入第"+STR(i,2)+"个数:" TO a
  IF a>max
    max=a
  ENDIF
  IF a<min
    min=a
  ENDIF
ENDFOR
? '最大数为:',max
? '最小数为:',min
RETURN
```

程序运行结果如图 2-29 所示。

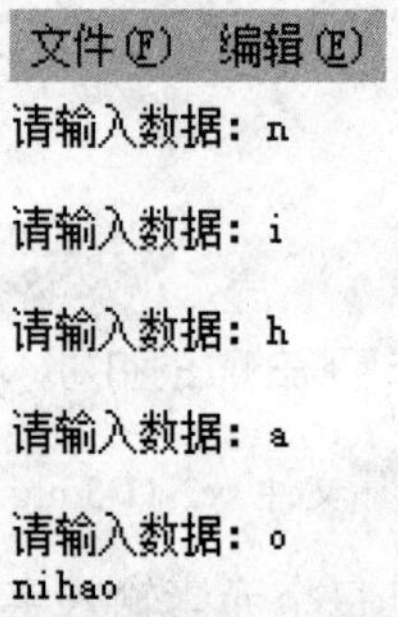

```
文件(F) 编辑(E)
请输入数据: n
请输入数据: i
请输入数据: h
请输入数据: a
请输入数据: o
nihao
```

图 2-28 程序文件 sy2-11-4.prg 的运行结果

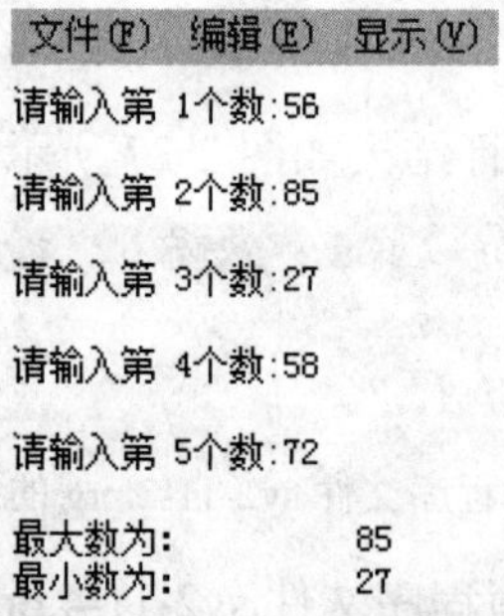

```
文件(F) 编辑(E) 显示(V)
请输入第 1个数:56
请输入第 2个数:85
请输入第 3个数:27
请输入第 4个数:58
请输入第 5个数:72
最大数为:          85
最小数为:          27
```

图 2-29 程序文件 sy2-11-5.prg 的运行结果

说明 输入命令可以代替赋值命令，在使用过程中许多时候输入命令比赋值语句更为灵活方便。

实验3 面向对象的程序设计基础

一、实验目的

1）掌握用表单设计器建立、保存和运行表单的方法。

2）熟练掌握在表单上添加各种控件并设置其常用属性的方法。

3）熟练掌握控件的事件代码编写方法，以及方法的运用。

4）理解面向对象的程序设计概念及容器控件和其他控件的区别。

二、重点和难点

1. 重点

表单属性、事件和方法的概念及设置和使用方法。

2. 难点

事件代码的设计。

三、实验内容

1. 建立、保存和运行表单

【实验题目】设计一个表单 syform1，背景色为白色。单击表单变为红色，双击变为绿色，右击变为蓝色。

1）表单标题为“表单属性练习”。

2）表单显示居中窗口。

3）表单高 300，宽 500。高度调整不能大于 600，不能小于 150；宽度不能超过 1000，不能低于 250。

4）可以使用最大化按钮和最小化按钮。

5）窗口不可移动。

【操作步骤】

1）创建表单。单击常用工具栏中的“新建”按钮，在打开的“新建”对话框中选中“表单”单选按钮，如图 3-1 所示。然后单击“新建文件”按钮，打开表单设计器窗口。选择“显示”→“工具栏”选项，打开“工具栏”对话框，在“表单控件”“表单设计器”“常用”前单击选中，如图 3-2 所示，然后单击“确定”按钮。单击常用工具栏中的“保存”按钮，在打开的“另存为”对话框中，保存表单为“syform1”，如图 3-3 所示。将表单文件 syform1.scx 及表单备注文件 syform1.sct 保存在 D 盘根目录下。

提示 逐项观察常用工具栏和表单设计器工具栏上的各项按钮，注意单击“属性窗口”按钮和“表单控件工具栏”按钮，使属性窗口和表单控件工具栏显示在系统中。

技巧 为了方便表单设计，系统中需要同时打开表单设计器、属性、表单控件 3 个窗口，如图 3-4 所示。

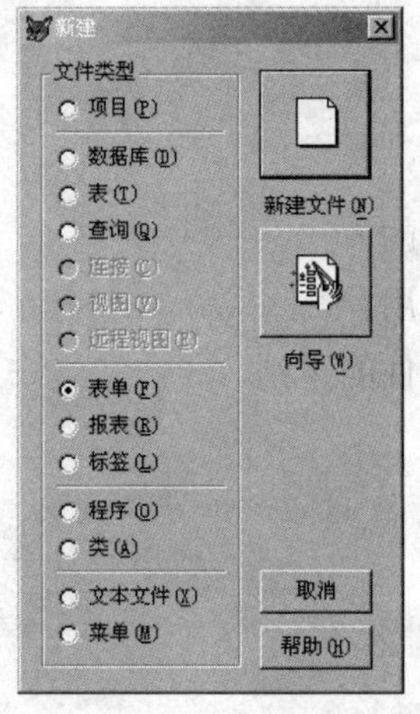

图 3-1 新建表单

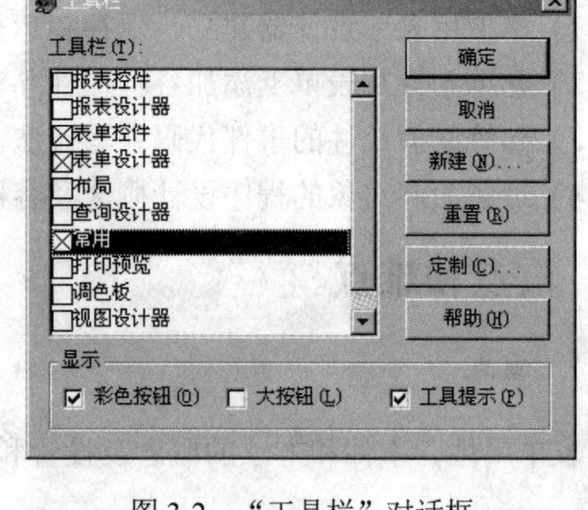

图 3-2 “工具栏”对话框

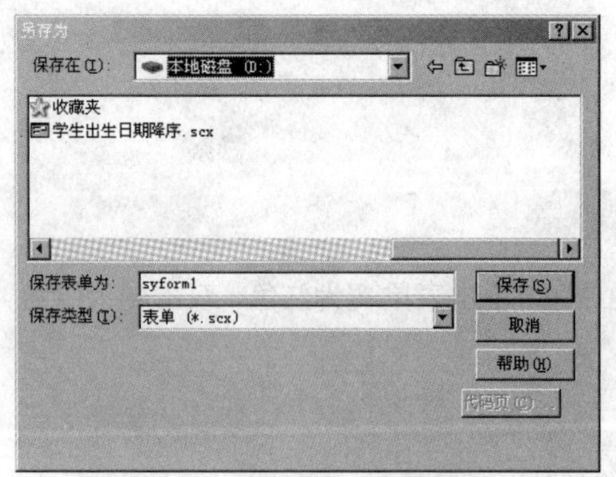

图 3-3 保存表单

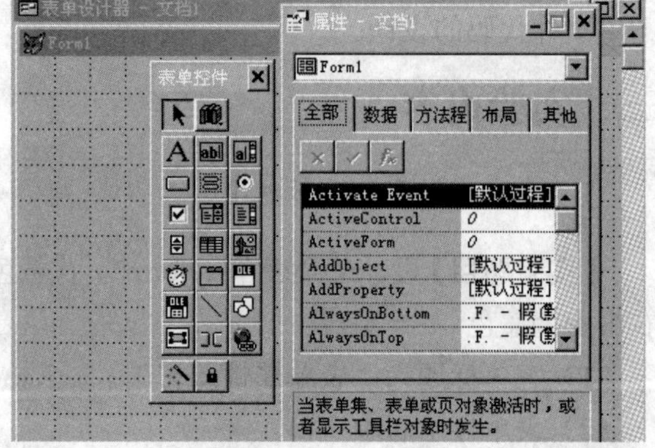

图 3-4 表单设计器、属性、表单控件窗口

2）属性设置。在属性窗口中先选中 Form1 作为操作对象，然后在“全部”选项卡中设置属性值，如表 3-1 所示。设置完成后可以单击常用工具栏中的“运行”按钮运行表单 Form1，并单击最大化按钮和最小化按钮、改变窗口大小、移动窗口，观察属性设置效果。

表 3-1 syform1 控件属性设置

对象	属性	属性值	运行效果
Form1	Caption	表单属性练习	可见标题文字
	AutoCenter	.T.	表单在桌面居中
	BackColor	255,255,255	背景色白色
	Height	300	表单高 300
	Width	500	表单宽 500
	MaxHeight	600	鼠标拖动最高为 600
	MaxWidth	1000	鼠标拖动最宽为 1000
	MinHeight	150	鼠标拖动高度最小值为 150
	MinWidth	250	鼠标拖动宽度最小值为 250
	MaxButton	.T.	表单窗口最大化按钮可用
	MinButton	.T.	表单窗口最小化按钮可用
	Moveable	.F.	表单窗口不可移动

提示 1 颜色属性由 RGB(a,b,c) 函数所决定，3 项参数域为 0～255，RGB 是 Red-Green-Blue 的缩写，三色配比，形成最终颜色。RGB(0,0,0)为黑色，RGB(255,255,255)为白色，RGB(255,0,0)为红色，RGB(200,0,0)为稍暗红色，RGB(255,255,0)为黄色，RGB(100,100,100)为灰色，RGB(200,200,200)为浅灰色。

提示 2 本实验题目中表单对象的名称为系统默认的 Form1，保存在磁盘上的文件名为 syform1.scx 和 syform1.sct。

3）编写事件代码。

① 双击表单打开代码编辑窗口。

②“对象”选择“Form1”，“过程”选择“Click”，在代码窗口中输入属性设置语句：

```
ThisForm.BackColor=RGB(255,0,0)
```

③“对象”选择“Form1”，“过程”选择“DblClick”，在代码窗口中输入属性设置语句：

```
ThisForm.BackColor=RGB(0,255,0)
```

④“对象”选择“Form1”，“过程”选择“RightClick”，在代码窗口中输入属性设置语句：

```
ThisForm.BackColor=RGB(0,0,255)
```

提示 属性设置有两种方式：一种是表单运行前初始设置，用属性窗口；另一种是表单运行中，由事件引发的，通过编写事件代码实现。表单运行前在代码编辑窗口用“=”赋值语句编写属性赋值语句，表单运行时，一旦对应事件发生，即发生属性值设置。

4）运行表单。单击常用工具栏中的“运行”按钮运行表单 Form1，并单击、双击、右击表单，观察事件发生时表单属性的变化。

2. 建立和运行表单文件的命令与表单 Name 属性对照

【实验题目】设计一个表单 syform2，背景色为黄色，图片为 hello.jpg，在表单图片上长按中间滚轮，图片消失露出背景色；双击鼠标添加 1.jpg；右击鼠标添加 2.jpg；单击鼠标恢复 hello.jpg。

1）表单标题为“say hello to you”。

2）表单名称为“hello”。

3）表单左边线及上边线距 Visual FoxPro 界面边缘分别为 30、50；表单左边线、上边线与 Visual FoxPro 边缘最大距离为 100。

4）表单最大化按钮和最小化按钮不可用。

5）窗口可移动。

【操作步骤】

1）创建表单。在命令窗口中输入“CREATE FORM syform2.scx”，启动表单设计器。

提示 命令动词可以使用前 4 个字母，表单文件名称需要写全主文件名，可以不带扩展名。简化后输入“CREA FORM syform2”也是正确的。

2）属性设置。在属性窗口中先选中 Form1 作为操作对象，然后在“全部”选项卡中设置属性值，如表 3-2 所示。设置完成后在命令窗口中输入“DO FORM syform2”，运行表单 syform2。

表 3-2 表单 syform2 控件属性设置

对象	属性	属性值	运行效果
Form1	Name	hello	表单上名称不可见
	Caption	say hello to you	表单上可见标题文字
	Picture	hello.jpg	表单可见图片
	BackColor	255,255,0	背景色黄色
	Top	50	表单顶边距 Visual FoxPro 边界 50
	Left	30	表单左边距 Visual FoxPro 边界 30
	MaxTop	100	表单顶边距 Visual FoxPro 边界最大值 100
	MaxLeft	100	表单左边距 Visual FoxPro 边界最大值 100
	MaxButton	.F.	表单窗口最大化按钮不可用
	MinButton	.F.	表单窗口最小化按钮不可用
	Moveable	.T.	表单窗口可移动

提示 1 观察表单距界面的左侧和上侧距离，单击最大化按钮、最小化按钮，并移动窗口，观察属性设置效果。

提示 2 Name 属性改变以后，对象就不再是 Form1，而是“hello”了。Name 属性常用于程序中，在代码窗口对象列表框中使用。

提示 3 保存文件名为 syform2.scx 和 syform2.sct。

3）编写事件代码。

① 双击表单打开代码编辑窗口。

② “对象”选择“hello”，“过程”选择“MiddleClick”，在代码窗口中输入属性设置语句：

```
ThisForm.Picture=""
```

③ “对象”选择“hello”，“过程”选择“DblClick”，在代码窗口中输入属性设置语句：

```
ThisForm.Picture="1.jpg"
```

④ “对象”选择“hello”，“过程”选择“RightClick”，在代码窗口中输入属性设置语句：

```
ThisForm.Picture="2.jpg"
```

⑤ “对象”选择“hello”，“过程”选择“Click”，在代码窗口中输入属性设置语句：

```
ThisForm.Picture="hello.jpg"
```

提示 表单 Picture 属性的设置有两种方式：一种是表单运行前初始设置，用属性窗口；另一种是表单运行中，由事件引发。在代码编辑窗口用“=”设值时，需要加英文标点符号""，将图片文件名带扩展名写入，如图 3-5 所示。

图 3-5　事件代码编辑窗口

4）运行表单。在命令窗口中输入“DO FORM syform2”，运行表单。

提示 观察表单位置偏移量；单击、双击、右击表单，长按滚轮，观察事件发生时表单上图片的加载和卸载；用鼠标拖动窗口标题栏将表单移动位置；观察表单，有关闭按钮，没有最大化按钮和最小化按钮。

3. 调用方法程序

【实验题目】将表单 syform2 修改为 syform3，并添加事件代码完成下列要求。

1）每次单击表单，表单向右移 100。

2）每次双击表单，表单宽度增加 20。

3）右击直接退出表单。

【操作步骤】

1）打开表单文件。

① 鼠标方式：单击常用工具栏中的“打开”按钮，在打开的“打开”对话框中选择“文件类型”和“文件名”，如图 3-6 所示。然后单击“确定”按钮，启动 syform2 表单设计器。

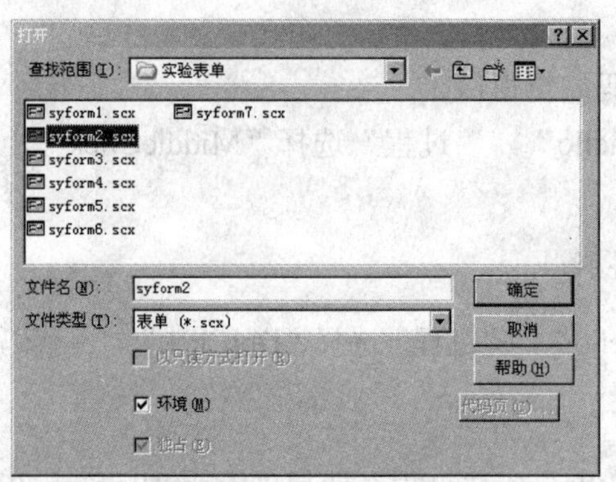

图 3-6 “打开”对话框

② 命令方式：在命令窗口中输入“MODIFY FORM syform2.scx”，启动表单设计器。

提示 可简写为“MODI FORM syform2”。

2）修改事件代码。

① 双击表单打开代码编辑窗口。

② “对象”选择“Form1”，“过程”选择“Click”，在代码窗口中原语句的下一行添加新语句：

```
ThisForm.Left=ThisForm.Left+100
```

③ “对象”选择“Form1”，“过程”选择“DblClick”，在代码窗口中原语句的下一行添加新语句：

```
ThisForm.Width=ThisForm.Width+20
```

④ “对象”选择“Form1”，“过程”选择“RightClick”，在代码窗口中原语句的下一行添加新语句，使用 Releas 方法：

```
ThisForm.Release
```

提示 表单的事件代码每行只能写一句，下一句需按 Enter 键换行，如图 3-7 所示；方法的调用方式往往只有一个动词，用以调用一段程序。

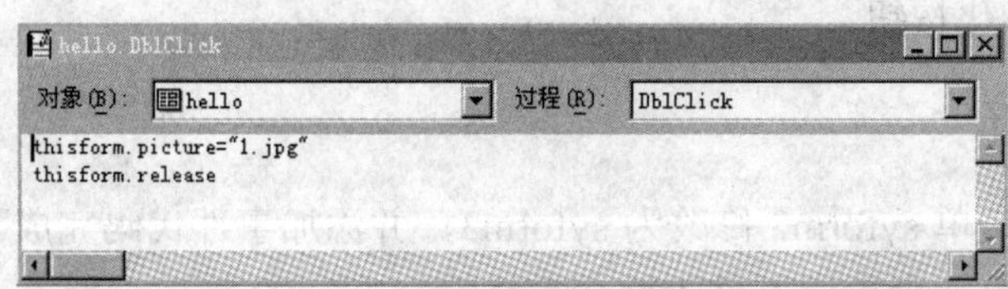

图 3-7 代码书写格式示例

3）保存表单。选择“文件”→“另存为”选项，在打开的“另存为”对话框中更改新的文件名为 syform3。然后单击“确定”按钮，将 syform3.scx 表单文件和 syform3.sct 表单备注文件保存在硬盘上。

技巧 用“另存为”命令为新文件命名，不能用“保存”按钮，否则原来的 syform2.scx 和 syform2.sct 就被 syform3.scx 和 syform3.sct 覆盖了。

4）运行表单。在命令窗口中输入“DO FORM syform3”，运行表单。

提示 单击、双击表单，启动编写的代码程序，观察表单移动和宽度的改变。右击表单启动方法程序，表单退出。体会属性设置和方法调用的不同格式。

技巧 方法是一段程序。常用的方法有Clear、Hide、Refresh、Release、SetFocus、Show等。本实验题目使用Release方法，释放了表单对象。

【拓展练习1】另存表单为syform3-1，修改本实验题目中的代码程序，每次单击表单，向左移动50。

说明 双击表单打开代码编辑窗口，“Click”事件“过程”中，在代码窗口中修改语句：

```
ThisForm.Left=ThisForm.Left-50
```

【拓展练习2】新建表单syform3-2，生成表单集，添加3个表单。

1）表单集中Form1、Form2、Form3背景分别设成从浅至深3种不同灰色：RGB(200,200,200)、RGB(150,150,150)、RGB(100,100,100)。

2）单击其中一个表单时，该表单隐藏不见，同时让其他表单显示。

3）在任意表单上右击都可以释放表单集。

【操作步骤】

1）新建表单syform3-2并生成表单集。在命令窗口中输入“CREA FORM syform3-2”，启动表单设计器，选择“表单”→“创建表单集”选项，然后选择“表单”→“添加新表单”选项，两次添加新表单。

2）属性设置。在属性窗口中先选中操作对象，然后在“全部”选项卡中设置属性值，如表3-3所示。

表3-3　表单syform3-2属性设置

对象名称	属性	属性值	运行效果
Form1	BackColor	RGB(200,200,200)	浅灰色
Form2	BackColor	RGB(150,150,150)	中灰色
Form3	BackColor	RGB(100,100,100)	深灰色

3）编写事件代码。

① 双击表单打开代码编辑窗口。

② “对象”选择“Form1”，“过程”选择“Click”，在代码窗口中输入语句：

```
ThisForm.Hide
ThisFormset.Form2.Show
thisformset.Form3.Show
```

③ “对象”选择“Form2”，“过程”选择“Click”，在代码窗口中输入语句：

```
ThisForm.Visible=.F.
ThisFormset.Form1.Visible=.T.
ThisFormset.Form3.Visible=.T.
```

④ “对象”选择“Form3”，“过程”选择“Click”，在代码窗口中输入语句：

```
ThisForm.Hide
```

```
ThisFormset.Form2.Visible=.T.
ThisFormset.Form1.Show
```

⑤“对象”分别选择“Form1”“Form2”“Form3”，“过程”选择“RightClick”，在代码窗口中输入语句：

```
ThisFormset.Release
```

4）运行表单。在命令窗口中输入“DO FORM syform3-2”，运行表单。

提示 1 表单的 Show 方法用于显示表单对象，方法程序就是设置了 Visible 属性为.T.，所以 ThisFormset.Form3.Show 和 ThisFormset.Form3.Visible=.T.是相同的效果。同样，表单的 Hide 方法用于隐藏表单对象，方法程序就是设置了 Visible 属性为.F.，所以 ThisForm.Hide 和 ThisForm.Visible=.F.是相同的效果。即通过设置属性和调用方法都可以达到题目要求，注意掌握不同的设置格式。

提示 2 表单集具有集合的特点，先建立表单，再由表单生成表单集。表单集中的表单共用一个表单设计器，可以同时打开和关闭所有表单，也可以单独操作。

4. 文字相关的属性练习

【实验题目】新建表单 syform4，表单高和宽均为 600，表单标题为“文字相关的属性”，在表单上输出文字。

1）单击在表单上隔行输出“歌唱祖国！五星红旗迎风飘扬，胜利歌声多么响亮。”，字体为隶书，字号为 16，字体颜色为 RGB(255,0,200)。

2）双击重新设定字的属性，调整字号为 28。

3）长按滚轮添加属性，添加“加粗”“倾斜”“下划线”3 项。

4）右击清除所有文字。

【操作步骤】

1）新建表单 syform4。在命令窗口中输入“CREA FORM syform4”，启动表单设计器。

2）属性设置。在属性窗口中先选中 Form1 作为操作对象，然后在“全部”选项卡中设置属性值，如表 3-4 所示。

表 3-4 表单 syform4 属性设置

对象名称	属性	属性值	运行效果
Form1	Caption	文字相关的属性	表单上可见标题文字
	Height	600	表单的高
	Width	600	表单的宽
	FontName	隶书	字体
	FontSize	16	大小
	FontColor	255,0,200	粉红色

3）编写事件代码。

① 双击表单打开代码编辑窗口。

② “对象”选择“Form1”，“过程”选择“Click”，在代码窗口中输入语句：

```
? "歌唱祖国！五星红旗迎风飘扬，胜利歌声多么响亮。"
```

提示 “？”输出命令，有换行功能。

③ “对象”选择“Form1”，“过程”选择“RightClick”，在代码窗口中输入语句：

```
ThisForm.Cls
```

提示 “Cls”是表单的“方法”，调用“Cls”方法可以清除表单上的文字和图形。

④ “对象”选择“Form1”，“过程”选择“DblClick”，在代码窗口中输入语句：

```
ThisForm.FontSize=28
```

⑤ “对象”选择“Form1”，“过程”选择“MiddleClick”，在代码窗口中输入 3 行语句：

```
ThisForm.FontBold=.T.
ThisForm.FontItalic=.T.
ThisForm.FontUnderline=.T.
```

4）保存并运行表单。直接关闭表单保存文件。在命令窗口中输入“DO FORM syform4”，运行表单。

提示 单击、右击，单击、双击、单击、单击，长按滚轮然后单击、单击。显示结果：两行小字、两行大字、两行“加粗倾斜下划线”文字，如图 3-8 所示。

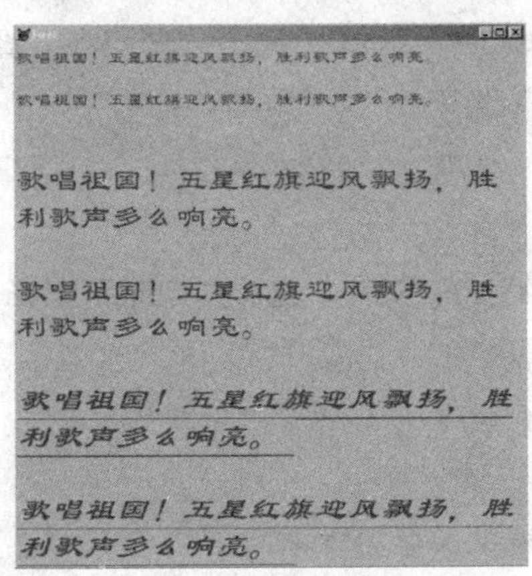

图 3-8 表单 syform4 的运行结果

5. 表单容器中的图像控件

【实验题目】新建表单 syform5，表单标题为“表单是容器控件”，在表单上放 4 张图片：1.jpg、2.jpg、3.jpg、4.jpg。单击 4.jpg，表单标题栏关闭，图片 4.jpg 移动到中间；单击 3.jpg，图片 3.jpg 移动到左下角，有一部分不可见；单击 1.jpg，退出表单。

【操作步骤】

1）创建表单 syform5。

① 在命令窗口中输入“CREA FORM syform5”，启动表单设计器。

② 在表单上添加 4 个“图像控件”，分别为 Image1、Image2、Image3、Image4。

2）属性设置。在属性窗口中先选中 Form1 作为操作对象，然后在“全部”选项卡中设置属性值，如表 3-5 所示。

表 3-5 表单 syform5 属性设置

对象名称	属性	属性值	运行效果
Form1	Caption	表单是容器控件	表单上可见标题文字
Image1	Picture	1.jpg	表单上可安排图片位置
Image2	Picture	2.jpg	表单上可安排图片位置
Image3	Picture	3.jpg	表单上可安排图片位置
Image4	Picture	4.jpg	表单上可安排图片位置

提示 表单的背景图片只能是一张，且不能移动。表单作为容器控件，在其上添加 4 个“图像控件”，具有包容关系，表单是父控件，图像是子控件。在表单之外的图像不能显示。

3）编写事件代码。

① 双击表单打开代码编辑窗口。

② “对象”选择“Image1”，“过程”选择“Click”，在代码窗口中输入语句：

```
ThisForm.Release
```

③ “对象”选择“Image2”，“过程”选择“Click”，在代码窗口中输入语句：

```
ThisForm.TitleBar=0
ThisForm.Image2.Top=200
ThisForm.Image2.Left=288
```

④“对象”选择“Image4”，“过程”选择“Click”，在代码窗口中输入语句：

```
ThisForm.TitleBar=0
ThisForm.Image4.Top=100
ThisForm.Image4.Left=100
```

4）保存表单。直接关闭表单保存文件。

5）运行表单。在命令窗口中输入“DO FORM syform5”，运行表单，表单居中显示，如图 3-9 所示。

图 3-9　表单 syform5 的运行结果 1

提示 单击 Image4，图片改变位置，标题栏消失，表单高度变化，重新居中位置向上调整，如图 3-10 所示；单击 Image2，原来只看到部分的图片全部出现在表单上，如图 3-11 所示。再单击 Image1 退出。练习 TitleBar、Top、Left 等常用属性的设置。

图 3-10　表单 syform5 的运行结果 2

图 3-11　表单 syform5 的运行结果 3

6. 标签控件

【实验题目】创建表单 syform6，完成如下操作。

1）表单的标题为“标签控件属性练习”。

2）在表单中包括 4 个标签控件：Label1、Label2、Label3 和 Label4，标题为“天行健，君子以自强不息。地势坤，君子以厚德载物。——《易经》”。字体为宋体、字号为 9、背景颜色为 RGB(0,255,255)、字体颜色为 RGB(255,0,0)。同时 Label1、Label2、Label3 和 Label4 控件的大小会随着标题文本的大小自动改变，Label3 的标题文本可以换行显示。

3）表单的背景色为 RGB(240,240,240)，前景色为 RGB(255,0,200)，字体为隶书，字号为 18。

4）在表单上单击，输出两行空行后输出“天行健，君子以自强不息。地势坤，君子以厚德载物。——《易经》”。标签 Label2 变为背景透明，标签 Label3、Label4 字号改为 16。

【操作步骤】

1）创建表单 syform6。

① 在命令窗口中输入“CREA FORM syform6”，启动表单设计器。

② 在表单控件工具栏中单击“标签”控件按钮，在表单上添加 4 个标签控件：Label1、Label2、Label3 和 Label4。

2）属性设置。在属性窗口中选中操作对象，然后在“全部”选项卡中设置属性值，如表 3-6 所示。

表 3-6　表单 syform6 属性设置

对象名称	属性	属性值	运行效果
Form1	Caption	标签控件属性练习	表单上可见标题文字
Label1～Label4	Caption	天行健，君子以自强不息。地势坤，君子以厚德载物。——《易经》	表单标签上可见标题文字
Form1	ForeColor	RGB(255,0,200)	表单前景色为粉红色
Label1～Label4	ForeColor	RGB(255,0,0)	标签前景色为红色
Form1	BackColor	RGB(240,240,240)	表单背景色为浅灰
Label1～Label4	BackColor	RGB(0,255,255)	标签背景色为青色
Form1	FontSize	18	表单字号 18
Label1～Label4	FontSize	9	标签字号 9
Form1	FontName	隶书	表单字体隶书
Label1～Label4	FontName	宋体	标签字体宋体
Label3	WordWrap	.T.	标签大小沿纵向扩展

表单设计如图 3-12 所示。

3）编写事件代码。

① 双击表单打开代码编辑窗口。

② “对象”选择“Form1”，“过程”选择“Click”，在代码窗口中输入语句：

```
ThisForm.Label4.FontSize=16
ThisForm.Label3.FontSize=16
ThisForm.Label2.BackStyle=0
?
?
?"天行健,君子以自强不息。地势坤,君子以厚德载物。——《易经》"
```

4）保存并运行表单 myform6，如图 3-13 所示。

提示 单击，Label1 不变；Labe2 去掉底纹；Labe3、Labe4 因字体变大，标签也随着变大，Labe3 纵向扩展，Labe4 横向扩展，文字都在标签范围内。而表单上的字则以表单边界为边界。

技巧

① 当多个同类控件（如 Label1、Label2 和 Label3）设置相同属性（如 Caption 属性），并且属性值相同时，可以配合 Shift 键同时选定多个控件，设置属性值。

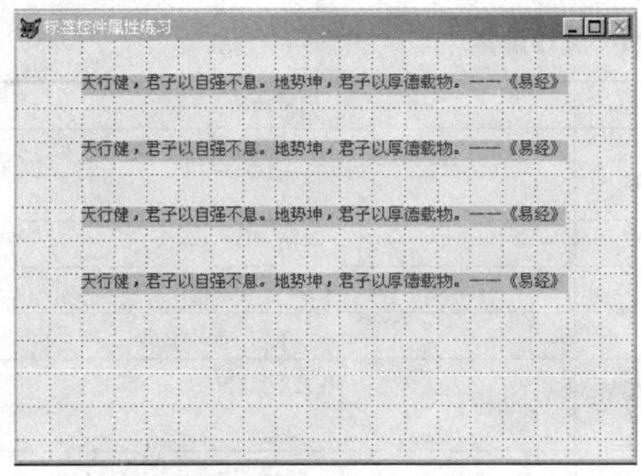

图 3-12　syform6 表单设计

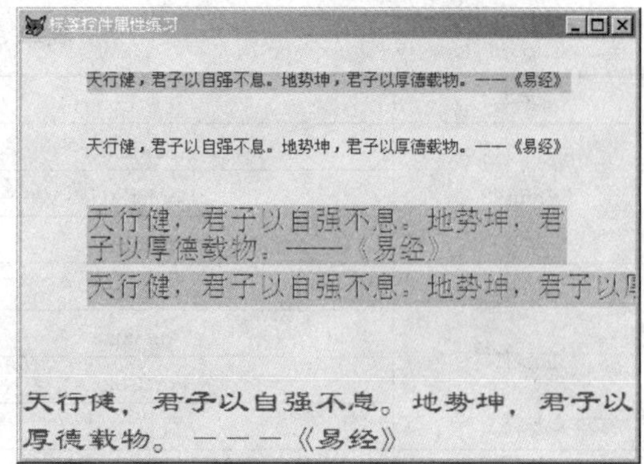

图 3-13　标签控件属性示例

② 标签控件是用以显示文本的图形控件，在标签中显示的文本通过标签控件的 Caption 属性指定。当表单运行时，标签控件的标题文本不能直接用鼠标编辑修改，但是可以通过代码来指定其 Caption 属性的值来修改标签控件的标题文本。

说明

① BackColor 与 ForeColor 属性分别用于指定显示对象中文本和图形的背景色和前景色。

② WordWrap 属性用于指定标签控件标题文本能否换行显示，若该属性为.T.，则可以换行显示，若该属性为.F.，则不可以换显示。

③ BackStyle 属性指定标签控件背景是否透明，0 为透明，1 为不透明，默认为 1。

7. 图像、形状、线条及标签控件

【实验题目】建立“学生档案管理系统”封面表单 syform7，如图 3-14 所示。

图 3-14　封面表单

【操作步骤】

1）创建表单界面。使用命令 CREATE FORM syform7 新建表单 syform7，添加控件。

2）表单中所添加的对象，用布局工具栏排好前置和后置位置，设置属性如表 3-7 所示。

表 3-7　表单 syform7 属性设置

对象名	属性	属性值
Form1	AutoCenter	.T.
	BorderStyle	3
	TitleBar	0
Label1	Caption	学生档案管理系统
	AutoSize	.T.
	ForeColor	0,128,255
	FontSize	24
Image1	Picture	8.jpg
Shape1	BackColor	236,233,216
	BackStyle	0
	BorderStyle	4
	BorderWidth	5
Line1	BorderColor	128,128,0
	BorderStyle	5

提示 图片很大，显示需要的一部分，所以不能将图片设置成表单的背景图片，而需要添加图像控件，将图片设置在图像控件上，可以自由移动图像的位置，超出表单部分不显示。

3）编写 Image1 的 Click 事件代码。

```
ThisForm.Release
```

4）保存并运行表单。

8. 命令按钮和复选框控件

【实验题目】创建如图 3-15 所示表单 syform8。表单功能为使用复选框调整字体格式，使用命令按钮修改颜色为自定义颜色。

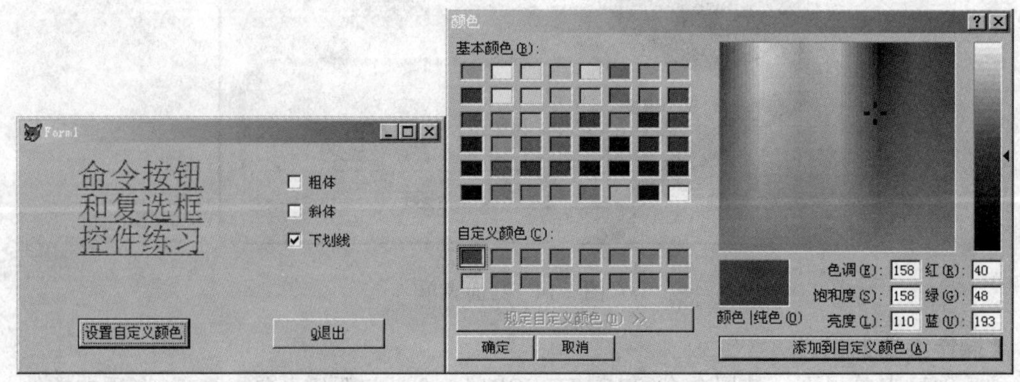

图 3-15　syform8 表单设计

【操作步骤】

1）使用 CREATE FORM syform8 命令新建表单 syform8。

2）在表单中添加控件并设置属性，如表 3-8 所示。

表 3-8 表单 syform8 属性设置

对象名	属性	属性值
Label1	Caption	命令按钮和复选框控件练习
	AutoSize	.T.
	FontSize	20
	WordWrap	.T.
Check1	Caption	粗体
Check2	Caption	斜体
Check3	Caption	下划线
Command1	Caption	设置颜色
Command2	Caption	<Q 退出

3）复选框 Check1 的 Click 事件代码如下。

```
IF This.Value=1
   ThisForm.Label1.FontBold=.T.
ELSE
   ThisForm.Label1.FontBold=.F.
ENDIF
```

4）复选框 Check2 的 Click 事件代码如下。

```
IF This.Value=1
   ThisForm.Label1.FontItalic=.T.
ELSE
   ThisForm.Label1.FontItalic=.F.
ENDIF
```

5）复选框 Check3 的 Click 事件代码如下。

```
IF This.Value=1
   ThisForm.Label1.FontUnderline=.T.
ELSE
   ThisForm.Label1.FontUnderline=.F.
ENDIF
```

6）命令按钮 Command1 的 Click 事件代码如下。

```
ThisForm.Label1.ForeColor=GetColor( )    &&打开颜色对话框
```

7）命令按钮 Command2 的 Click 事件代码如下。

```
ThisForm.Release
```

8）运行表单。改变标签上文字格式和颜色。

提示 1 复选框一般对应双分支结构：IF…ELSE…ENDIF，用是否加“√”选中作为条件，如果选中，则执行 ELSE 之前的语句序列，否则执行 ELSE 之后的语句序列。复选框处于选中状态，左侧方框内有√标记，此时 Value 值为 1（或.T.）；复选框处于未选中状态时，左侧方框内是空的，此时 Value 值为 0（或.F.）。也就是说“This.Value=1”说明该复选框被选中。

提示 2 Value 用于设置和保存复选框的当前状态，此属性值可以是数值型或逻辑型，具体类型由 Value 的初始值决定。Value 属性的系统默认值为数值型 0。

提示 3 3 个复选框之间没有关系。代码窗口中的命令代码不区分大小写。

9. 文本框控件

【实验题目】建立表单 syform9，如图 3-16 所示。使其运行时，对输入的日期和天数进行相加计算；对输入的被除数和除数做求商运算；对逻辑值取反；对中文字串截取第 2 个字，并将处理后的数据在文本框中显示。用线条将表单分割为 4 部分。

【操作步骤】

1）使用命令 CREATE FORM syform9 新建表单 syform9。

2）表单中所添加的部分对象及其属性、相应代码如表 3-9 所示，其他对象如图 3-17 所示。

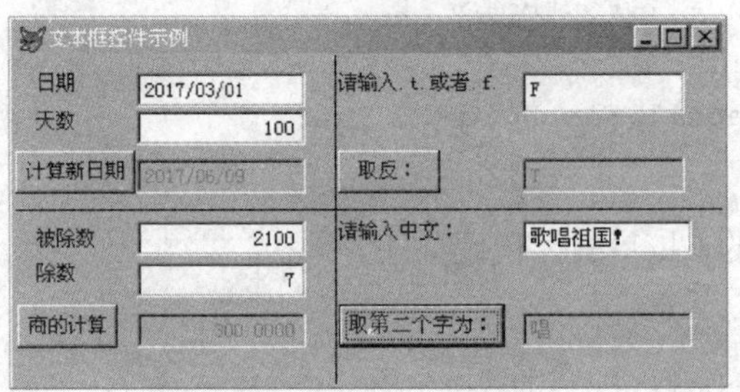

图 3-16　syform9 表单设计

表 3-9　表单 syform9 中的对象属性及代码

对象名	属性/事件名	属性值/代码	备注
Label1	Caption	日期	
	AutoSize	.T.	
Text1	Value	{}	
Label2	Caption	天数	
	AutoSize	.T.	
Text2	Value	0	
	InputMask	######	可以有空格最多 6 位
Text9	Value	{}	用于显示计算结果
Command1	Caption	计算新日期	
	Click 事件	ThisForm.Label3.Caption=' 新日期为:'+ ; DTOC(ThisForm.Text1.Value+ThisForm.Text2.Value,1)	
	AutoSize	.T.	
Label4	Caption	被除数	
	AutoSize	.T.	

续表

对象名	属性/事件名	属性值/代码	备注
Text3	Value	0	没限制输入
Label5	Caption	除数	
	AutoSize	.T.	
Text4	Value	0	
	InputMask	9999	只能输入数字最多 4 位
Text10	Value	0	用于显示计算结果
Command2	Caption	商的计算	
	Click 事件	ThisForm.Label3.Caption='商为:'+ ; STR(ThisForm.Text1.Value/ ThisForm.Text2.Value,10,2)	
	AutoSize	.T.	
Text5\6	Value	.T.	
Text6\8\9\10	Enabled	.F.	不能输入，用于输出
Command3	Caption	取反:	
Command4	Caption	取第二个字为:	

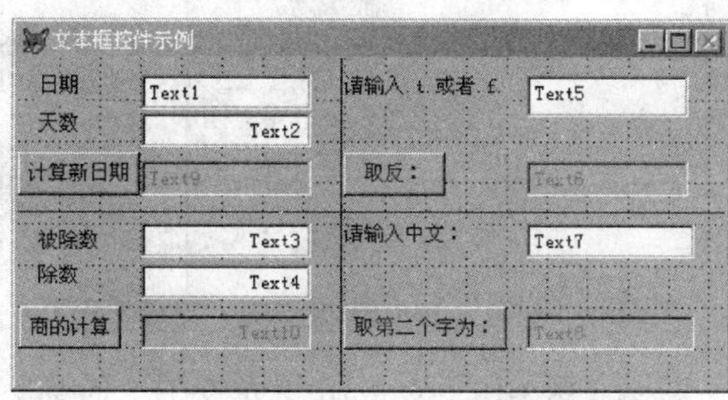

图 3-17　表单 syform9 的运行结果

3）命令按钮 Command1 的 Click 事件代码如下。

```
ThisForm.text9.Value=ThisForm.Text1.Value+ThisForm.Text2.Value
```

4）命令按钮 Command2 的 Click 事件代码如下。

```
ThisForm.Text10.Value=ThisForm.Text3.Value/ThisForm.Text4.Value
```

5）命令按钮 Command3 的 Click 事件代码如下。

```
ThisForm.Text6.Value=.not. ThisForm.Text5.Value
```

6）命令按钮 Command4 的 Click 事件代码如下。

```
ThisForm.Text8.Value=Subs(ThisForm.Text7.Value,3,2)
```

7）保存并运行表单。

提示 1 文本框控件可以作为接收用户输入和输出信息的一个基本控件。文本框控件中的数据值用 Value 属性设置，可以是字符型、数值型、逻辑型和日期型数据等，默认为字符型数据。文本框控件接收的字符型数据最多不超过 255 个字符。需要接收数值型数据时，初始值可设为 0；需要接收逻辑型数据时，初始值可设为.T.；日期型可设为{}。

提示 2 文本框控件的 Enabled 属性用来指定能否响应由用户引发的事件，即如果设为.F.，则不能在表单运行时由用户向文本框中输入数据，但是可以由程序改变 Value 的值。文本框控件用于只允许输出结果，限制键盘输入数据的情况。

提示 3 输入数据时注意，天数文本框允许有“空格”。“10　0”被当作“100”；最后文本框最多 4 位数。

10. 编辑框控件

【实验题目】建立表单 syform10，如图 3-18 所示，当选定编辑框中的文本后，单击“提取”按钮，则将选定内容添加在文本框中显示。表单 syform10 和其中的对象、属性及代码如表 3-10 所示。

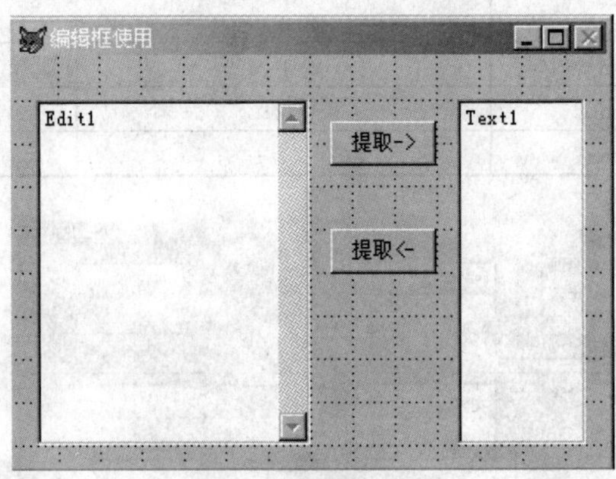

图 3-18　syform10 表单设计

表 3-10　表单 syform10 中的对象属性及代码

对象名	属性/事件名	属性值/代码	说明
Form1	Caption	编辑框使用	
Edit1	HideSelection	.F.	失去焦点时，选定文本仍然处于选定状态
	ScrollBars	2	有垂直滚动条
	ReadOnly	.T.	
Text1			此对象各属性均可用系统默认值
Command1	Caption	提取->	
	Click	ThisForm.Text1.Value=This.Parent.Edit1.SelText * 此处请体会 Parent 的用法，及如何在文本框中显示数据	
Command2	Caption	反提取<-	

【操作步骤】

1）使用命令 CREATE FORM syform10 新建表单 syform10。

2）表单中所添加的对象及其属性如表 3-10 所示。

3）命令按钮 Command1 的 Click 事件代码如下。

```
ThisForm.Text1.Value=This.Parent.Edit1.SelText
```

4）命令按钮 Command2 的 Click 事件代码如下。

```
ThisForm.Edit1.Value=ThisForm.Text1.SelText
```

5）运行表单，如图 3-19 所示。在编辑框中输入大量字符，观察滚动条，使用翻页键；使用 Enter 键换行输入两段文字；选中一部分文本，单击“提取->”按钮；在文本框内输入文本，尝试不可换行输入；选中文本框中部分文本，单击“反提取<-”按钮，观察编辑框。

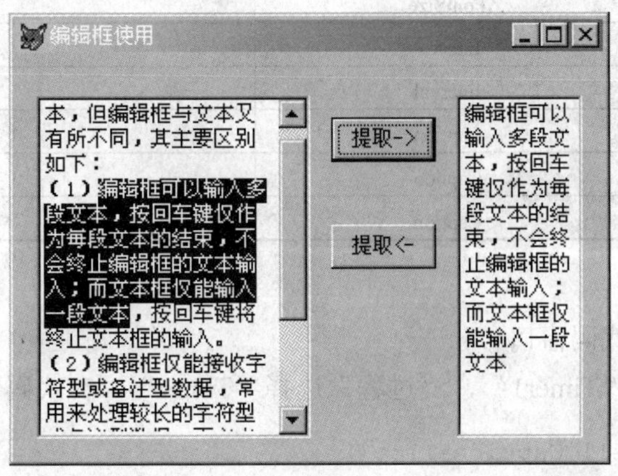

图 3-19　表单 syform10 的运行结果

提示 编辑框与文本框的区别如下。

① 编辑框可以输入多段文本，按 Enter 键仅作为每段文本的结束，不会终止编辑框的文本输入；文本框仅能输入一段文本，按 Enter 键将终止文本框的输入。

② 编辑框仅能接收字符型或备注型数据，常用来处理较长的字符型或备注型数据；文本框可以接收字符型、数值型、逻辑型或日期型 4 种数据。

11. 计时器控件

【实验题目】创建一个表单 syform11，如图 3-20 所示，表单的标题为“计时器控件使用”，在表单中包括计时器控件 Timer1（其 Interval 属性为 1000）、计时器控件 Timer2（其 Interval 属性为 3000）、标签控件 Label1，以及命令按钮控件暂停（Command1）、继续（Command2）和退出（Command3）。当表单运行时，在 Label1 中自动显示系统时间，若单击“暂停”按钮则时间停止，若单击“继续”按钮则继续显示系统事件，每隔 3s 标签背景颜色随机更换。

【操作步骤】

1）创建表单界面。在命令窗口中输入“CREATE FORM syform11”，启动表单设计器。

2）向表单中分别添加标签控件 Label1，计时器控件 Timer1、Timer2，命令按钮控件 Command1、Command2 和 Command3。

3）打开属性窗口设置控件属性，如表 3-11 所示。

表 3-11　表单 syform11 属性设置

对象名	属性	属性值
Form1	Caption	计时器控件使用
Label1	Caption	=Time( )
	AutoSize	.T.
	FontSize	28
Timer1	Interval	1000
Timer2	Interval	3000
Command1	Caption	\<S 暂停
Command2	Caption	\<T 继续
Command3	Caption	\<R 退出

4）编写事件代码。

① 双击表单打开代码窗口。

② “对象”选择“Timer1”，“过程”选择“Timer”，在代码窗口中输入语句：

```
ThisForm.Label1.Caption=Time()
```

③ “对象”选择“Timer2”，“过程”选择“Timer”，在代码窗口中输入语句：

```
ThisForm.Label1.BackColor=RGB(Rand()*255,Rand()*255,Rand()*255)
```

④ “对象”选择“Command1”，“过程”选择“Click”，在代码窗口中输入语句：

```
ThisForm.Timer1.Interval=0
```

⑤ “对象”选择“Command2”，“过程”选择“Click”，在代码窗口中输入语句：

```
ThisForm.Timer1.Interval=1000
```

⑥ “对象”选择“Command3”，“过程”选择“Click”，在代码窗口中输入语句：

```
ThisForm.Release
```

5）保存并运行表单 syform11.scx，结果如图 3-21 所示。

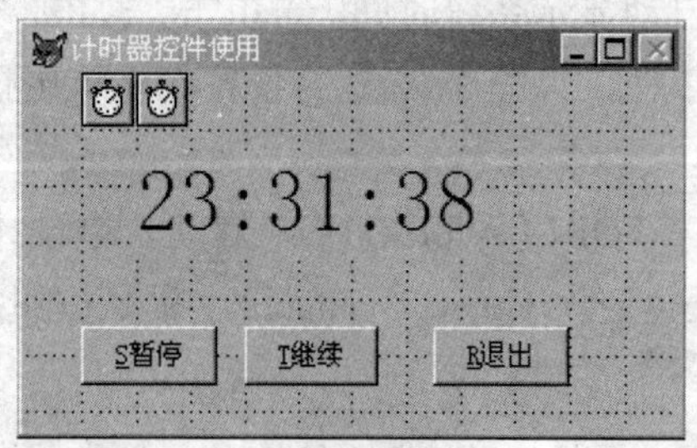

图 3-20　计时器控件表单设计

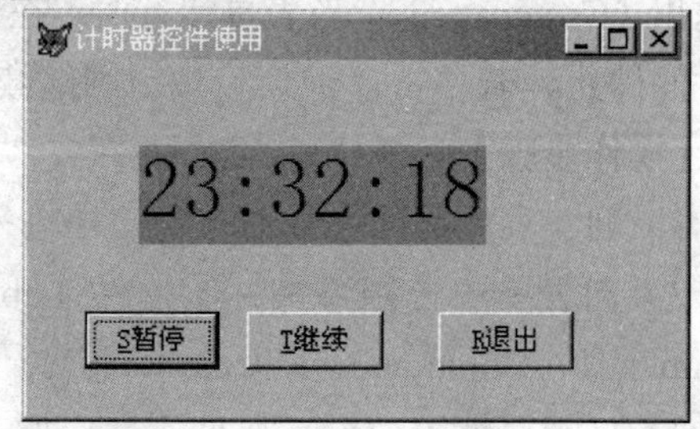

图 3-21　计时器控件表单运行

提示 1 计时器控件按照一定的时间间隔触发 Timer 事件，然后执行某一操作，它的时间是由系统时钟控制的，在表单运行时计时器控件不显示。Interval 属性用于设置计时器控件的间隔时间，单位为 ms，默认值为 0。当计时器控件的 Interval=0 时，计时器被屏蔽，将不会触发任何事件。Time( )是系统时间函数，用于返回当前系统的时间。

提示 2 命令按钮一般都有快捷键设置，这里用“\<S”设置暂停键，可以在表单运行时使用 Ctrl+S 组合键代替单击“暂停”按钮。

12. 微调控件

【实验题目】创建一个表单 syform12，如图 3-22 所示，表单的标题为“微调控件示例”，利用微调按钮改变图形的形状。在表单中包括微调控件 Spinner1，其 KeyboardHighValue 属性为 99，KeyboardLowValue 属性为 0，InputMask 属性为 99，SpinnerHighValue 属性为 99，SpinnerLowValue 属性为 0，Value 属性为 0。

【操作步骤】

1）创建表单界面。在命令窗口中输入“CREATE FORM syform12”，启动表单设计器。

2）向表单中分别添加控件，如图 3-22 所示。

3）打开属性窗口设置控件属性，如表 3-12 所示。

表 3-12 表单 syform12 属性设置

对象名	属性	属性值
Form1	Caption	微调控件示例
Shape1	BackColor	255,128,255
	FillColor	0,0,255
	FillStyle	7
Line1	Height	50
Spinner1	KeyboardHighValue	99
	KeyboardLowValue	0
	SpinnerHighValue	99
	SpinnerLowValue	0
	Value	0
	InputMask	99
Spinner2、Spinner3		默认

4）编写事件代码。

① 双击表单打开代码窗口。

② “对象”选择“Spinner1”，“过程”选择“InteractiveChange”，在代码窗口中输入语句：

```
ThisForm.Shape1.Curvature=This.Value
```

③ “对象”选择“Spinner2”，“过程”选择“InteractiveChange”，在代码窗口中输入语句：

```
ThisForm.Shape1.Top=This.Value*10
```

④ “对象”选择“Spinner3”，“过程”选择“InteractiveChange”，在代码窗口中输入语句：

```
ThisForm.Shape1.Left=This.Value*10
```

5）保存并运行表单 syform12，如图 3-23 所示，调整微调按钮，观察形状控件的变化。线条控件不跟着形状控件移动，因为形状控件不是容器控件，两者没有包容关系。

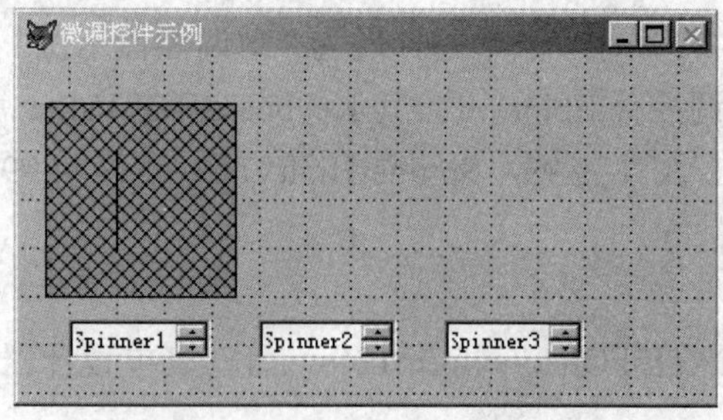

图 3-22　syform12 表单设计

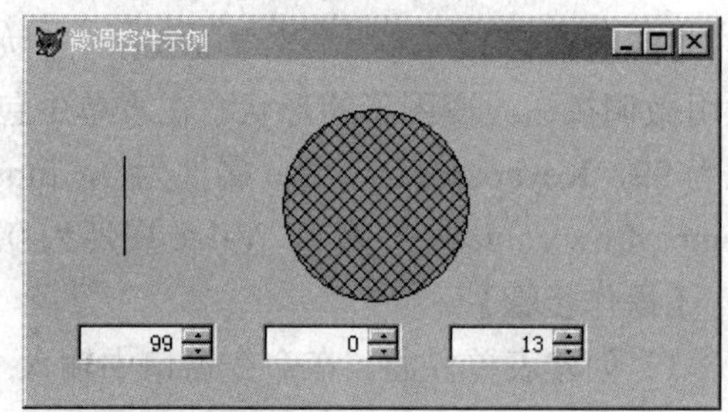

图 3-23　表单 syform12 的运行结果

13. 容器控件

【实验题目】打开表单 syform12 继续编辑，在表单上增加一个容器控件 Container1，在容器中添加一个形状 Shape1 和一个线条形状 Line1，新增加的属性设置如表 3-13 所示，增加 3 个微调按钮用来改变容器内形状的曲度和容器的位置，将表单另存为 syform13。

表 3-13　表单 syform13 新增控件属性设置

对象名	属性	属性值
Form1	Caption	容器控件使用
Container1	Height	100
	Width	100
Shape1	BackColor	255,255,255
	FillColor	0,255,0
	FillStyle	5
	Height	100
	Width	100
Line1	Height	50
Spinner4	KeyboardHighValue	99
	KeyboardLowValue	0
	SpinnerHighValue	99
	SpinnerLowValue	0
	Value	0
	InputMask	99
Spinner5、Spinner6		默认

【操作步骤】

1）打开表单界面，在命令窗口中输入“MODI FORM syform12”启动表单设计器。

2）向表单中添加控件，如图 3-24 所示。

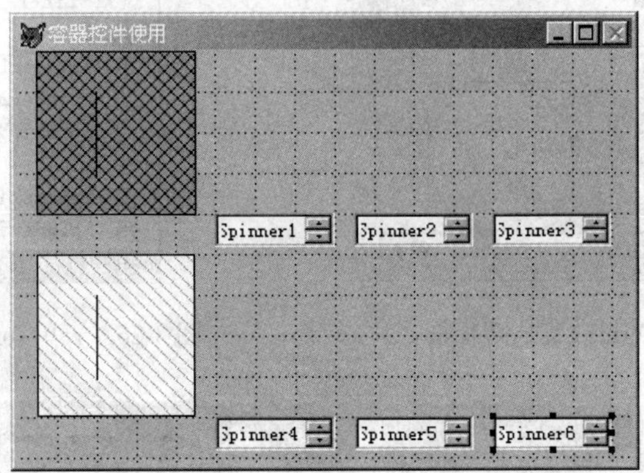

图 3-24　syform13 表单设计

3）打开属性窗口设置控件属性，如表 3-13 所示。

4）编写事件代码。

① 双击表单打开代码窗口。

② “对象”选择“Spinner4”，“过程”选择“InteractiveChange”，在代码窗口中输入语句：

```
ThisForm.Container1.Shape1.Curvature=This.Value
```

③ “对象”选择“Spinner5”，“过程”选择“InteractiveChange”，在代码窗口中输入语句：

```
ThisForm.Container1.Top=This.Value*10
```

④ “对象”选择“Spinner6”，“过程”选择“InteractiveChange”，在代码窗口中输入语句：

```
ThisForm.Container1.Left=This.Value*10
```

5）另存表单为 syform13 并运行表单，如图 3-25 所示，调整微调按钮，观察形状控件的变化。新的线条控件跟着形状控件移动，因为两个控件都在容器控件之中，具有包容关系。如图 3-26 所示，在属性窗口观察，Shape1 和 Line1 缩进在 Container1 之后，被其包容。

14. 命令按钮组控件

【实验题目】建立表单 syform14，在运行表单时，单击表单上命令按钮组中的某个按钮，将该按钮的标题显示到标签上，如图 3-27 所示。

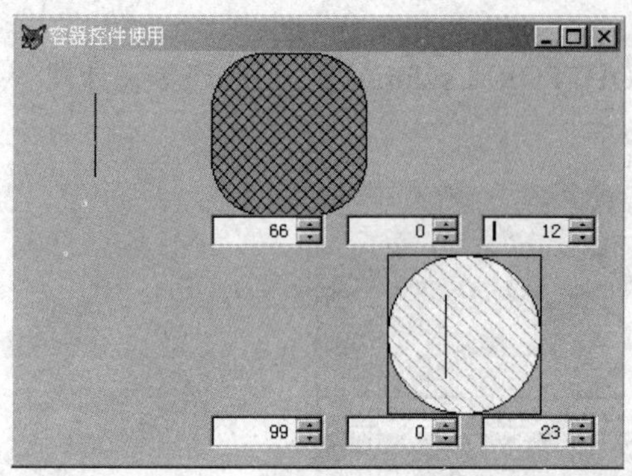

图 3-25　表单 syform13 运行界面图

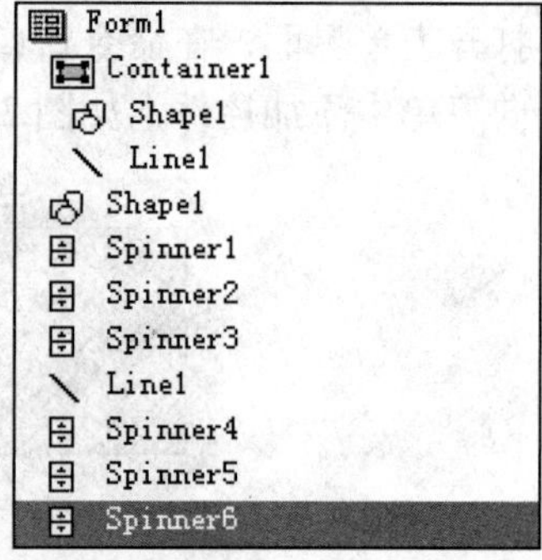

图 3-26　表单 form13 对象包容关系图

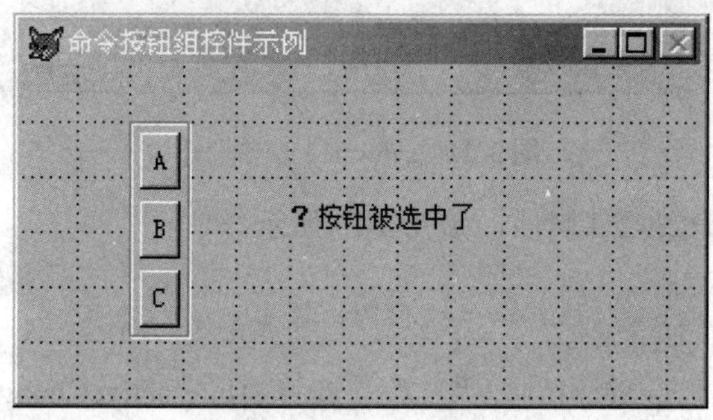

图 3-27　syform14 表单设计

方法一：具体制作步骤如下。

1）新建表单 syform14。

2）表单中所添加的对象及其属性如表 3-14 所示。

表 3-14　表单 syform14 中的对象及其属性

<table>
<tr><th colspan="2">对象名</th><th>属性名</th><th>属性值</th></tr>
<tr><td colspan="2">Label1</td><td>Caption</td><td>？按钮被选中了</td></tr>
<tr><td colspan="2">Label2</td><td>Caption</td><td></td></tr>
<tr><td colspan="2">Label1</td><td>AutoSize</td><td>.T.</td></tr>
<tr><td colspan="2">Label2</td><td>AutoSize</td><td>.T.</td></tr>
<tr><td rowspan="6">Commandgroup1</td><td></td><td>ButtonCount</td><td>3</td></tr>
<tr><td></td><td>AutoSize</td><td>.T.</td></tr>
<tr><td></td><td>Value</td><td>1</td></tr>
<tr><td>Command1</td><td>Caption</td><td>A</td></tr>
<tr><td>Command2</td><td>Caption</td><td>B</td></tr>
<tr><td>Command3</td><td>Caption</td><td>C</td></tr>
</table>

3）命令按钮组 Commandgroup1 的 Click 事件代码如下。

```
n=This.Value                            && 将单击选中的命令按钮序号保存在变量 n 中
DO CASE
```

```
  CASE n=1
    ThisForm.Label2.Caption=This.Command1.Caption
                                      && 注意 Thisform 和 This 的含义
  CASE n=2
    ThisForm.Label2.Caption=This.Command2.Caption
  CASE n=3
    ThisForm.Label2.Caption=This.Command3.Caption
ENDCASE
```

4）运行表单，如图 3-28 所示。

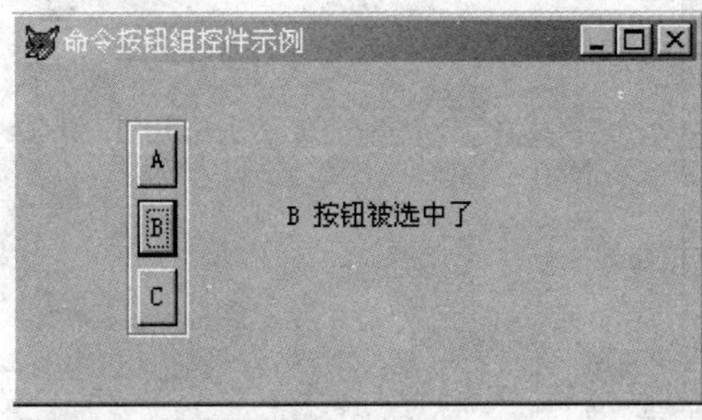

图 3-28　表单 syform14 的运行结果

方法二：具体制作步骤如下。

1）打开表单 syform14，选择“文件”→“另存为”选项，另存表单为 syform14-2。

2）表单中所添加的对象不变，更改 Commandgroup1 的 Value 属性为空格。

3）命令按钮组 Commandgroup1 的 Click 事件代码如下。

```
ThisForm.Label2.Caption=This.Value    && 注意 Thisform 和 This 的含义
```

4）运行表单。

提示 1 如果将命令按钮组 Commandgroup1 的 Value 初值设为字符型（如 Command1 或空格），则本实验题目 Commandgroup1 的 Click 事件代码可以简化为一行。

提示 2 命令按钮组控件和选项按钮组相似，编程与多分支语句对应。组内有多少个命令按钮，就有多少个 CASE。其基本结构如下。

```
n=This.Value                      && 将单击选中的控件序号保存在变量 n 中
DO CASE
CASE n=1                          && 对应组中的第一个控件
CASE n=2                          && 对应组中的第二个控件
CASE n=3                          && 对应组中的第三个控件
ENDCASE
```

提示 3 命令按钮组和选项按钮组控件都是容器控件，其中包含多个命令按钮或选项按钮，但是用户只能选择其中的一个按钮。组的 Value 属性用于判断当前状态。Value 属性值可以为 N 型或 C 型。一般情况下，在编写命令按钮组的事件代码时，若将 Value 属性看成 N 型数据处理，则 Value 属性的初始值一般要设置为 1，此时 Value 的值表示组中第 1 个按钮被选中；若将 Value 属性看成 C 型数据处理，则 Value 属性的初始值一般要设置为空字符串，此时 Value 的值表示组中 Caption 属性值与 Value 值相等的命令按钮被选中。

15. 选项按钮组控件

【实验题目】建立表单 syform15，如图 3-29 所示，使其完成对编辑框中文本的字体和字号的设置。

图 3-29 选项按钮组示例

【操作步骤】

1）新建表单 syform15。

2）添加控件并设置属性。表单中所包含的对象及其属性设置如表 3-15 所示。

表 3-15 表单 syform15 中的对象及其属性设置

对象名		属性名	属性值
Forml		Caption	选项按钮组控件使用
Label1		Caption	请输入文本：
Edit1		控件各属性用系统默认值	
Optiongroup1		Value	1
	Option1	Caption	黑体
	Option2	Caption	幼圆
	Option3	Caption	隶书
Optiongroup2		Value	
	Option1	Caption	10
	Option2	Caption	15
	Option3	Caption	20
	Option4	Caption	25

3）编写事件代码如下。

① 对象 Forml 的 Init 事件，使编辑框得到焦点。具体代码如下。

```
ThisForm.Edit1.SetFocus
```

② Optiongroup1 的 Click 事件，为编辑框内的文本设置字体。具体代码如下。

```
n=This.Value                              && 变量 n 用于存储被选中按钮的序号
DO CASE
 CASE n=1
   ThisForm.Edit1.FontName='黑体'         && FontName 用于设置字体名的属性
 CASE n=2
   ThisForm.Edit1.FontName='幼圆'
 CASE n=3
   ThisForm.Edit1.FontName='隶书'
ENDCASE
ThisForm.Edit1.SetFocus
```

③ Optiongroup2 的 Click 事件，为编辑框内的文本设置字号。具体代码如下。

```
n=This.Value                         && 变量 n 用于存储被选中按钮的序号
DO CASE
CASE n="10"
  ThisForm.Edit1.FontSize=10         && FontName 用于设置字体名的属性
CASE n="15"
  ThisForm.Edit1.Fontsize=15
CASE n="20"
  ThisForm.Edit1.FontSize=20
CASE n="25"
ThisForm. Edit1.FontSize=25
ENDCASE
ThisForm.Edit1.SetFocus
```

4）保存并运行表单。输入较多文本，选择字体字号，如图 3-30 所示。

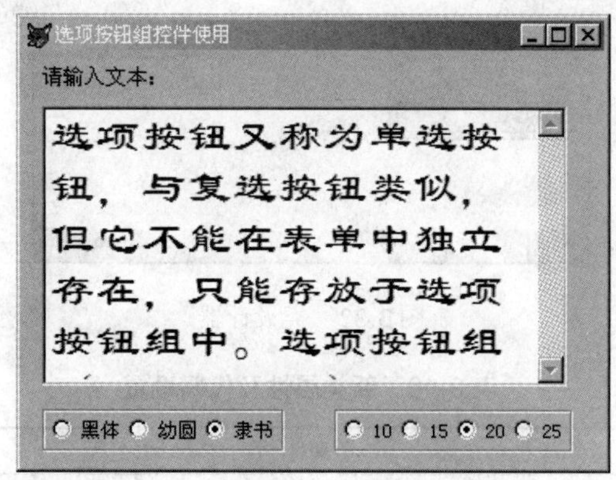

图 3-30　选项按钮组运行效果

提示 本实验题目中使用了 Value 属性的两种类型设置，注意理解对应的编程方法。

16. 自定义新类并在表单中使用自定义类

【实验题目】创建一个名为 Helloshape 的自定义新类，派生于 Visual FoxPro 基类 Shape，保存在名为 mylib1 的类库中。自定义类 Helloshape 的属性设置：Height 属性值为 100，Width 属性值为 100，Curvature 属性值为 99，FillStyle 属性值为 2，FillColor 属性设为绿色。新建表单 syform16，在表单中添加两个此类的形状。

【操作步骤】

1）选择“文件”→“新建”选项，打开“新建”对话框，选中“类”单选按钮，单击“新建文件”按钮。

2）打开“新建类”对话框，根据题目要求设置“类名”“派生于”“存储于”信息，如图 3-31 所示。

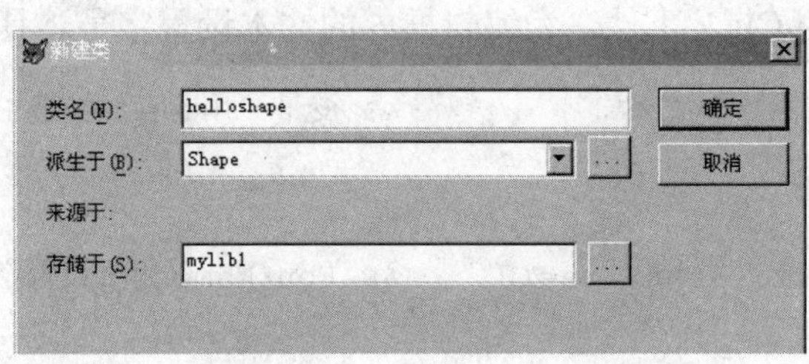

图 3-31 “新建类”对话框

3）单击“确定”按钮，打开类设计器窗口，如图 3-32 所示，修改属性及代码（表 3-16），新类如图 3-33 所示。

4）单击工具栏中的“保存”按钮，保存新创建的类，关闭类设计器。

5）新建表单 syform16，在表单控件工具栏中单击“查看类”按钮，在弹出的下拉菜单中选择“添加”选项，如图 3-34 所示。在“打开”对话框中选择所需要的类库文件 mylib1.vcx，单击“打开”按钮后，表单控件工具栏中显示自定义类 Helloshape 图标。

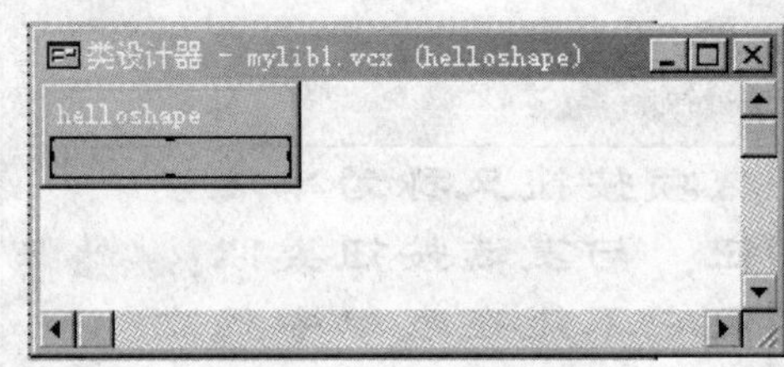

图 3-32 类设计器

表 3-16 新类属性及代码设置

对象名	属性	属性值
Helloshape	Height	100
	Width	100
	Curvature	99
	FillStyle	2
	fillColor	0,255,0

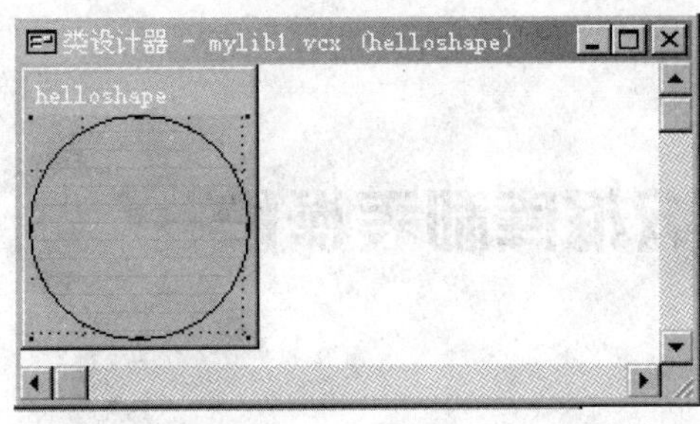

图 3-33　新类属性设置

图 3-34　查看类添加

6）选定自定义类，在表单上添加两个自定义类对象：Helloshape1 和 Helloshape2，表单设计如图 3-35 所示。

7）保存并运行表单，如图 3-36 所示。

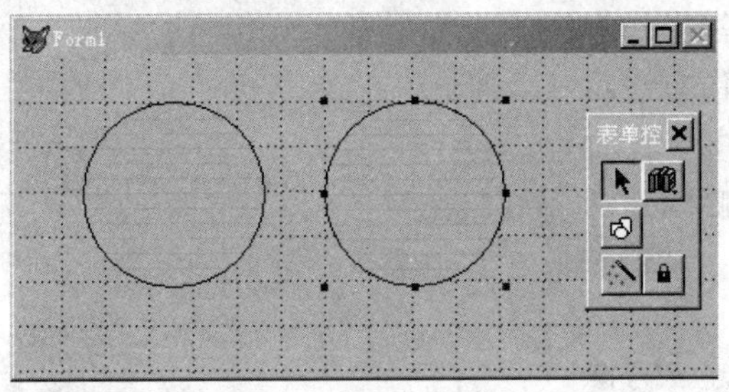

图 3-35　表单 syform16 的设计效果

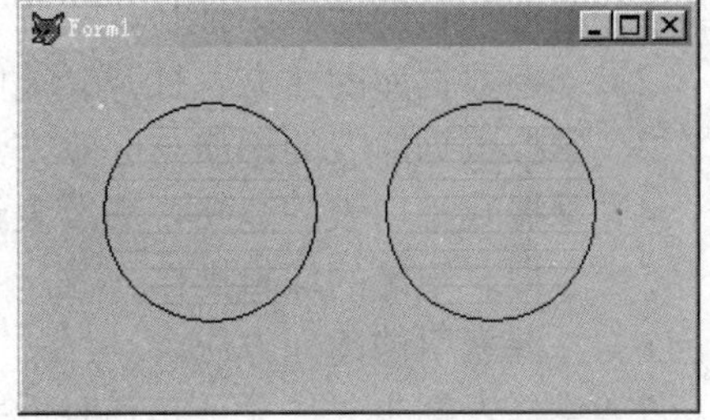

图 3-36　表单 syform16 的运行结果

实验 4 项目、数据库和表操作

一、实验目的

1）掌握项目的建立、打开、关闭、删除等操作方法。
2）掌握数据库的建立、打开、关闭等操作方法。
3）掌握数据库表的添加与删除方法。
4）掌握数据库表的建立方法及表结构的修改方法。
5）掌握表记录的编辑操作方法。
6）掌握索引的建立方法。
7）掌握表间永久性关系和临时性关系的建立方法。
8）掌握参照完整性的设置方法。
9）掌握自由表的建立方法。
10）掌握自由表和数据库表的区别和转换方法。

二、重点和难点

1. 重点

1）数据库的建立方法。
2）数据库表的建立方法。
3）索引的建立方法。

2. 难点

1）表间临时性关系的建立方法。
2）永久性关系的建立方法。

三、实验内容

1. 建立项目

【实验题目】建立一个项目文件 daxueguanli.pjx。
【操作步骤】
1）将系统的默认目录设置为自己的学号姓名文件夹。

2）建立一个项目文件 daxueguanli.pjx。

提示 选择“文件”→“新建”选项，在打开的“新建”对话框中选中“项目”单选按钮，单击“新建文件”按钮，输入文件名“daxueguanli”，保存文件位置为自己的学号姓名文件夹，单击“保存”按钮，完成项目文件的建立，并打开项目管理器，如图 4-1 所示。

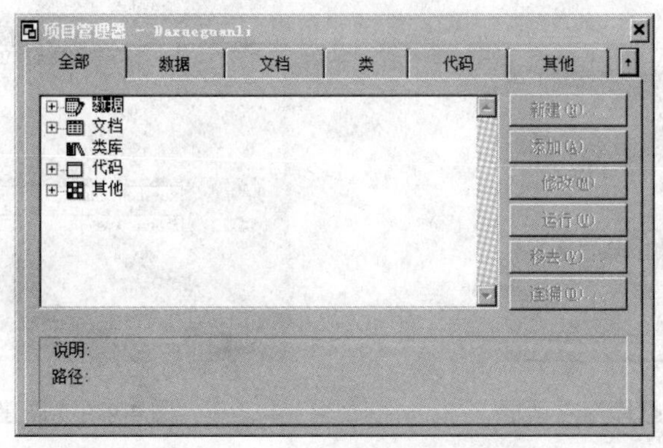

图 4-1　项目管理器

2. 打开项目

【实验题目】 打开项目文件 daxueguanli.pjx。

【操作步骤】 选择“文件”→“打开”选项或单击常用工具栏中的“打开”按钮，在打开的“打开”对话框中选择要打开的项目文件，单击“确定”按钮即可。

3. 关闭、保存、删除项目

【实验题目】 关闭、保存、删除项目文件 daxueguanli.pjx。

【操作步骤】 单击项目文件 daxueguanli.pjx 所在项目管理器右上角的“关闭”按钮，当关闭一个空项目文件时，会弹出如图 4-2 所示的提示框，若单击提示框中的“保持”按钮，系统将保存该空项目文件，若单击“删除”按钮，系统将从磁盘上删除该项目文件。

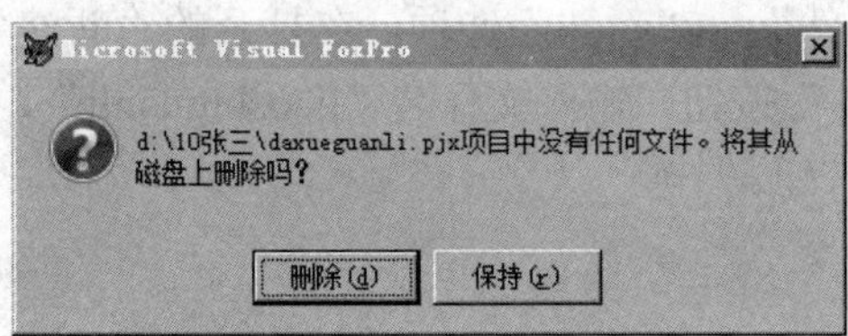

图 4-2　提示框

4. 在项目中创建数据库

【实验题目】 在项目文件 daxueguanli.pjx 中创建一个数据库文件 xueshengguanli.dbc。

【操作步骤】

1）打开项目文件 daxueguanli.pjx。

2）在项目中创建一个名为 xueshengguanli 的数据库。

提示 选择项目文件 daxueguanli.pjx 所在项目管理器“数据”选项卡中的“数据库”选

项，单击“新建”按钮，打开“新建数据库”对话框，如图 4-3 所示。单击“新建数据库”按钮，在打开的“创建”对话框中输入“xueshengguanli”数据库名，如图 4-4 所示。单击“保存”按钮，此时会打开数据库设计器，如图 4-5 所示。

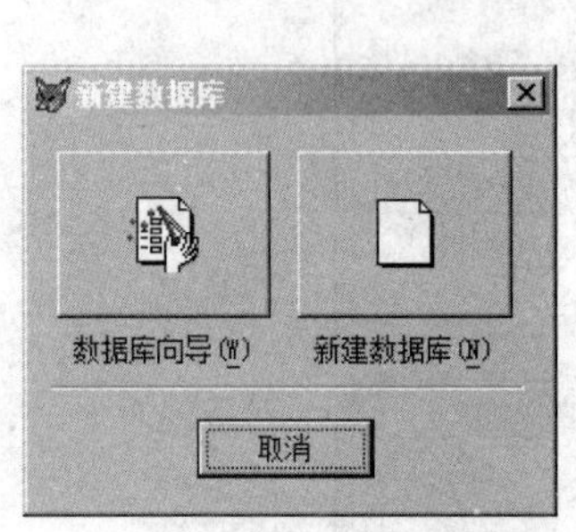

图 4-3 “新建数据库”对话框

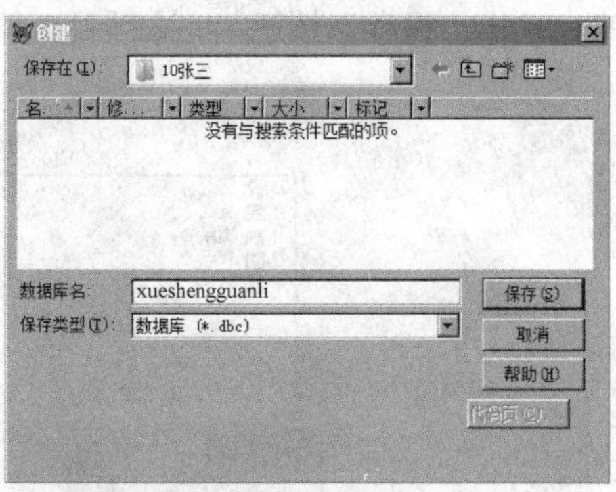

图 4-4 “创建”对话框

图 4-5 数据库设计器

5. 用菜单方式建立数据库

【实验题目】用菜单方式建立一个数据库文件 jiaoshiguanli.dbc。

【操作步骤】选择“文件”→“新建”选项，在打开的“新建”对话框中选中“数据库”单选按钮，单击“新建文件”按钮，输入文件名“jiaoshiguanli”，保存位置为自己的学号姓名文件夹，单击“保存”按钮。

6. 关闭数据库

【实验题目】将数据库文件 jiaoshiguanli.dbc 关闭。

【操作步骤】在命令窗口中输入“CLOSE DATABASE”命令，按 Enter 键即可。

7. 打开数据库

【实验题目】打开数据库文件 jiaoshiguanli.dbc。

【操作步骤】选择“文件”→“打开”选项，打开“打开”对话框，如图 4-6 所示。在“文件类型”中选择“数据库（*.dbc）”，并选择 xueshengguanli.dbc 文件，单击“确定”按钮。此时数据库设计器也一同打开。

技巧 对于同时打开的多个数据库，可以指定某一个数据库为当前数据库，选择常用工具栏中“数据库列表”栏中的某个数据库名称，如 jiaoshiguanli，如图 4-7 所示，则数据库文件 jiaoshiguanli.dbc 成为当前数据库。

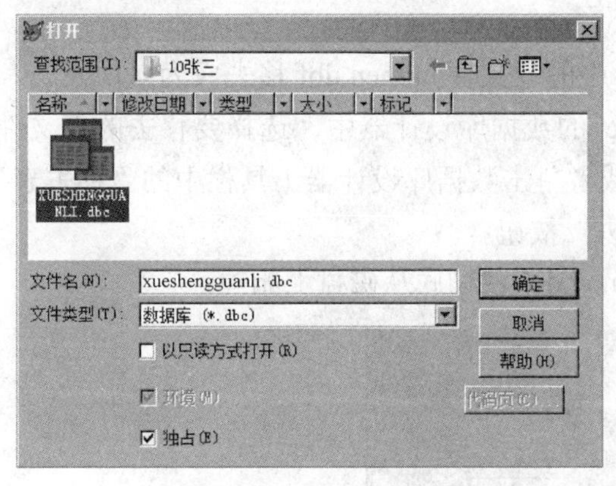

图 4-6 “打开”对话框

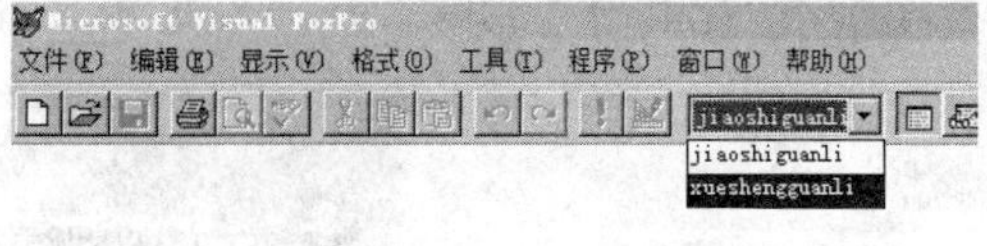

图 4-7 “数据库列表”栏

8. *在项目管理器中将自由表添加到数据库中*

【实验题目】 将表文件 xuesheng.dbf、chengji.dbf 和 xuanke.dbf 添加到数据库文件 xueshengguanli.dbc 中。

【操作步骤】 打开项目文件 daxueguanli.pjx 的项目管理器，将数据库 xueshengguanli 展开到表，单击“添加”按钮，在打开的“打开”对话框中选择要添加的表，单击“确定”按钮，如图 4-8 所示。

9. *在数据库设计器中将自由表添加到数据库中并浏览表*

【实验题目】 将表文件 jiaoshi.dbf、gongzi.dbf 和 bumen.dbf 添加到数据库文件 jiaoshiguanli.dbc 中，并浏览表文件 jiaoshi.dbf。

【操作步骤】 打开数据库文件 jiaoshiguanli.dbc 的数据库设计器，在空白区域右击，在弹出的快捷菜单中选择“添加表”选项，打开“打开”对话框，从中选择要添加的表，单击“确定”按钮。完成界面如图 4-9 所示。

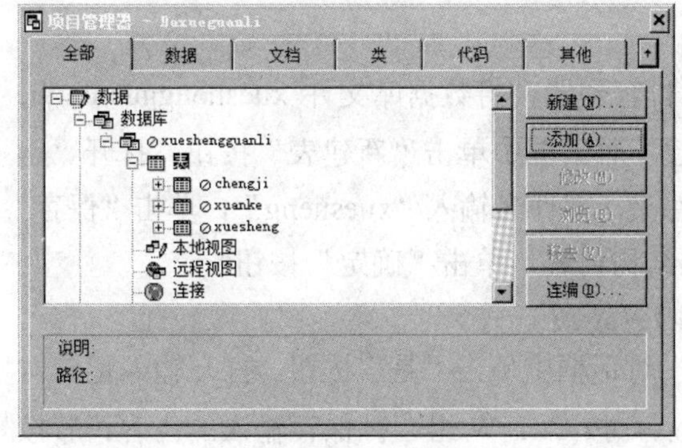

图 4-8 添加表

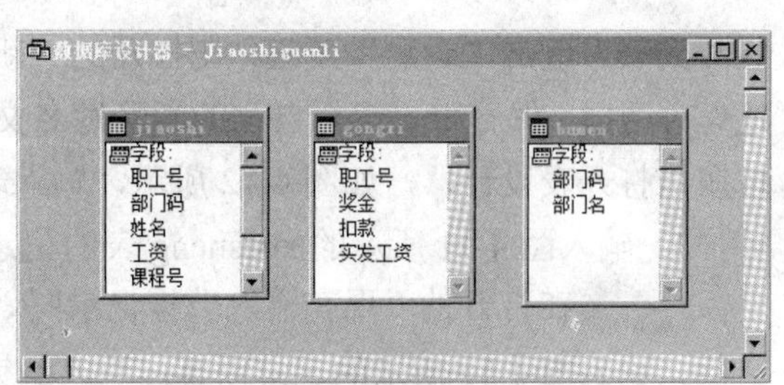

图 4-9 jiaoshiguanli 数据库设计器

双击表文件 jiaoshi.dbf，或者右击表文件 jiaoshi.dbf，在弹出的快捷菜单中选择“浏览”选项，都能够打开表的浏览窗口。

10. 将数据库表移去成为自由表

【实验题目】将数据库文件 jiaoshiguanli.dbc 中的表文件 bumen.dbf 移去成为自由表。

【操作步骤】在数据库文件 jiaoshiguanli.dbc 的数据库设计器中，选择要移去的表文件 bumen.dbf，选择“数据库”→“移去”选项，或者单击数据库设计器工具栏中的“移去表”按钮，弹出如图 4-10 所示的提示框，单击“移去”按钮。

提示 若单击“删除”按钮，则表文件 bumen.dbf 就彻底从磁盘上删掉。

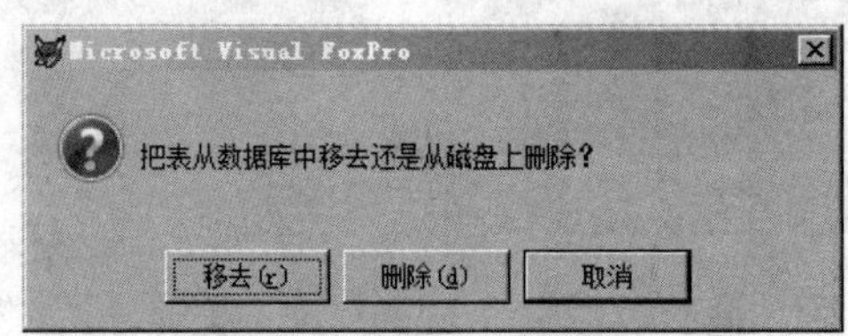

图 4-10 从数据库中移去表提示框

11. 在项目中创建数据库表

【实验题目】在数据库文件 xueshengguanli.dbc 中创建表文件 xuesheng.dbf，表结构如表 4-1 所示，内容如图 4-11 所示。要求立即输入记录。

表 4-1 xuesheng 表结构

字段名	字段类型	字段宽度	小数位数	是否允许 NULL
学号	字符型	10	—	否
姓名	字符型	6	—	否
性别	字符型	2	—	否
民族	字符型	2	—	否
出生日期	日期型	8	—	否
是否党员	逻辑型	1	—	否

【操作步骤】

1）创建表文件 xuesheng.dbf 的表结构。

提示 打开项目文件 daxueguanli.pjx 的项目管理器，将数据库文件 xueshengguanli.dbc 展开到表，单击“新建”按钮。在打开的“新建”对话框中单击“新建表”按钮，打开“创建”对话框，保存位置选择自己的学号姓名文件夹，文件名输入“xuesheng”，单击“保存”按钮，打开表设计器，如图 4-12 所示，输入表结构内容，单击“确定”按钮。

2）输入图 4-11 所示的 xuesheng 表的记录内容。

提示 在打开的“现在输入数据记录吗？”对话框中单击“是”按钮，打开输入记录对话框，输入图 4-11 所示的记录内容。输入结束后，按 Ctrl+W 组合键保存输入的内容；若按 Esc 键或 Ctrl+Q 组合键会放弃当前输入的内容。

学号	姓名	性别	民族	出生日期	是否党员
20160101	刘美辰	女	汉	01/07/98	F
20160102	李诤	男	汉	03/17/98	F
20160103	王宏宇	男	汉	02/18/98	F
20160104	杨诗瑶	女	汉	09/27/97	F
20160105	吴峻男	男	满	11/17/97	F
20160106	李光宁	男	汉	02/26/98	F
20160107	赵红静	女	藏	05/11/98	F
20160108	刘博	男	汉	09/19/97	T
20160109	杨一凡	男	汉	03/07/98	F
20160110	高鸿宇	男	回	01/09/98	F
20160111	李婧	女	汉	04/07/98	F
20160112	杨志良	男	汉	10/29/97	F
20160113	王慧	女	满	03/11/98	T
20160114	罗丽娜	女	汉	11/27/97	F
20160115	赵军	男	汉	10/16/97	F
20160116	吴润博	男	汉	02/17/98	F
20160117	杨天姿	女	汉	01/05/98	F
20160118	李晓桐	女	汉	09/16/97	F

图 4-11 xuesheng 表

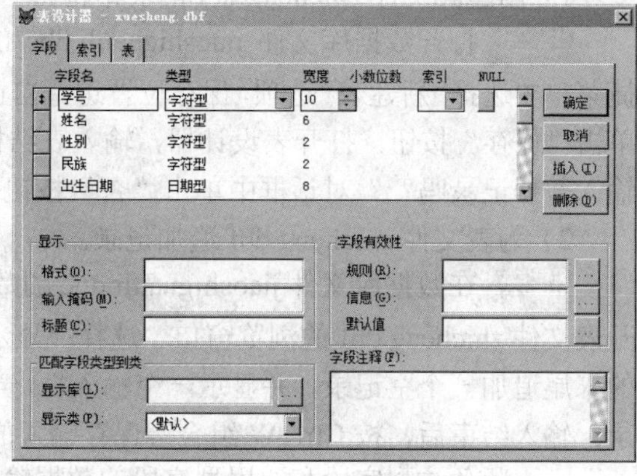

图 4-12 xuesheng 表设计器

12. 在数据库中创建数据库表

【实验题目】在数据库文件 jiaoshiguanli.dbc 中创建表文件 zhicheng.dbf，如图 4-13 所示，表结构如表 4-2 所示。要求以追加记录方式输入记录。

职工号	职称	参加工作日	汉族否	简历	照片
01	教授	07/13/85	T	memo	gen
02	讲师	07/21/03	T	memo	gen
03	助教	08/11/11	T	memo	gen
04	讲师	08/24/01	T	memo	gen
05	副教授	07/23/92	F	memo	gen
06	助教	08/29/12	T	memo	gen
07	副教授	07/25/93	T	memo	gen
08	教授	07/30/89	F	memo	gen
09	讲师	08/08/08	T	memo	gen
10	助教	08/01/12	T	memo	gen
11	助教	08/01/13	T	memo	gen
12	教授	08/01/88	F	memo	gen
13	讲师	07/19/05	T	memo	gen
14	讲师	08/07/02	T	memo	gen
15	教授	04/10/87	F	memo	gen
16	教授	03/05/90	F	memo	gen
17	讲师	03/03/99	F	memo	gen
18	副教授	02/16/92	F	memo	gen

图 4-13 zhicheng 表

表 4-2 zhicheng 表结构

字段名	字段类型	字段宽度	小数位数	是否允许 NULL
职工号	字符型	2	—	否
职称	字符型	10	—	否
参加工作日	日期型	8	—	否
汉族否	逻辑型	1	—	否
简历	备注型	4	—	否
照片	通用型	4	—	否

【操作步骤】

1）创建表文件 zhicheng.dbf 的表结构。

提示 打开数据库文件 jiaoshiguanli.dbc 的数据库设计器，右击空白区域，在弹出的快捷菜单中选择“新建表”选项，保存位置选择自己的学号姓名文件夹，文件名输入“zhicheng”，单击“保存”按钮，打开表设计器，输入表结构内容，单击“确定”按钮。在打开的“现在输入数据记录吗？”对话框中单击“否”按钮。

2）为表文件 zhicheng.dbf 追加记录。

提示 在数据库文件 jiaoshiguanli.dbc 的数据库设计器中，双击表文件 zhicheng.dbf，打开表文件 zhicheng.dbf 的浏览窗口。选择“显示”→“追加方式”选项，系统在 zhicheng 表的末尾追加一个空记录，并显示一个输入框，当输入第一个记录后，系统自动追加下一个记录。输入结束后，按 Ctrl+W 组合键保存输入的内容。

技巧 备注型字段和通用型字段的数据输入方法如下。

① 备注型字段值的输入：双击 memo，打开备注型字段编辑窗口，如图 4-14 所示。输入备注内容，关闭窗口。

图 4-14 备注型字段编辑窗口

② 通用型字段值的输入：双击 gen，打开通用型字段编辑窗口，选择“编辑”→“插入对象”选项，在打开的“插入对象”对话框中选中“由文件创建”单选按钮，并选择插入的图片文件，如图 4-15 所示，单击“确定”按钮，可插入指定的图片。

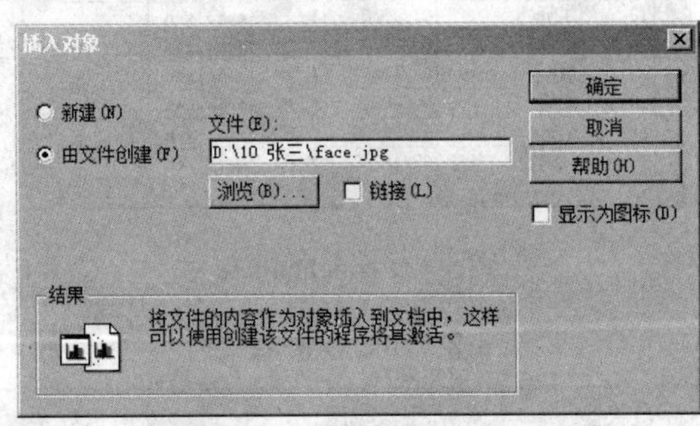

图 4-15 “插入对象”对话框

13. 修改表结构

【实验题目】为表文件 chengji.dbf 增加两个字段“入学总成绩”和“入学平均分”，其类型为数值型，宽度为 6，小数位数为 1。

【操作步骤】在 xueshengguanli.dbc 数据库中，右击表文件 chengji.dbf，在弹出的快捷菜单中选择“修改”选项，打开表设计器，将光标定位到“四级过否”字段后面，输入两个字段“入学总成绩”和“入学平均分”，类型选择“数值型”，宽度为6，小数位数为1，如图4-16所示。

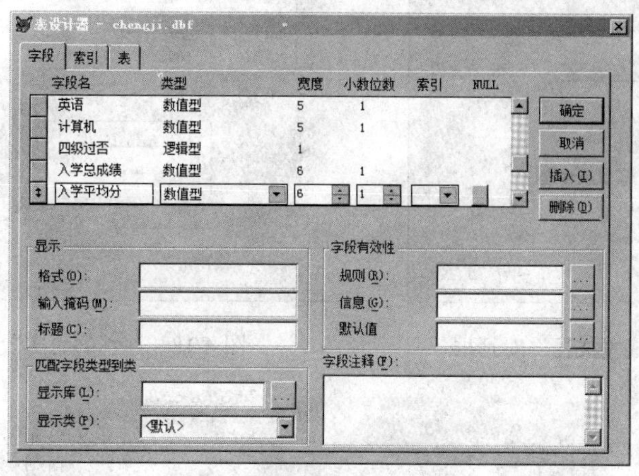

图4-16 chengji表设计器

【拓展练习】在“职称”字段后面增加“部门”字段，其类型为字符型，宽度为6；将“汉族否”字段移动到“参加工作日”字段前面。

【操作步骤】打开表文件zhicheng.dbf的表设计器，将光标定位到“参加工作日”字段，单击“插入”按钮，字段名输入“部门”，类型选择“字符型”，宽度为6，则增加了“部门”字段。单击“汉族否”字段左侧的 ↕ 按钮，将其向上拖动到“参加工作日”字段之前。

14. 设置数据库表的字段有效性

【实验题目】对表文件xuesheng.dbf设置“性别”字段的有效性。在“规则”文本框输入“性别="男"OR 性别="女"”，在“信息”文本框输入“性别只能输入男或女”，在“默认值”文本框输入“女”；并观察表文件xuesheng.dbf中性别字段值输入不正确时的提示和限制效果。

【操作步骤】

1）对表文件xuesheng.dbf设置“性别”字段的有效性。

提示 打开表文件xuesheng.dbf的表设计器，并选择“性别”字段。单击“字段有效性”栏中“规则”右侧的按钮，打开“表达式生成器”对话框，在其中输入“性别="男" OR 性别="女"”，如图4-17所示，单击“确定”按钮。在“信息”文本框中输入“"性别只能输入男或女"”。在“默认值”文本框中输入“女”。单击“确定”按钮，结果如图4-18所示。

2）观察性别字段值输入不正确时的提示和限制效果。

提示 打开表文件xuesheng.dbf的浏览窗口，将性别字段值修改成不是“男”或“女”的其他值，将会弹出字段值输入不正确的提示框，如图4-19所示，单击“还原”按钮，则将性别字段值还原成原来正确的值。

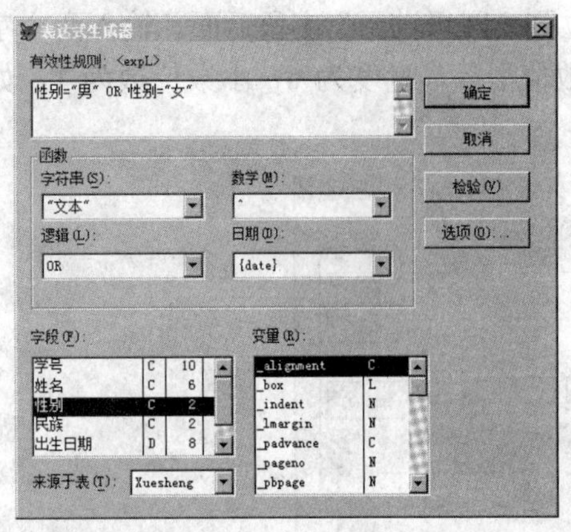

图 4-17 “表达式生成器”对话框

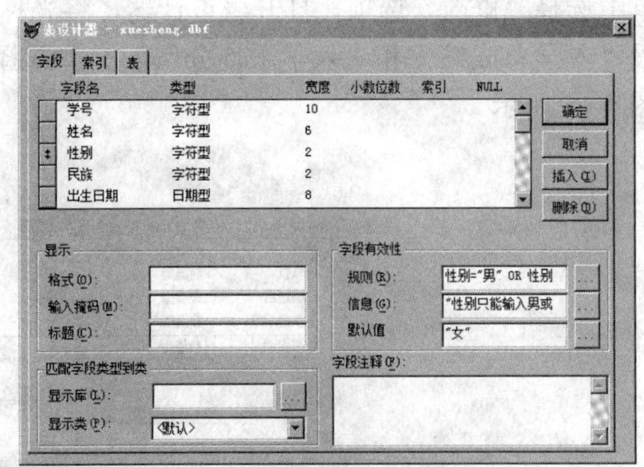

图 4-18 性别的“字段有效性”设置

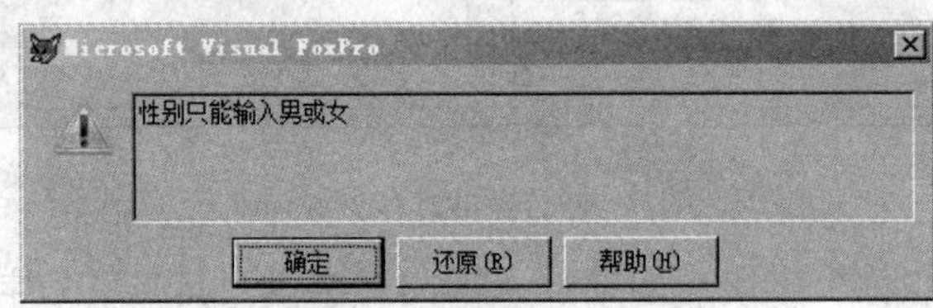

图 4-19 性别字段值不正确的提示框

15. 数据库表记录的修改

【实验题目】计算出数据库表文件 chengji.dbf 中所有人的“入学总成绩”和“入学平均分”。

【操作步骤】打开表文件 chengji.dbf 的浏览窗口，选择“表”→“替换字段”选项，打开“替换字段”对话框，在“字段”下拉列表中选择“入学总成绩”，在“替换为”文本框中输入“chengji.数学+chengji.英语+ chengji.计算机”，在“作用范围”下拉列表中选择“All”，如图 4-20 所示，单击“替换”按钮。再用同样的方法计算出“入学平均分”，其中“替换为”文本框中输入“chengji．入学总成绩/3”或“（chengji．数学+chengji．英语+ chengji．计算机）/3”，替换完成界面如图 4-21 所示。

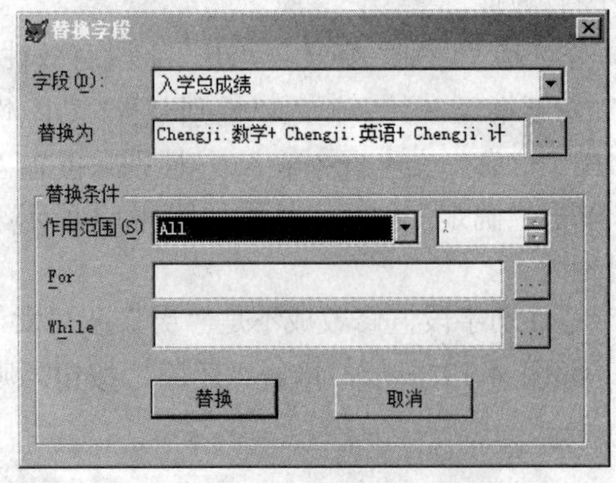

图 4-20 “替换字段”对话框

Chengji

学号	数学	英语	计算机	四级过否	入学总成绩	入学平均分
20160101	78.0	80.0	92.0	T	250.0	83.3
20160102	86.0	85.5	88.0	T	259.5	86.5
20160103	92.0	72.0	95.0	F	259.0	86.3
20160104	82.0	80.0	90.5	T	252.5	84.2
20160105	88.0	82.0	93.0	T	263.0	87.7
20160106	69.0	88.0	85.0	T	242.0	80.7
20160107	88.8	86.5	89.0	T	264.3	88.1
20160108	75.0	60.0	86.0	F	221.0	73.7
20160109	56.0	86.0	78.0	T	220.0	73.3
20160110	90.0	92.0	73.5	T	255.5	85.2
20160111	88.0	80.0	86.0	T	254.0	84.7
20160112	87.0	85.0	90.0	T	262.0	87.3
20160113	85.0	55.0	87.0	F	227.0	75.7
20160114	88.0	90.0	89.0	T	267.0	89.0
20160115	79.0	78.0	92.0	T	249.0	83.0
20160116	58.0	60.0	70.0	F	188.0	62.7
20160117	70.0	80.0	75.0	T	225.0	75.0

图 4-21 替换完成界面

16. 向数据库表追加新记录

【实验题目】为数据库表文件 gongzi.dbf 追加一个记录，“职工号”为 34、“奖金”为 900、“扣款”为 50。

【操作步骤】打开表文件 gongzi.dbf 的浏览窗口，选择“表”→“追加新记录”选项，将新记录内容输入。

17. 从其他文件向数据库表追加记录

【实验题目】将表文件 xuesheng.dbf 内容追加到表文件 xuesheng.dbf 后面。

【操作步骤】打开表文件 xuesheng.dbf 的浏览窗口，选择“表”→“追加记录”选项，打开“追加来源”对话框，如图 4-22 所示，选择“来源于”的表文件“xuesheng”，单击“确定”按钮。

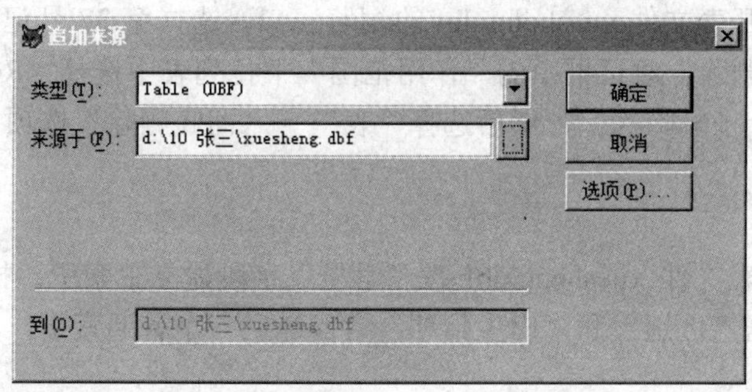

图 4-22 “追加来源”对话框

18. 数据库表记录的逻辑删除

【实验题目】逻辑删除表文件 xuesheng.dbf 中不是党员的记录。

【操作步骤】打开表文件 xuesheng.dbf 的浏览窗口，选择“表”→“删除记录”选项，打开如图 4-23 所示的“删除”对话框，在对话框的“作用范围”下拉列表中选择“All”，在“For”文本框中输入“xuesheng.是否党员=.F.”，单击“删除”按钮。

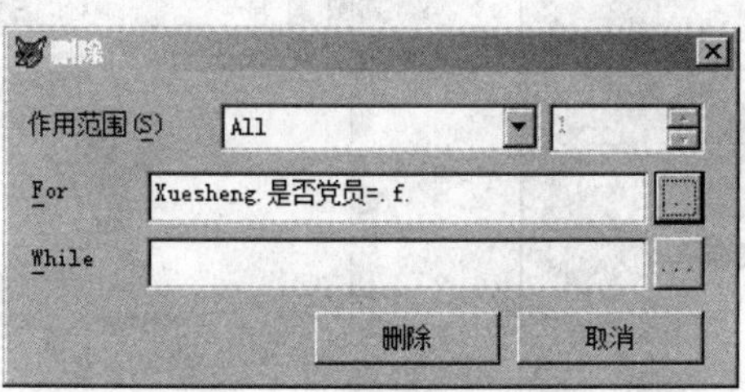

图 4-23 “删除”对话框

19. 恢复逻辑删除的记录

【实验题目】恢复表文件 xuesheng.dbf 中逻辑删除的所有记录。

【操作步骤】在表文件 xuesheng.dbf 浏览窗口中，选择“表”→“恢复记录”选项，打开“恢复记录”对话框，如图 4-24 所示。在“作用范围”下拉列表中选择“All”，单击“恢复记录”按钮。

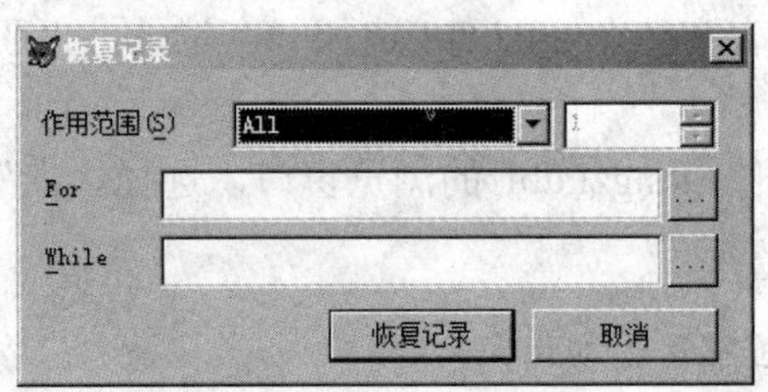

图 4-24 “恢复记录”对话框

20. 数据库表记录的物理删除

【实验题目】将表文件 xuesheng.dbf 中由表 xuesheng.dbf 追加过来的记录物理删除。

【操作步骤】打开表文件 xuesheng.dbf 的浏览窗口，选择第 37 号记录，先做逻辑删除：在图 4-23 所示的“删除”对话框中的“作用范围”下拉列表中选择“Rest”，则第 37 到最后一个记录都被打上了删除标记，然后选择“表”→“彻底删除”选项。

21. 建立索引

【实验题目】对表文件 xuesheng.dbf 按“学号”字段建立主索引；按“姓名”字段建立一个普通索引；根据“性别”和“出生日期”字段建立一个普通索引，其中索引名为 xbrq。索引顺序都是升序。

【操作步骤】在表文件 xuesheng.dbf 的表设计器中，选择“索引”选项卡，设置“索引名”分别为“学号”“姓名”“xbrq”；选择“类型”分别为“主索引”“普通索引”“普通索引”；输入“表达式”分别为“学号”“姓名”和“性别+DTOC(出生日期,1)”（图 4-25），单击“确定”按钮。完成界面如图 4-26 所示。

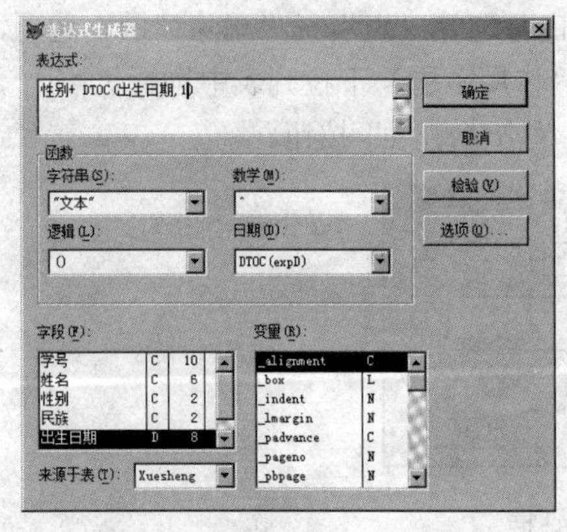

图 4-25 “表达式生成器”对话框

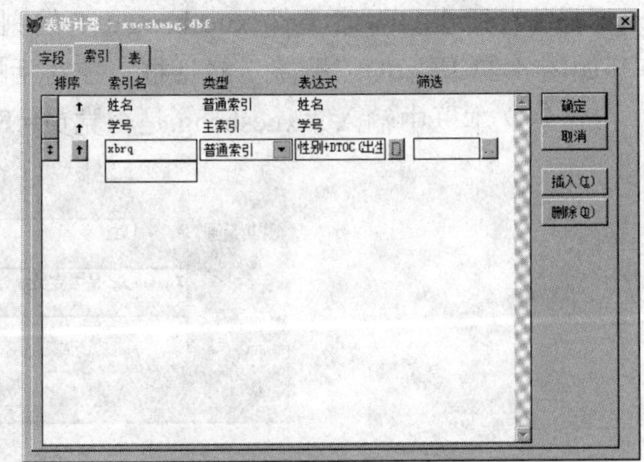

图 4-26 xuesheng 表的索引

22. 建立表间的临时性关系

【实验题目】在数据库文件 jiaoshiguanli.dbc 中，对表文件 gongzi.dbf 和 jiaoshi.dbf 按“职

工号”建立临时性关系，并求出表文件 gongzi.dbf 中“实发工资”字段的值（实发工资=工资+奖金-扣款）。

【操作步骤】

1）建立表间临时性关系。

提示 为表文件 jiaoshi.dbf 按“职工号”建立普通索引。打开“数据工作期”窗口，并分别打开表文件 gongzi.dbf 和 jiaoshi.dbf。在“别名”列表框中选择表文件 gongzi.dbf，单击“关系”按钮。双击表文件，在打开的“设置索引顺序”对话框中选择“jiaoshi:职工号”，如图 4-27 所示，单击“确定”按钮。在打开的“表达式生成器”对话框中，选择索引字段“职工号”，单击“确定”按钮，则建立了表文件 gongzi.dbf 和 jiaoshi.dbf 的临时性关系，如图 4-28 所示。

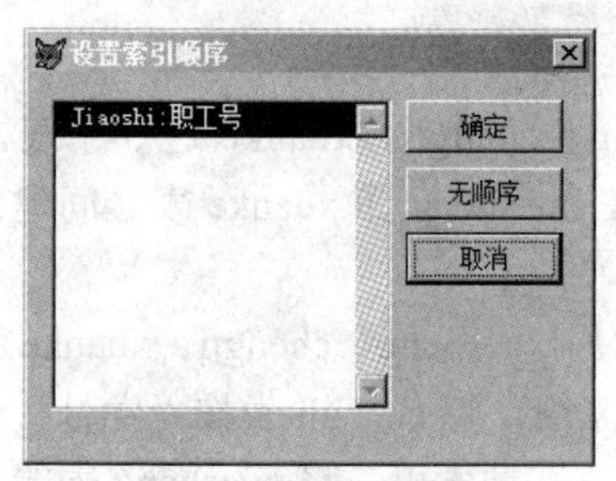

图 4-27　“设置索引顺序”对话框

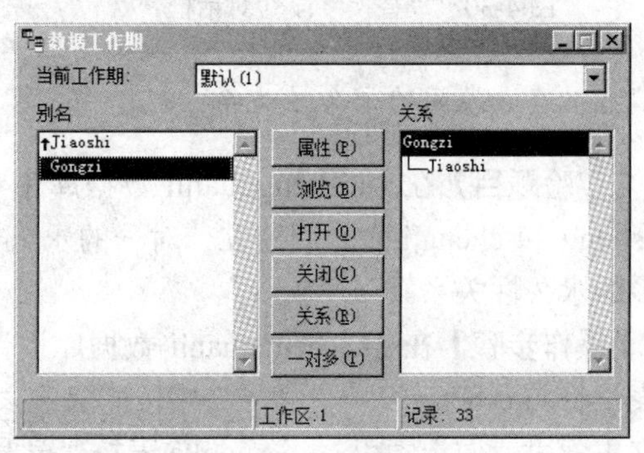

图 4-28　建立表间临时性关系

2）观察两表建立临时性关系后记录指针的联动情况。

提示 选择表文件 gongzi.dbf，单击“浏览”按钮，再以同样的方式浏览 jiaoshi 表，当在 gongzi 表的浏览窗口中选择不同的记录时，在 jiaoshi 表的浏览窗口中将出现和当前记录的“职工号”字段相匹配的记录，如图 4-29 所示。

3）替换字段。

提示 在表文件 gongzi.dbf 的浏览窗口中，选择“表”→“替换字段”选项，打开“替换字段”对话框，在“字段”下拉列表中选择“实发工资”，在“替换为”文本框中输入“jiaoshi.工资+gongzi.奖金-gongzi.扣款”，在“作用范围”下拉列表中选择“All”，如图 4-30 所示，单击“替换”按钮，替换完成界面如图 4-31 所示。

Gongzi

职工号	奖金	扣款	实发工资
01	520.00	102.00	
02	333.00	13.00	
03	812.00	12.00	
04	520.00	15.00	
05	376.00	26.00	
06	218.00	38.00	
07	150.00	30.00	
08	330.00	70.00	
09	540.00	90.00	
10	612.00	55.00	
11	900.00	46.00	
12	300.00	118.00	
13	216.00	10.00	
14	70.00	5.00	
15			

Jiaoshi

职工号	部门码	姓名	工资	课程号
03	A3	刘光旭	2450.00	6

图 4-29　两表建立临时性关系后记录指针的联动

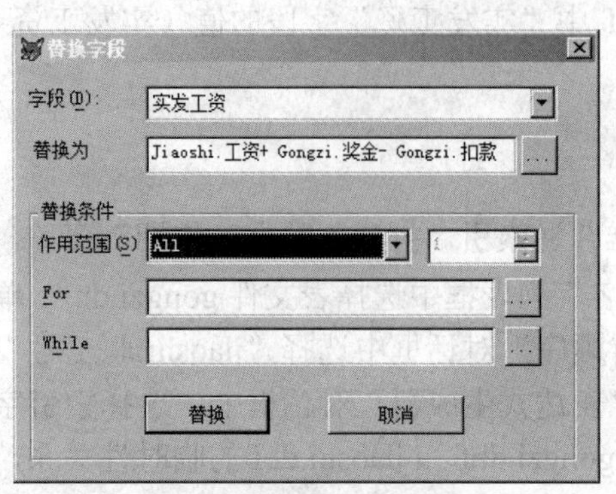

图 4-30 “替换字段”对话框

Gongzi

职工号	奖金	扣款	实发工资
01	520.00	102.00	6826.00
02	333.00	13.00	4710.00
03	812.00	12.00	3250.00
04	520.00	15.00	3705.00
05	376.00	26.00	4870.00
06	218.00	38.00	3156.00
07	150.00	30.00	5107.00
08	330.00	70.00	6480.00
09	540.00	90.00	4430.00
10	612.00	55.00	2957.00
11	900.00	46.00	2654.00
12	300.00	118.00	5582.00
13	216.00	10.00	3876.00
14	70.00	5.00	3410.00

图 4-31 “实发工资”替换完成界面

23. 建立表间的永久性关系

【实验题目】在 xueshengguanli 数据库中有 xuesheng、chengji、xuanke 这 3 个表，在 xuesheng 和 chengji 表之间建立一对一的永久性关系，在 xuesheng 和 xuanke 表之间建立一对多的永久性关系。

【操作步骤】在 xueshengguanli 数据库设计器中，添加 xuesheng、chengji、xuanke 这 3 个表。将 xuesheng 表按“学号”字段建立主索引或候选索引，将 chengji 表按“学号”字段建立主索引或候选索引，将 xuanke 表按“学号”字段建立普通索引。将 xuesheng 表的主索引“学号”拖动到 chengji 表的主索引“学号”上，将 xuesheng 表的主索引“学号”拖动到 xuanke 表的普通索引“学号”上，则表间就会出现相应的连线，如图 4-32 所示，永久性关系已经建立。

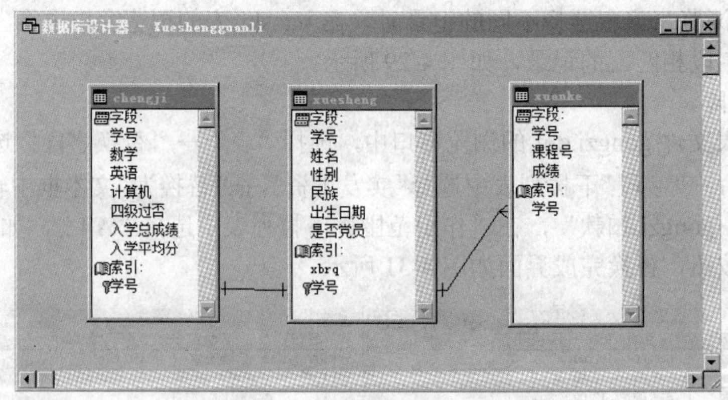

图 4-32 创建表间的永久性关系

24. 建立表间参照完整性

【实验题目】为表文件 xuesheng.dbf 和 chengji.dbf 建立参照完整性，更新规则为“限制”，删除规则为“级联”，插入规则为“忽略”。对 xuesheng 表记录执行更新、删除、插入操作，观察 chengji 表的记录变化。

【操作步骤】

1）为表文件 xuesheng.dbf 和 chengji.dbf 建立参照完整性。

提示 选择“数据库”→“清理数据库”选项，打开“参照完整性生成器”对话框，如图 4-33 所示。将“更新规则”设置为“限制”，“删除规则”设置为“级联”，“插入规则”设置为“忽略”，单击“确定”按钮，在弹出的保存提示框中单击“是”按钮。在弹出的确认提示框中，单击“是”按钮则完成全部设置。

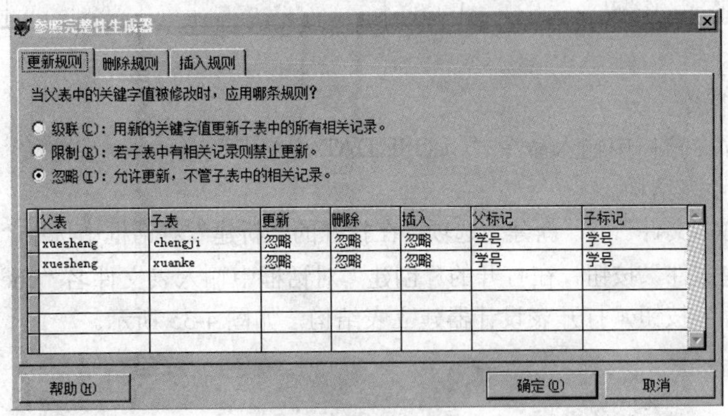

图 4-33　“参照完整性生成器”对话框

2）观察两个表建立参照完整性后对记录的限制情况。

提示 对表文件 xuesheng.dbf 的 46 号记录打上删除标记，观察表文件 chengji.dbf 中 46 号记录的变化。再对表文件 xuesheng.dbf 的记录执行更新和插入操作，观察表文件 chengji.dbf 记录的变化情况。

25. 建立自由表

【实验题目】建立一个如图 4-34 所示的自由表文件 chengji.dbf，表结构如表 4-3 所示。

Chengji

学号	数学	英语	计算机	四级过否
20160101	78.0	80.0	92.0	T
20160102	86.0	85.5	88.0	T
20160103	92.0	72.0	95.0	F
20160104	82.0	80.0	90.5	T
20160105	88.0	82.0	93.0	T
20160106	69.0	88.0	85.0	T
20160107	88.8	86.5	89.0	T
20160108	75.0	60.0	86.0	F
20160109	56.0	86.0	78.0	T
20160110	90.0	92.0	73.5	T
20160111	88.0	80.0	86.0	T
20160112	87.0	85.0	90.0	T
20160113	85.0	55.0	87.0	F
20160114	88.0	90.0	89.0	T
20160115	79.0	78.0	92.0	T
20160116	58.0	60.0	70.0	F
20160117	70.0	80.0	75.0	T

图 4-34　chengji 表

表 4-3　chengji 表结构

字段名	类型	宽度	小数位	索引	NULL
学号	字符型	10			
数学	数值型	5	1		
英语	数值型	5	1		
计算机	数值型	5	1		
四级过否	逻辑型	1			

【操作步骤】

1）关闭数据库。

提示 在命令窗口中输入命令“CLOSE DATABASE”。

2）建立自由表结构。

提示 选择“文件”→“新建”选项，在打开的“新建”对话框中选中“表”单选按钮，然后单击“新建文件”按钮，在打开的“创建”对话框中输入表文件名“chengji”及保存位置，单击“保存”按钮，打开表设计器建立表结构，如图 4-35 所示。

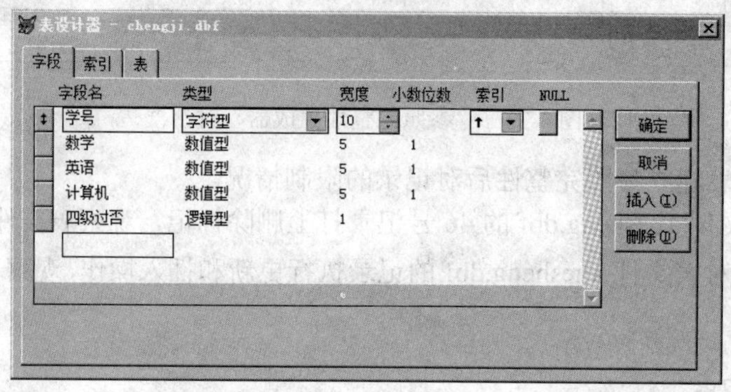

图 4-35　chengji 表设计器

3）输入表记录。

提示 输入图 4-34 所示的 chengji 表记录内容，按 Ctrl+W 组合键保存。

26. 打开、关闭自由表

【实验题目】打开、关闭自由表文件 chengji.dbf。

【操作步骤】

1）打开自由表文件 chengji.dbf。

提示 选择“文件”→“打开”选项或单击常用工具栏中的“打开”按钮，打开“打开”对话框，在“文件类型”下拉列表中选择“表”选项，并选择“chengji.dbf”，单击“确定”按钮。

2）关闭自由表文件 chengji.dbf。

提示 在命令窗口中输入命令“USE”。

27. 自由表与数据库表的区别和转换

【实验题目】观察表文件 zhicheng.dbf 作为数据库表和成为自由表时“参加工作日期”字段的改变情况，以及两种表设计器的区别。

【操作步骤】

1）打开数据库表设计器。

提示 将数据库文件 jiaoshiguanli.dbc 中的数据库表文件 zhicheng.dbf 的表设计器打开，如图 4-36 所示，长字段名“参加工作日期”可以使用。

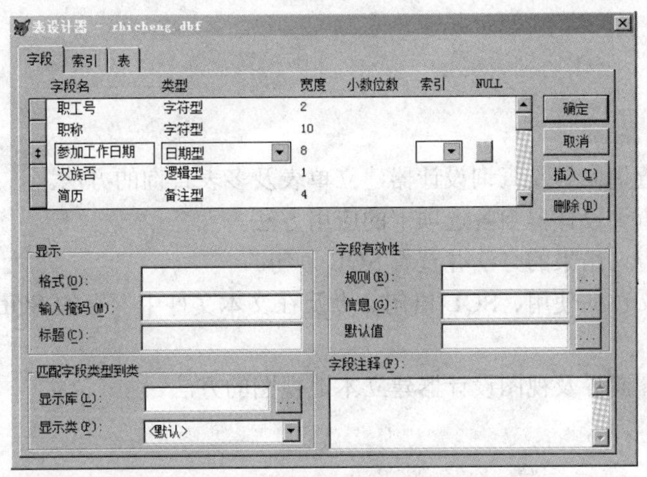

图 4-36　数据库表 zhicheng 的表设计器

2）打开自由表设计器。

提示 将数据库表文件 zhicheng.dbf 移去成为自由表，打开自由表文件 zhicheng.dbf 的表设计器，如图 4-37 所示，“参加工作日期”字段的长字段名将不能使用，改变为“参加工作日”。

3）观察两种表设计器的区别。

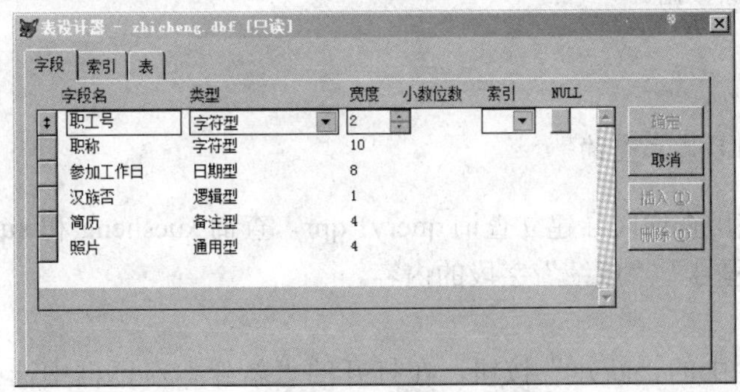

图 4-37　自由表 zhicheng 的表设计器

实验5　查询与视图

一、实验目的

1）掌握使用查询向导及查询设计器建立单表及多表查询的方法。

2）熟练掌握查询设计器中各选项卡的应用方法。

3）掌握输出查询结果的方法并查看 SQL 语句。

4）掌握查询文件的使用、SQL 语句命令及在文本文件中保存的 SQL 语句等 SQL 的各种不同使用方法。

5）掌握用视图向导及视图设计器建立本地视图的方法。

二、重点和难点

1. 重点

1）查询和视图的建立和使用。
2）SQL 语句的获得和使用方法。

2. 难点

通过视图修改源数据。

三、实验内容

1. 使用查询向导建立查询

【实验题目】使用查询向导建立查询 query1.qpr，查询 xuesheng 和 xuanke1617 表中“学号”“姓名”“课程号”“成绩”字段的内容。

【操作步骤】

1）单击工具栏中的“新建”按钮，在打开的“新建”对话框中选中“查询”单选按钮，如图 5-1 所示，单击“向导”按钮，打开“向导选取”对话框，如图 5-2 所示。

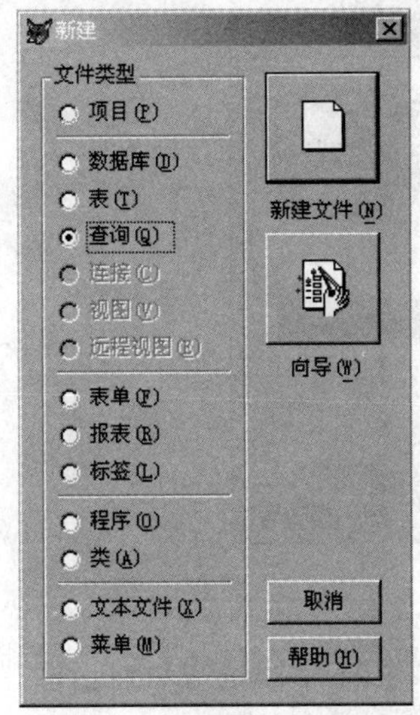

图 5-1　“新建”对话框

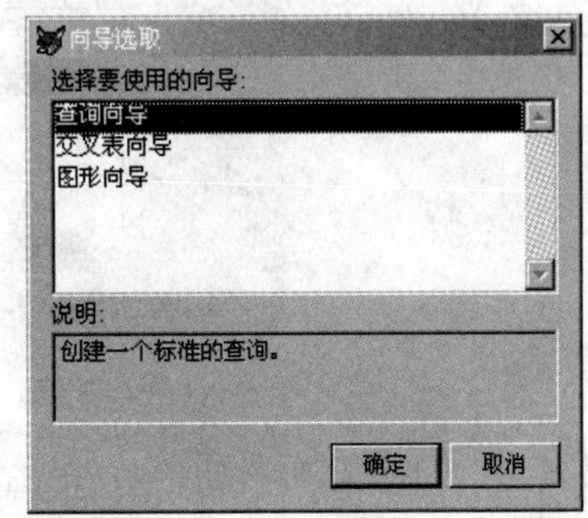

图 5-2　“向导选取”对话框

2）在“向导选取”对话框中，选择“查询向导”选项，然后单击“确定”按钮，打开“查询向导”的“步骤 1-字段选取”对话框。

单击“数据库和表”右侧的按钮并选择 xuesheng 表，在“可用字段”列表框中显示 xuesheng 表中的全部字段，把“学号”“姓名”字段移到“选定字段”列表框中。然后在“数据库和表”列表框中选择 xuanke1617 表，把“课程号”“成绩”字段移到“选定字段”列表框中，使“选定字段”列表框中的字段完全满足题目要求，如图 5-3 所示。

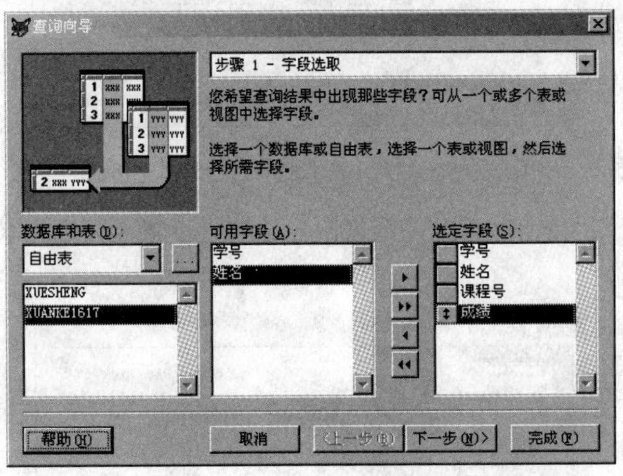

图 5-3　字段选取

3）单击“下一步”按钮，打开“查询向导”的“步骤 2-为表建立关系”对话框，如图 5-4 所示。在两个选项框中分别选择“xuesheng.学号”和“xuanke1617.学号”，然后单击“添加”按钮，则向导对话框下方的列表框中出现“xuesheng.学号=xuanke1617.学号”，即两个表之间按照“学号”建立了关系。

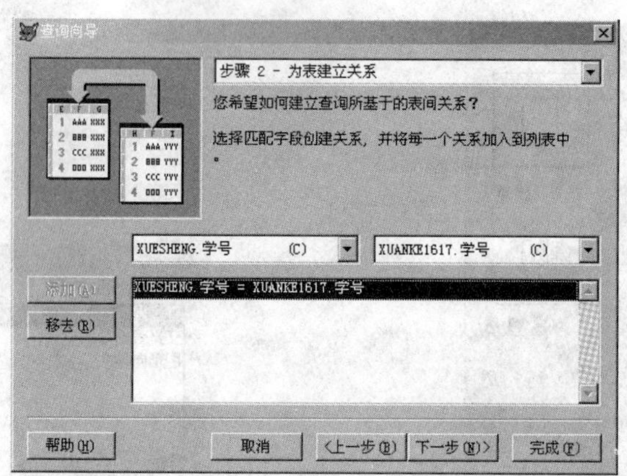

图 5-4　为表建立关系

4）单击“下一步”按钮，打开“查询向导”的“步骤 2a-字段选取”对话框，如图 5-5 所示，选中“此表中的所有行”单选按钮。

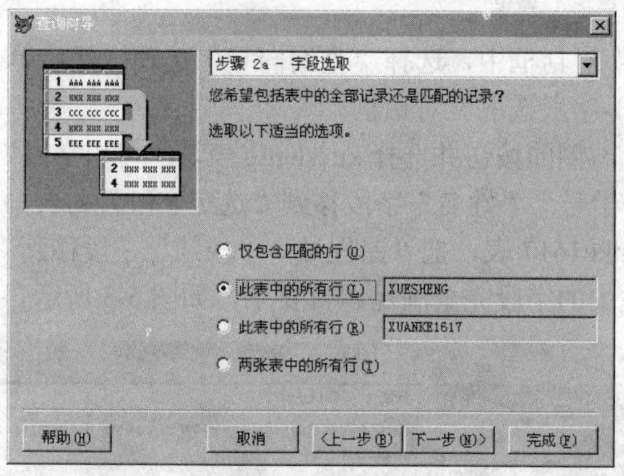

图 5-5　选中“此表中的所有行”单选按钮

5）单击“下一步”按钮，打开“查询向导”的“步骤 3-筛选记录”对话框，如图 5-6 所示，保持默认。

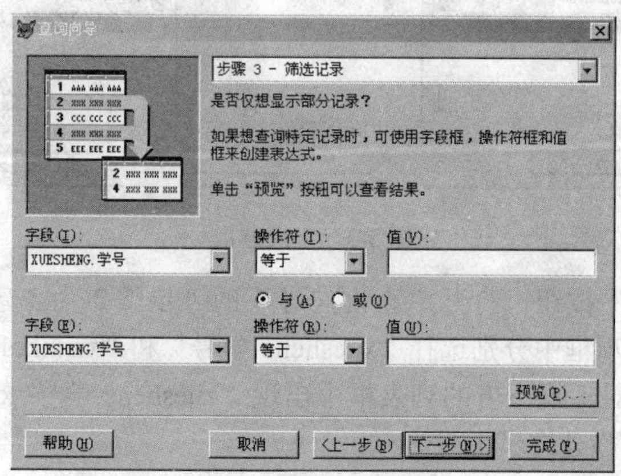

图 5-6　筛选记录

6）单击“下一步”按钮，打开“查询向导”的“步骤4-排序记录”对话框，在“可用字段”列表框中选择“xuesheng.姓名”，将其移到“选定字段”列表框中，作为输出的排序次序，并选中“升序”单选按钮，如图5-7所示。

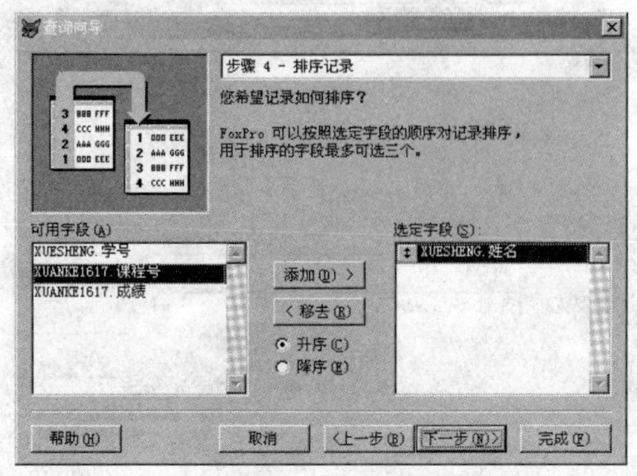

图5-7 排序记录

7）单击“下一步”按钮，打开“查询向导”的“步骤4a-限制记录”对话框，如图5-8所示，保持默认。

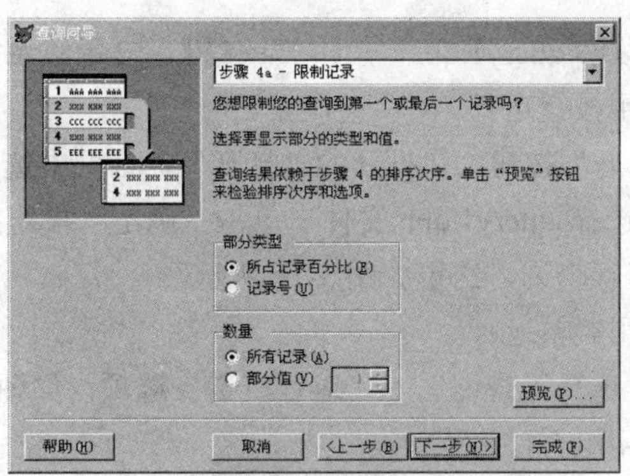

图5-8 限制记录

8）单击“下一步”按钮，打开“查询向导”的“步骤5-完成”对话框，选中“保存查询”单选按钮，如图5-9所示。

图5-9 完成设置

9）单击“完成”按钮，在打开的“另存为”对话框中，设置“保存在”为D盘，输入文件名“query1”，单击“保存”按钮，如图5-10所示。

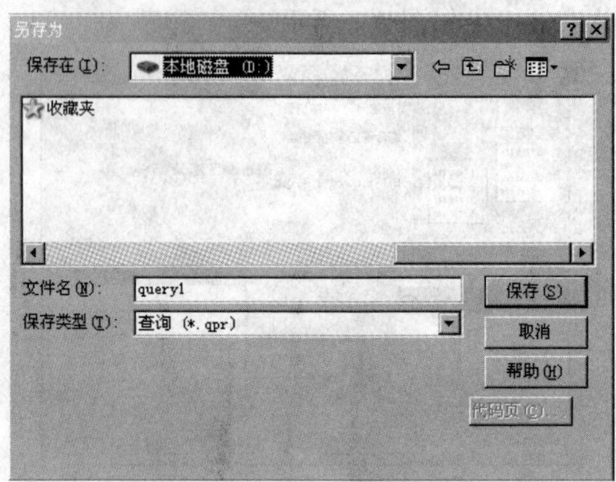

图5-10　保存文件 query1.qpr

分别用4种方式运行查询（第5、6种运行查询方式见下一个实验）。

1）用命令运行。

在命令窗口中输入“DO query1.qpr”，按Enter键，显示结果如图5-11所示。

2）在查询设计器中用按钮运行。

在工具栏中单击“打开”按钮，在打开的“打开”对话框中选择“查询（*.qpr）”文件类型，如图5-12所示，选择query1.qpr文件，单击“确定”按钮打开查询设计器。单击工具栏中的“运行”按钮运行查询，结果如图5-11所示。

3）在查询设计器中用菜单运行。

打开查询设计器后，选择“查询”→“运行查询”选项，如图5-13所示。

4）在查询设计器中用组合键运行。

打开查询设计器后，按Ctrl+Q组合键运行查询，结果如图5-11所示。

查询

学号	姓名	课程号	成绩
20160121	冯业权	7	56.7
20160121	冯业权	8	60.0
20160121	冯业权	14	88.8
20160121	冯业权	15	93.1
20160121	冯业权	13	93.5
20170211	付朝阳	1	80.2
20170211	付朝阳	4	94.1
20170211	付朝阳	5	80.0
20170211	付朝阳	6	91.6
20170211	付朝阳	8	93.6
20170211	付朝阳	15	62.6

图5-11　查询结果

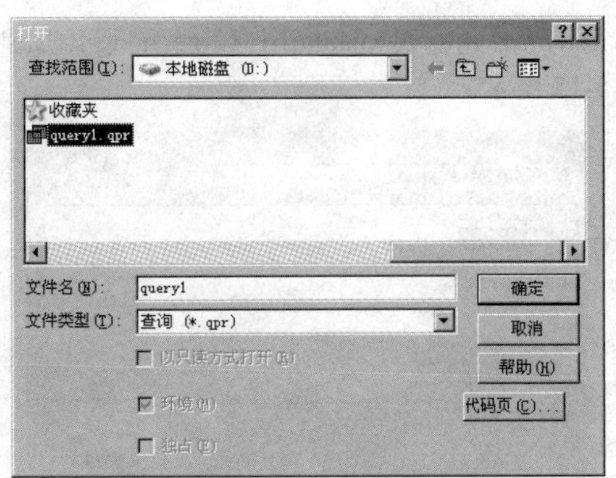

图 5-12　选择文件 query1.qpr

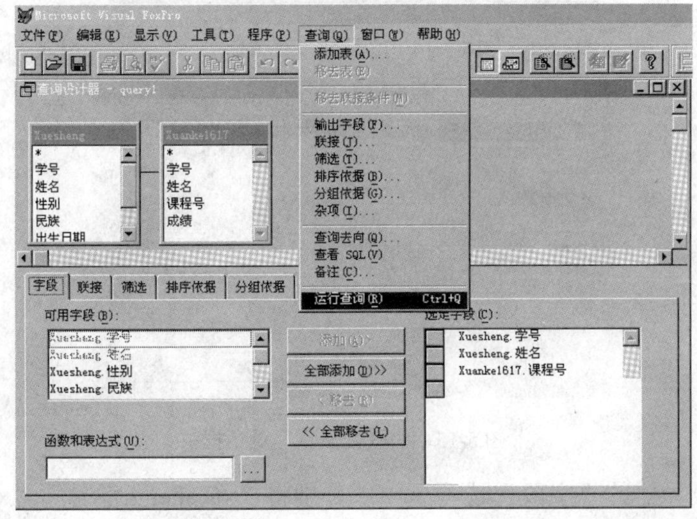

图 5-13　运行查询

2. 使用查询设计器建立查询、安排查询去向并保存和使用 SQL 语句

【实验题目】查询 xuesheng、xuanke、kecheng 表中的学号、姓名、性别、课程号、课程名和成绩，查询结果按课程号升序排序，相同课程按成绩降序排序，运行查询后存放于表 two 中，同时将使用的 SQL 语句存储于新建的文本文件 two.txt 中。

提示 本实验题目要求最后生成文本文件 two.txt，并用于保存 SQL 语句，并将查询的信息存放于表 two.dbf 中，无其他要求。即查询只是一个中间过程，查询设计器只是一个用来生成 SQL 语句的工具，不需要保存查询文件.qpr。本实验题目将用到第 5、6 种运行查询的方式，即用 SQL 语句运行。

【操作步骤】

1）单击工具栏中的“新建”按钮，在打开的“新建”对话框中选中“查询”单选按钮，如图 5-1 所示，并单击“新建文件”按钮，新建一个查询。

2）在“添加表或视图”对话框中单击“其他”按钮，在打开的“打开”对话框中选择

xuesheng 表，如图 5-14 所示。分别将表 xuanke1617、kecheng 添加到查询设计器，并根据联接条件建立联接，如图 5-15 所示。

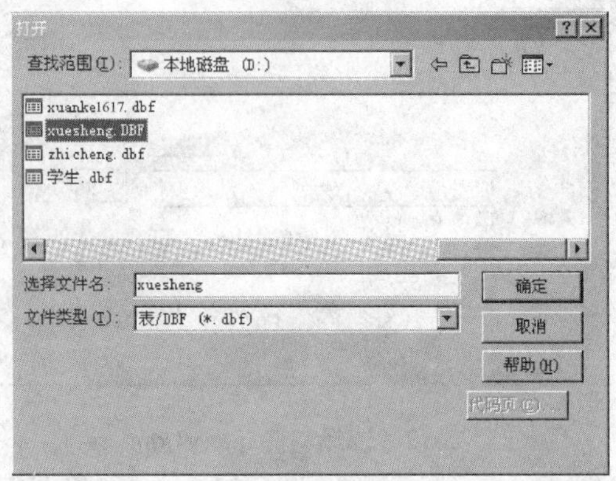

图 5-14 “打开”对话框

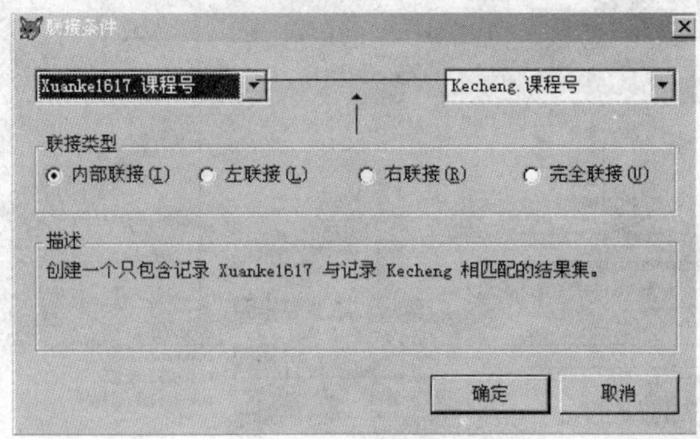

图 5-15 “联接条件”对话框

3）在查询设计器的“字段”选项卡中，分别将“xuesheng.学号”“xuesheng.姓名”“xuesheng.性别”“kecheng.课程号”“kecheng.课程名”“xuanke1617.成绩”添加到“选定字段”列表框中，如图 5-16 所示。

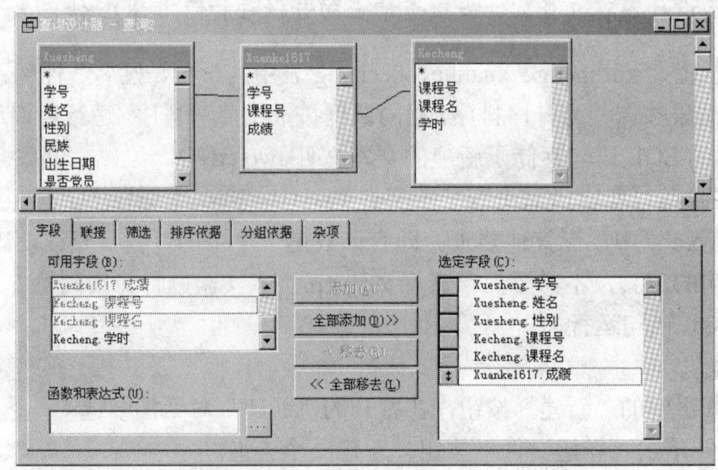

图 5-16 “字段”选项卡

4）在“排序依据”选项卡中，将“kecheng.课程号”添加到“排序条件”列表框中，再将“xuanke1617.成绩”添加到“排序条件”列表框中。在“排序条件”列表框中，选择“kecheng.课程号”，在“排序选项”栏中选中“升序”单选按钮；选择“xuanke1617.成绩”，在“排序选项”栏中选中“降序”单选按钮，如图 5-17 所示。

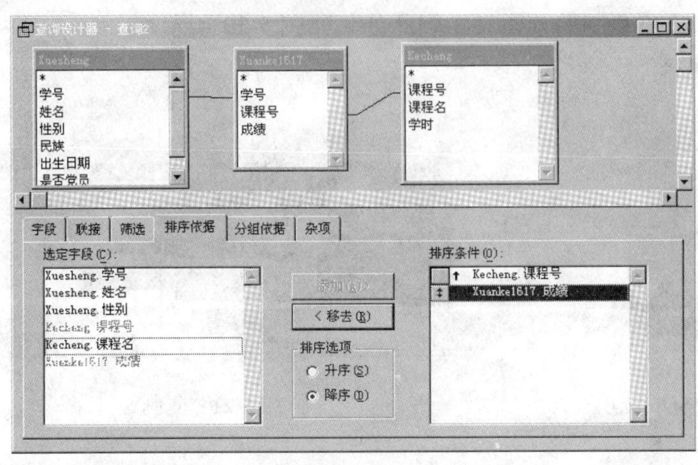

图 5-17　“排序依据”选项卡

5）选择“查询”→“运行查询”选项，结果如图 5-18 所示。

学号	姓名	性别	课程号	课程名	成绩
20160109	杨一凡	男	1	大学英语	98.2
20170114	胡小萌	女	1	大学英语	97.8
20170111	李倩	女	1	大学英语	96.1
20170202	柳楠	女	1	大学英语	94.9
20160103	王宏宇	男	1	大学英语	94.4
20160115	赵军	男	1	大学英语	94.3
20170209	郑文如	女	1	大学英语	93.9
20170107	杨润博	男	1	大学英语	93.6
20160117	杨天娑	女	1	大学英语	93.0
20160120	刘建	男	1	大学英语	92.9
20160106	[illegible]	男	1	大学英语	91.9

图 5-18　查询结果

6）关闭“查询”窗口。选择“查询”→“查询去向”选项，在打开的“查询去向”对话框中单击“表”按钮，并输入表名“two”，单击“确定”按钮改变查询去向，如图 5-19 所示。

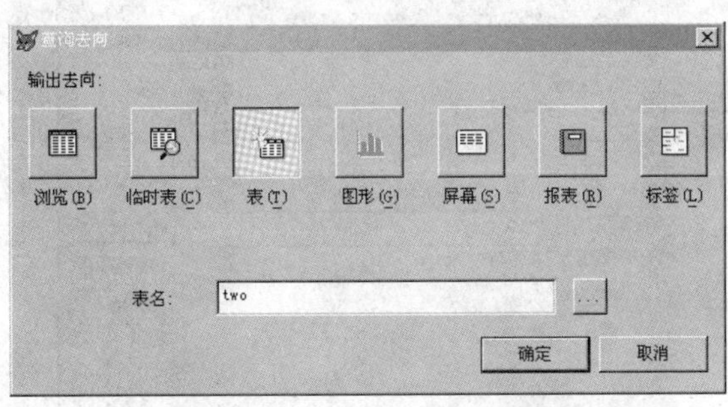

图 5-19　“查询去向”对话框

提示 此时并未生成 two.dbf 文件，相当于写了邮件并写了邮件地址，但还未发送。

7）选择“查询”→“查看 SQL”选项，如图 5-20 所示，在打开的窗口中全选，右击，在弹出的快捷菜单中选择“复制”选项，复制全部代码，如图 5-21 所示；再单击工具栏中的“新建”按钮，在“新建”对话框中选中“文本文件”单选按钮，如图 5-22 所示，单击“新建文件”按钮，将复制的代码粘贴到此处，如图 5-23 所示。

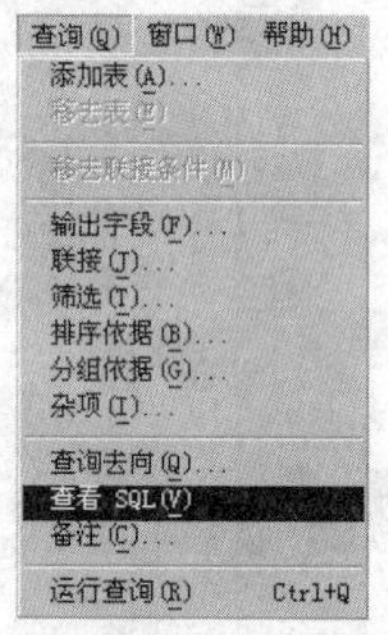

图 5-20 查看 SQL 选项

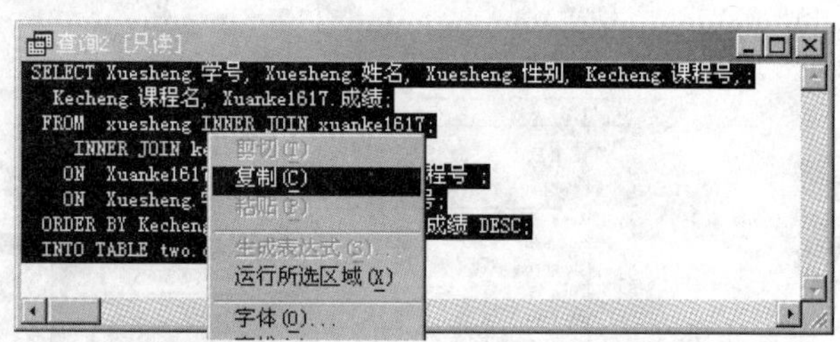

图 5-21 复制 SQL 命令

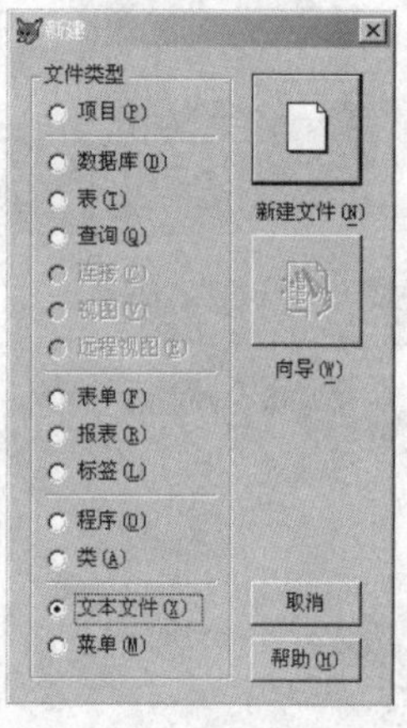

图 5-22 新建文本文件

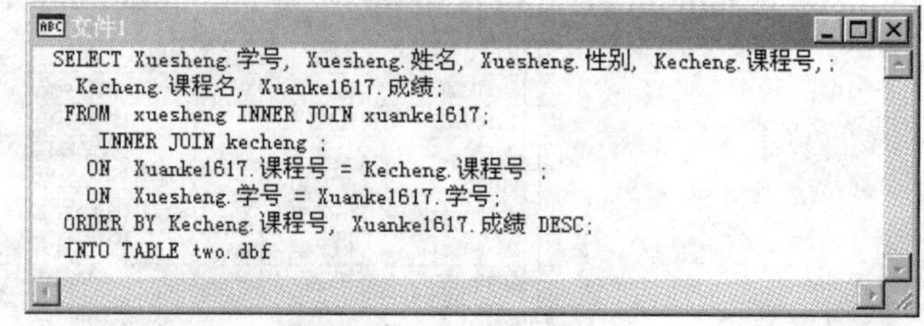

图 5-23 粘贴 SQL 命令

8）单击工具栏中的“保存”按钮，在打开的“另存为”对话框中输入“two”，单击“保存”按钮，如图 5-24 所示。

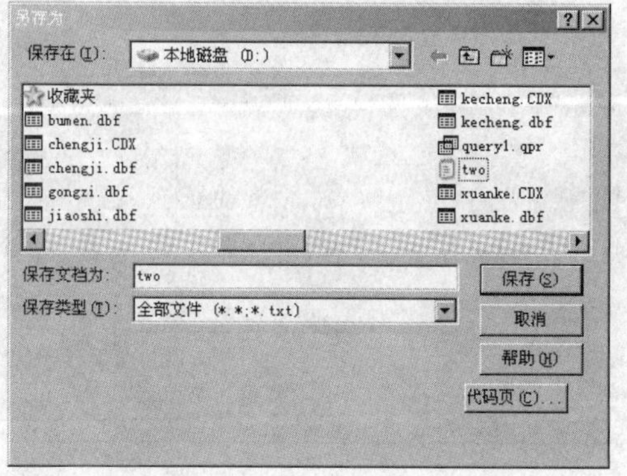

图 5-24 保存文本文件 two.txt

9）执行 SQL 语句，运行查询，生成 two.dbf 文件。用以下两种方式各运行一次查询。

① 在命令窗口输入“DO one.txt”，按 Enter 键运行文本文件中的 SQL 查询语句。在屏幕左下角状态栏中可以看到查询语句运行结果，即生成了表文件 two.dbf，如图 5-25 所示。打开 D 盘查看，双击 two.dbf 浏览查询结果。

图 5-25　系统状态栏显示

② 打开 D 盘，双击 two.txt 文件图标，打开文本文件，将其中的 SQL 语句复制、粘贴到 Visual FoxPro 系统的命令窗口中，按 Enter 键运行，如图 5-26 所示。弹出提示框提示已经存在 two.dbf，如图 5-27 所示，确定覆盖。说明在 D 盘上第二次生成了表 two.dbf 文件。

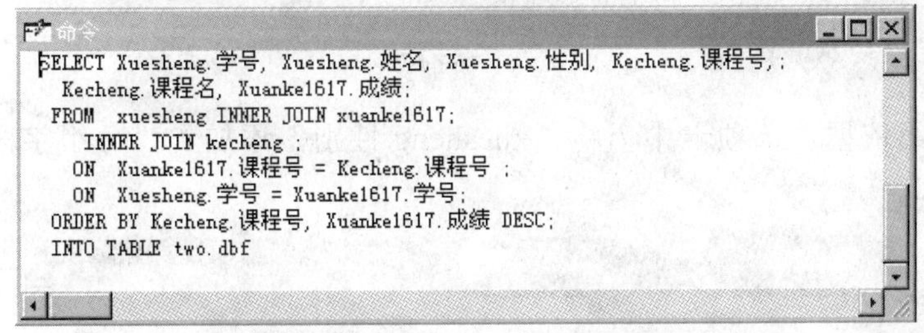

图 5-26　命令窗口运行 SQL 语句

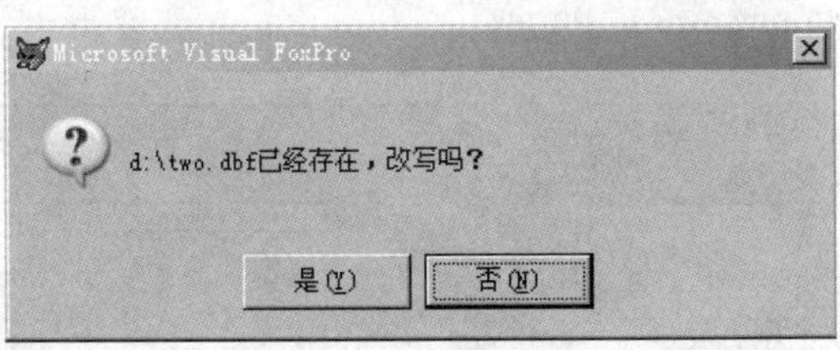

图 5-27　提示信息

提示 本实验题目的最后一个操作步骤 9）很重要，如果不做查询的运行，则不能产生查询结果，也就看不到按课程科目和成绩排序的表 two.dbf 文件。

3. 使用查询设计器创建分组查询

【实验题目】 从 xuesheng、chengji 表中统计出男、女生在计算机课程上的最高分、最低分和平均分。查询结果依次包含“性别”“计算机最高分”“计算机最低分”“计算机平均分”4 个字段，按“计算机平均分”降序排列，运行该查询后查询去向为浏览，最后将查询保存在 query3.qpr 文件中。

【操作步骤】

1）单击常用工具栏中的“新建”按钮，新建查询，将表 xuesheng、chengji 添加到查询中，如图 5-28 所示。

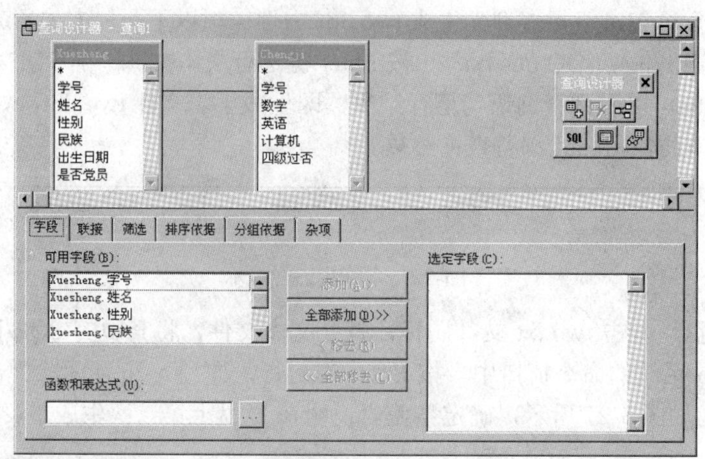

图 5-28　查询设计器

2）在“分组依据”选项卡中，将“xuesheng.性别”添加到“分组字段”列表框中，如图 5-29 所示。

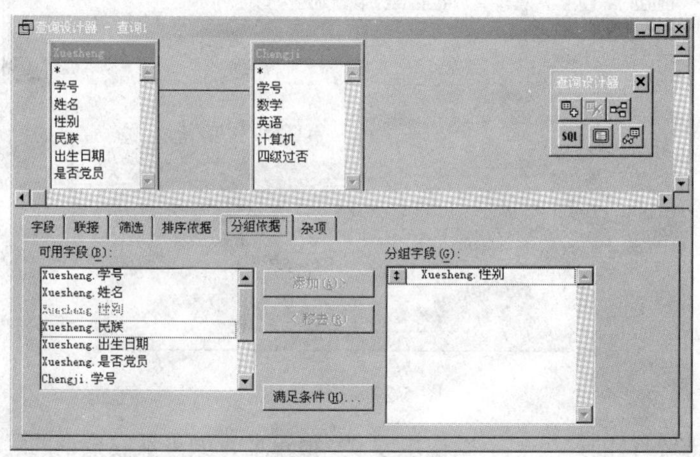

图 5-29　“分组依据”选项卡

3）在“字段”选项卡中，字段“xuesheng.性别”因为是分组依据，已经自动添加到“选定字段”列表框中。

单击“函数和表达式”文本框右侧的按钮，打开“表达式生成器”对话框，在“数学”函数下拉列表中选择“MAX( )”函数，如图 5-30 所示；在“来源于表”下拉列表中选择“chengji”；在“字段”文本框中双击“计算机”字段，如图 5-31 所示；最后在“表达式”文本框中输入“MAX（chengji.计算机）as 计算机最高分”，如图 5-32 所示。单击“确定”按钮，将新字段添加到“函数和表达式”文本框中，如图 5-33 所示，再单击“添加”按钮将其添加到“选定字段”中。

同样编辑新字段“MIN（chengji.计算机）as 计算机最低分”“AVG（chengji.计算机）as 计算机平均分”，如图 5-34 所示。

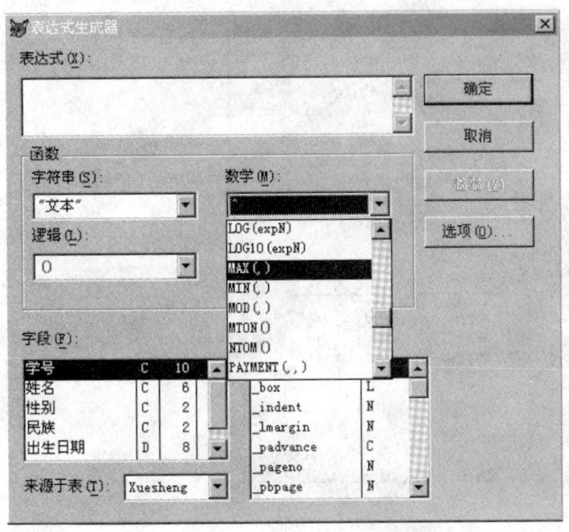

图 5-30　MAX( )函数

图 5-31　选择表和字段

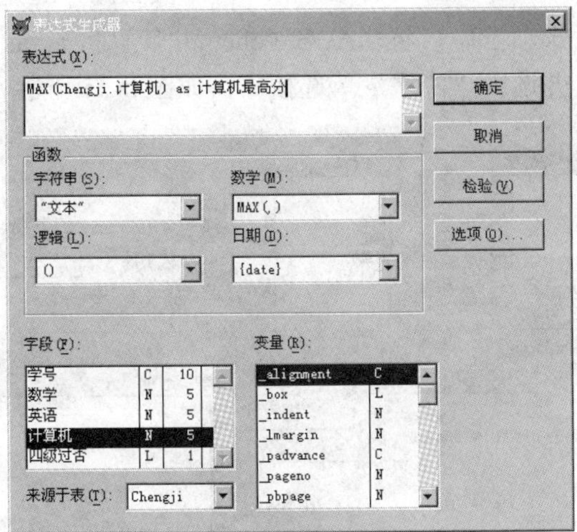

图 5-32　编辑表达式

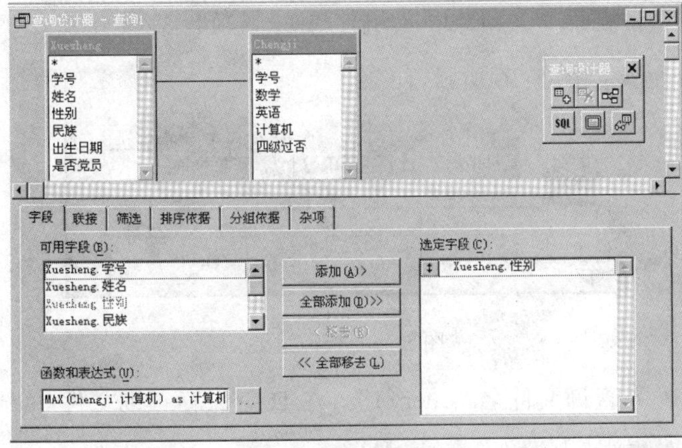

图 5-33　函数和表达式编辑窗口

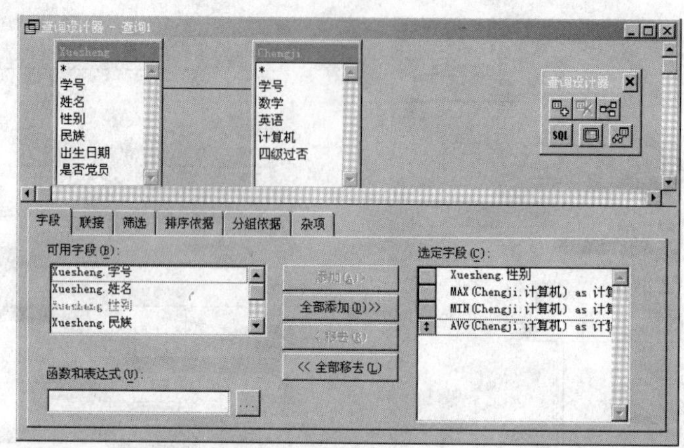

图 5-34　编辑新字段

提示 MAX( )函数和 MIN( )函数括号中的“，”要去掉，选定字段中没有引号。

4）在“排序依据”选项卡中，将“AVG（chengji.计算机） as 计算机平均分”添加到“排序条件”列表框中，并选中“降序”单选按钮，如图 5-35 所示。

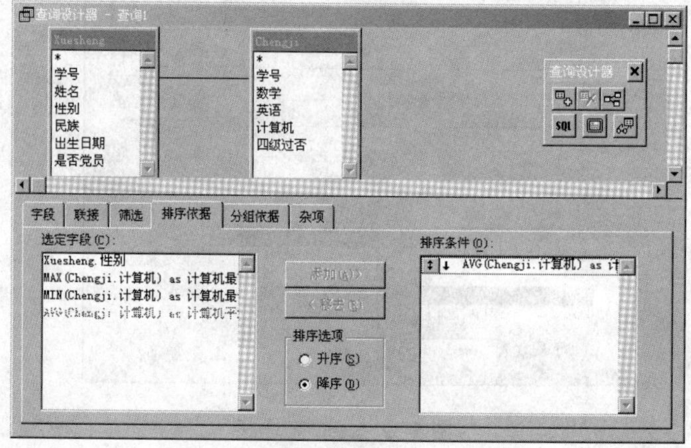

图 5-35　“排序依据”选项卡

5）运行查询，结果如图 5-36 所示。

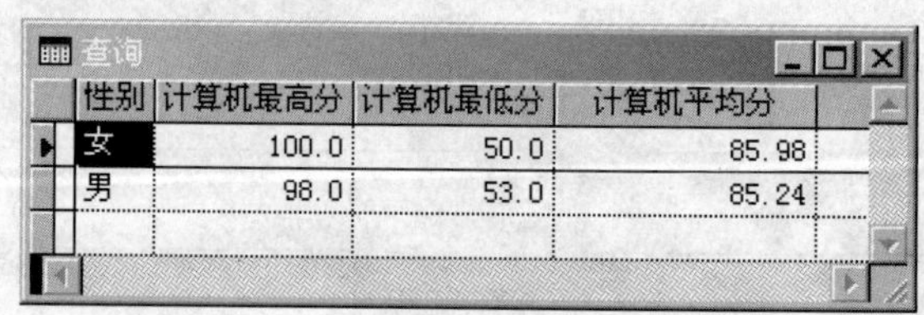
查询

性别	计算机最高分	计算机最低分	计算机平均分
女	100.0	50.0	85.98
男	98.0	53.0	85.24

图 5-36　查询结果

6）保存查询。输入查询文件名“query3”，在 D 盘保存查询文件 query3.qpr，如图 5-37 所示。

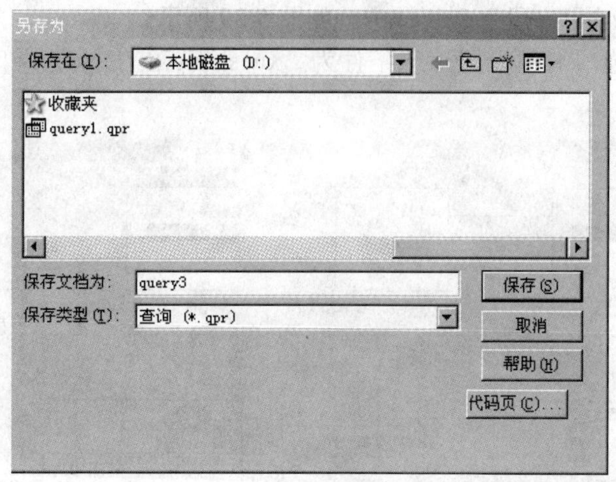

图 5-37 “另存为”对话框

4. 查询设计器“筛选”条件的设置

【实验题目】要求从 xuesheng、xuanke、kecheng 表中查询 1998 年 3 月 1 日以前（含）出生的学生信息。查询结果依次包含“姓名”“课程名”“成绩”“出生日期”“年龄”5 个字段。各记录按“出生日期”升序排序，查询去向为表 four，最后将查询保存在 query4.qpr 文件中。

【操作步骤】

1）单击常用工具栏中的“新建”按钮，新建查询，将表 xuesheng、xuanke、kecheng 添加到查询中，如图 5-38 所示。

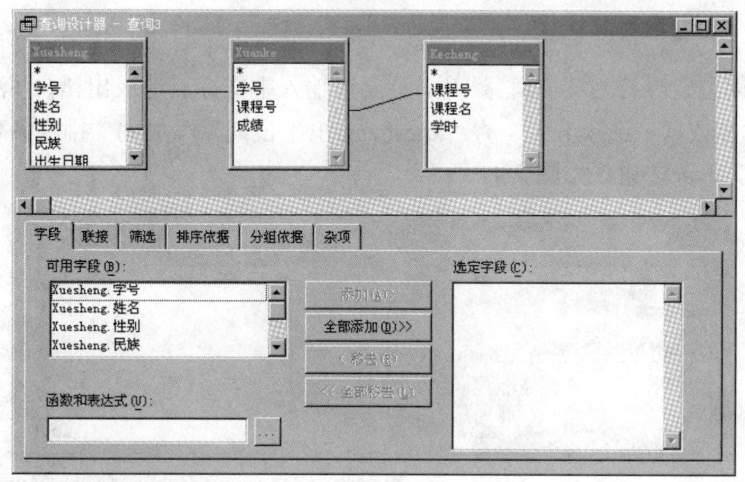

图 5-38 查询设计器

2）分别在表中双击字段“姓名”“课程名”“成绩”，将其添加到“可用字段”列表框中，然后在“函数和表达式”文本框中输入“YEAR(DATE( ))-YEAR(xuesheng.出生日期) as 年龄”，可以单击右侧按钮打开“表达式生成器”对话框进行编辑，也可以直接从键盘输入。将其添加到“选定字段”列表框中，如图 5-39 所示。

3）在“筛选”选项卡中设置筛选条件为“xuesheng.出生日期<={^1998-03-01}”，如图 5-40 所示。

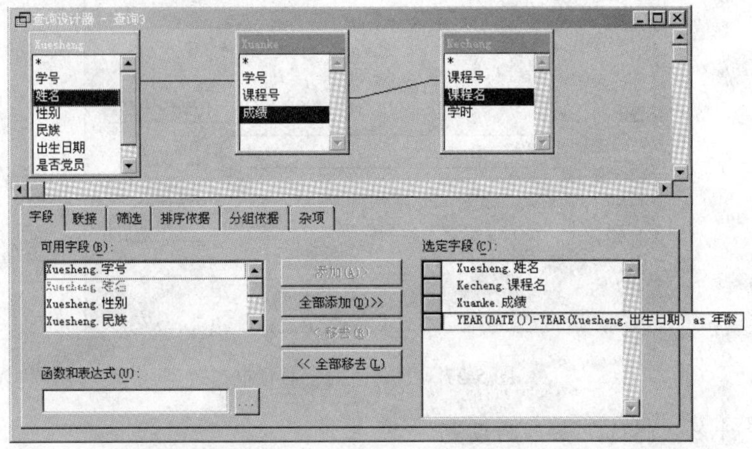

图 5-39 “字段”选项卡

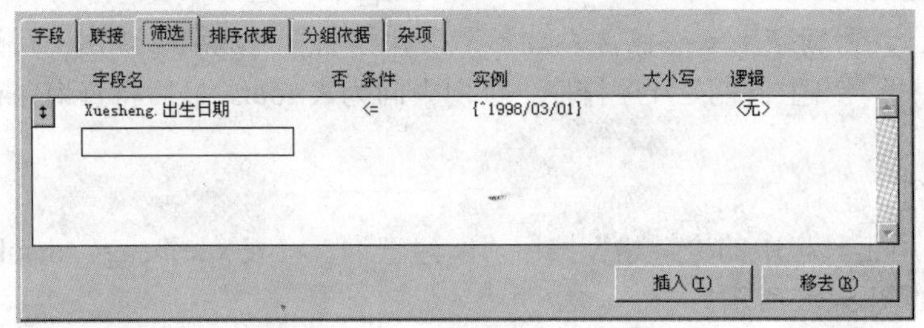

图 5-40 “筛选”选项卡

提示 日期型定界符为英文符号{}，不要误输入中文标点造成出错，并注意书写格式。

4）在“排序依据”选项卡中，将“xuesheng.出生日期”添加到“排序条件”列表框中，并选中“升序”单选按钮，如图 5-41 所示。

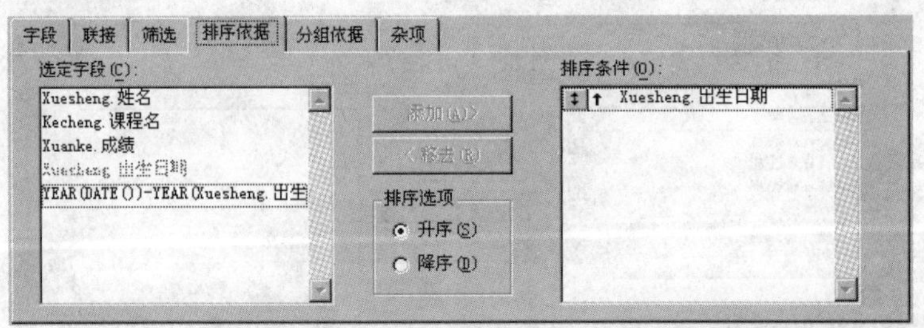

图 5-41 “排序依据”选项卡

5）单击常用工具栏中的“运行”按钮，运行该查询，结果如图 5-42 所示。

查询

姓名	课程名	成绩	出生日期	年龄
刘博	生理	67.0	1997/09/19	20
刘博	药分	76.0	1997/09/19	20
杨诗瑶	大学英语	84.0	1997/09/27	20
杨诗瑶	药理	70.0	1997/09/27	20
吴秀秀	程序设计	86.0	1997/10/13	20
李梦彤	程序设计	79.0	1997/11/07	20
吴峻男	生理	69.0	1997/11/17	20
吴峻男	药理	69.0	1997/11/17	20
刘美辰	大学英语	98.0	1998/01/07	19
刘美辰	生化	82.0	1998/01/07	19
高鸿宇	生化	75.0	1998/01/09	19
高鸿宇	药分	66.0	1998/01/09	19
冯业权	药分	90.0	1998/02/17	19
王宏宇	大学英语	66.0	1998/02/18	19
王宏宇	生化	91.0	1998/02/18	19
李光宁	生理	81.0	1998/02/26	19
李光宁	药理	50.0	1998/02/26	19

图 5-42　查询结果

6）选择“查询”→“查询去向”选项，在打开的“查询去向”对话框中单击“表”按钮，输入表名“four”，如图 5-43 所示。

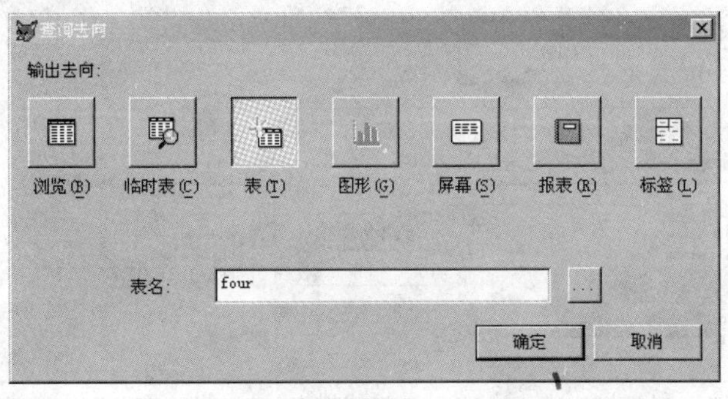

图 5-43　“查询去向”对话框

7）保存查询，输入查询名“query4”，如图 5-44 所示。

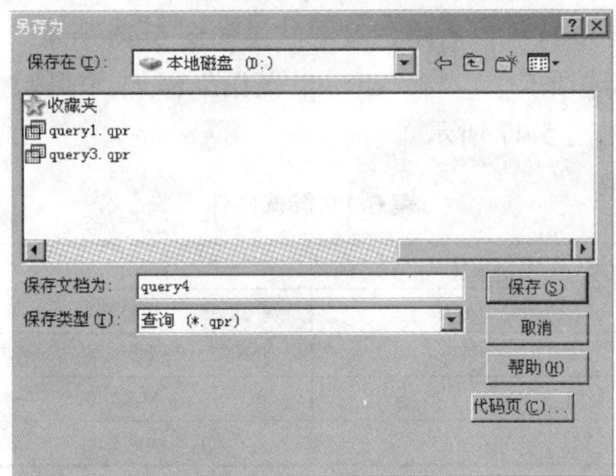

图 5-44　“另存为”对话框

8）运行查询，在 D 盘根目录下生成表文件 four.dbf。

5. 查询设计器“筛选”选项卡及“杂项”的设置

【实验题目】创建一个名为 query5.qpr 的查询文件，查询考生文件夹下 xuesheng 表和 chengji 表中通过四级和英语成绩在 90 分以上的男学生记录。查询结果包含“学号”“姓名”“性别”“英语”“四级过否”5 个字段，各记录按英语成绩降序排列；浏览查询结果后将该查询前 50%记录保存在表 five 中。

提示 本实验题目有 3 个筛选项，两个查询去向，生成一个查询文件和一个表文件。

【操作步骤】

1）通过“新建”对话框新建一个查询文件，随即打开“打开”对话框，将表 xuesheng 和 chengji 添加到查询设计器中。

2）在“字段”选项卡中，将“xuesheng.学号”“xuesheng.姓名”“xuesheng.性别”“chengji.英语”“chengji.计算机”5 个字段依次添加到“选定字段”列表框中，如图 5-45 所示。

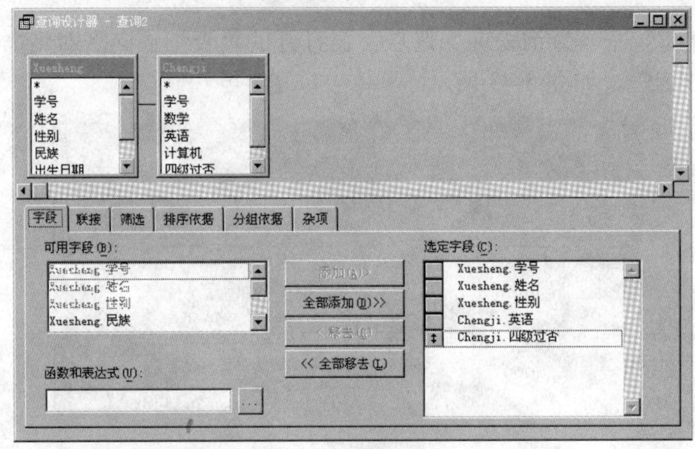

图 5-45 “字段”选项卡

3）在“筛选”选项卡中进行如表 5-1 所示的条件设置，原则上字段值都需要加不同类型的定界符，但字符型定界符可以省略，设置结果如图 5-46 所示。

4）在“排序依据”选项卡中，将“chengji.英语”添加到“排序条件”列表框中，并选中“降序”单选按钮，如图 5-47 所示。

表 5-1 筛选条件

字段名	条件	实例	逻辑
xuesheng.性别	=	男	AND
四级过否	=	.T.	
xuesheng.性别	=	男	AND
英语	>=	90	OR

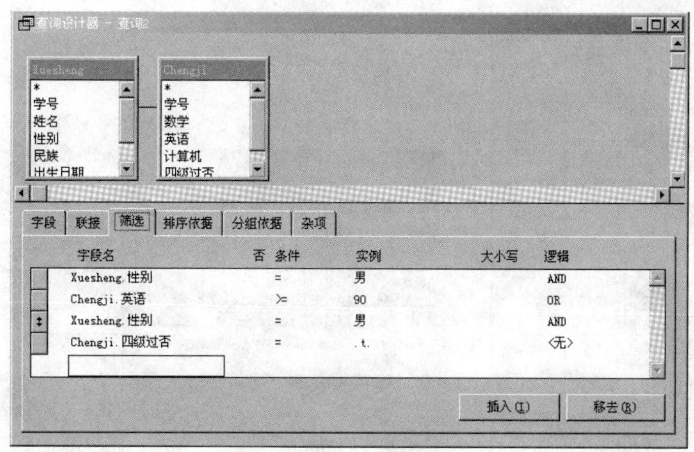

图 5-46　“筛选”选项卡

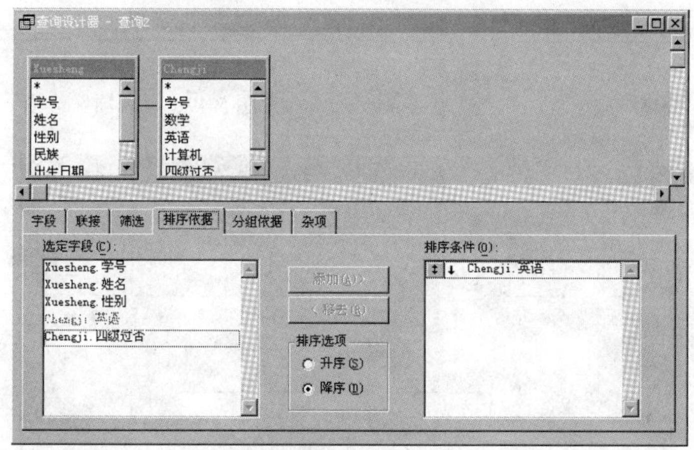

图 5-47　“排序依据”选项卡

5）运行查询，运行结果如图 5-48 所示。

提示 第一个查询去向：浏览，是系统默认形式，不需要修改“查询去向”。运行时可以直接看到查询结果。第二个查询去向：表，是需要修改“查询去向”的，而且需要重新运行查询，才能生成第二个查询去向的结果——表。查询结果中有两个没有通过四级考试，但是英语成绩在 90 分及以上范围内。

6）在“杂项”选项卡中，设置“列在前边的记录”为前 50%，如图 5-49 所示，运行结果为原查询的前 50%。

7）选择“查询”→“查询去向”选项，在打开的“查询去向”对话框中单击“表”按钮，输入表名“five”，如图 5-50 所示。确定后重新运行查询，根据新的查询去向在 D 盘生成表文件 five.dbf。其在状态栏可见，如图 5-51 所示。

8）保存查询文件为 query5.qpr。

学号	姓名	性别	英语	四级过否
20170204	于英东	男	100.0	T
20170201	沈毅	男	98.0	T
20170109	周一明	男	94.0	T
20170106	李剑	男	92.2	T
20160110	高鸿宇	男	92.0	F
20170105	吴伟平	男	90.0	T
20170205	朱杨	男	90.0	F
20170206	张盛名	男	90.0	T
20160106	李光宁	男	88.0	T
20160119	胡少鹏	男	88.0	T
20170102	刘君伟	男	88.0	T
20170115	侯文新	男	88.0	T
20170211	付朝阳	男	87.0	T
20160109	杨一凡	男	86.0	T
20160102	李铮	男	85.5	T
20160112	杨志良	男	85.0	T
20160121	冯业权	男	85.0	T
20170107	杨润博	男	85.0	T
20160105	吴峻男	男	82.0	T
20160124	王赞	男	80.0	T
20170208	黄赫	男	80.0	T
20160120	刘建	男	79.0	T
20160115	赵军	男	78.0	T

图 5-48　查询结果

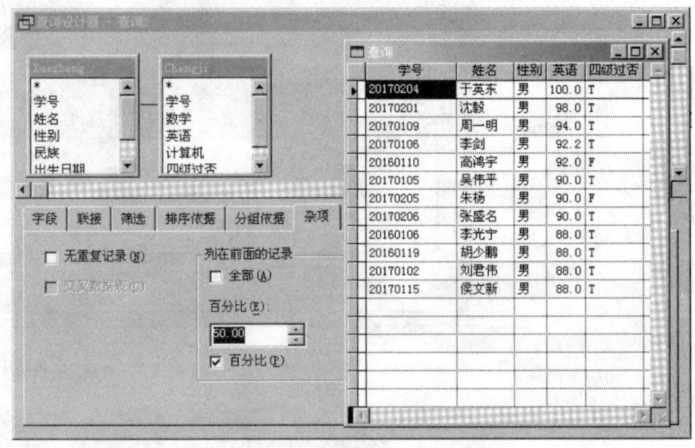

图 5-49　“杂项”选项卡

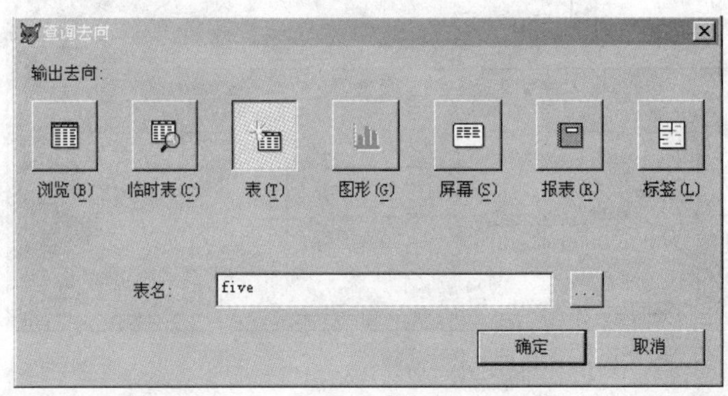

图 5-50　“查询去向”对话框

图 5-51　状态栏显示生成新表

6. 查询设计器分组中条件的设置

【实验题目】创建一个名为 query6.qpr 的查询文件，查询 jiaoshi 表和 zhicheng 表中同类职称的平均工资记录。查询结果包含“职称”“平均工资”两个字段，只包含平均工资大于 4000 的记录，查询结果按“平均工资”降序排列。

【操作步骤】

1）通过“新建”对话框新建一个查询文件，随即打开“打开”对话框，将表 jiaoshi 和 zhicheng 添加到查询设计器中，按提示建立两表间联接，如图 5-52 所示。

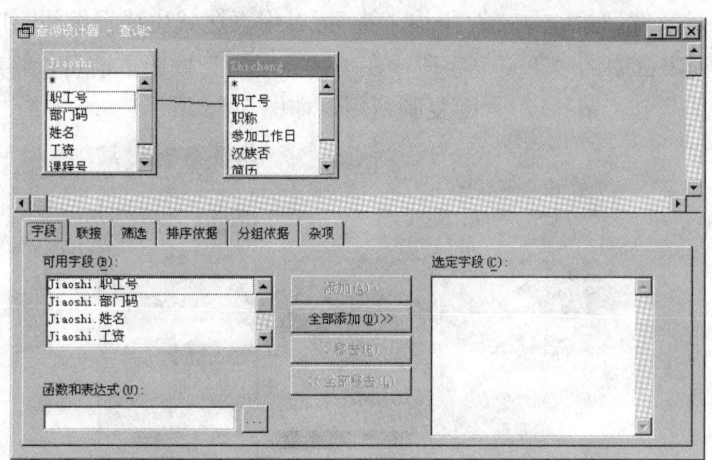

图 5-52　查询设计器

2）设置“分组依据”。在“分组依据”选项卡中，将“zhicheng.职称”添加到“分组字段”列表框中，如图 5-53 所示。

提示　建立查询中如果要分组，一般在查询设计器中首先设置“分组依据”选项卡，则“分组字段”自动出现在“字段”选项卡的“选定字段”列表框中。

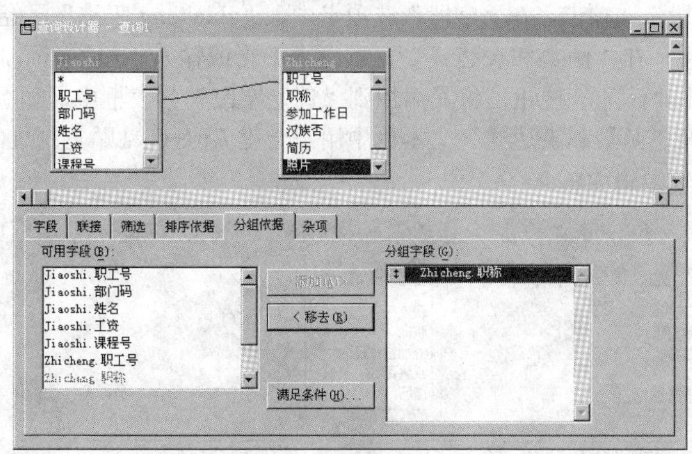

图 5-53　“分组依据”选项卡

3）设置“分组依据”选项卡中的“满足条件”。单击“满足条件”按钮，在打开的“满足条件”对话框中编辑或输入“AVG(jiaoshi.工资)>=4000”，如图 5-54 所示。

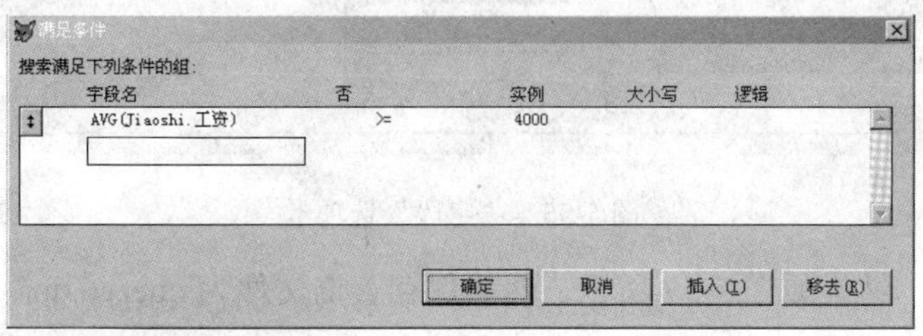

图 5-54　“满足条件”对话框

提示 “满足条件”对话框中的“平均工资”可以用表达式生成器编辑，使用函数 AVG( )，再双击“字段”列表框中的“工资”字段，在单击“确定”按钮之前可以将编辑好的表达式“AVG(jiaoshi.工资)”按 Ctrl+C 组合键复制留用，如图 5-55 所示。

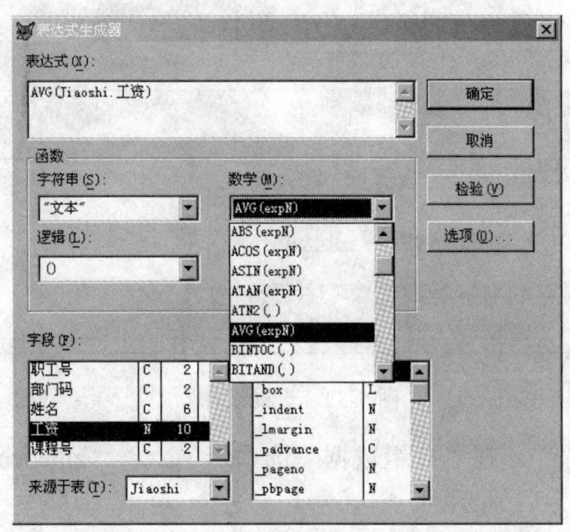

图 5-55 编辑满足条件

4）设置“字段”选项卡。在“字段”选项卡中，“zhicheng.职称”已经自动添加到“选定字段”列表框中，在“函数和表达式”文本框中编辑或输入“AVG(jiaoshi.工资) as 平均工资”，然后单击“添加”按钮，将其添加到“选定字段”列表框中，如图 5-56 所示。

提示 可以在“函数和表达式”文本框中用组合键 Ctrl+C 粘贴复制过的“AVG(jiaoshi.工资)”，然后继续编辑完整。

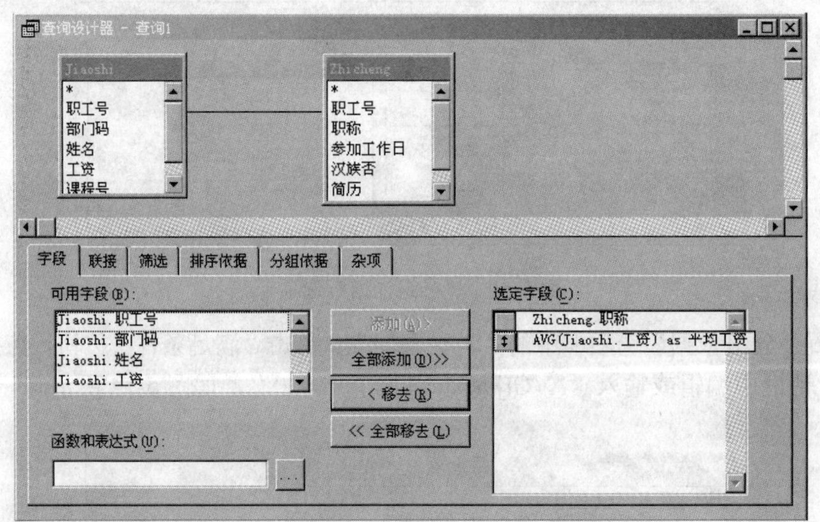

图 5-56 “字段”选项卡

5）运行查询，结果如图 5-57 所示。然后保存查询文件为 query6.qpr。

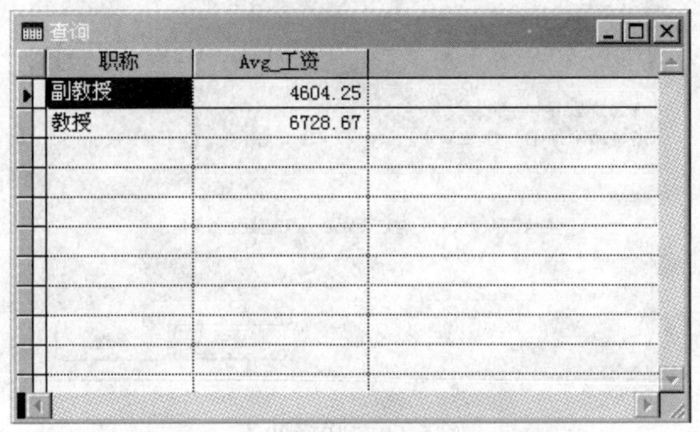

图 5-57　查询结果

7. 在数据库中建立视图

【实验题目】在 jiaoshiguanli 数据库中，使用视图设计器建立视图 teacher1，该视图是根据 jiaoshi 表和 gongzi 表建立的，视图中的字段项包括“姓名”“工资”“奖金”“部门码”，并且视图中只包括工资大于等于 6000 的记录，视图中的记录先按“工资”降序排列，若“工资”相同再按“奖金”升序排列。

【操作步骤】

1）单击工具栏中的“新建”按钮，新建 jiaoshiguanli 数据库，添加 jiaoshi、bumen、gongzi、zhicheng 表到数据库中，如图 5-58 所示。

2）单击工具栏中的“新建”按钮，新建一个视图，如图 5-59 所示，将表 jiaoshi 和 gongzi 用“职工号”建立联系并添加到新建的视图中，如图 5-60 和图 5-61 所示。

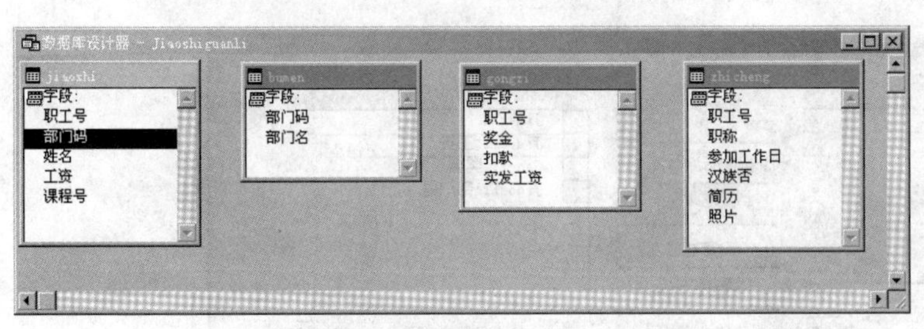

图 5-58　数据库设计器

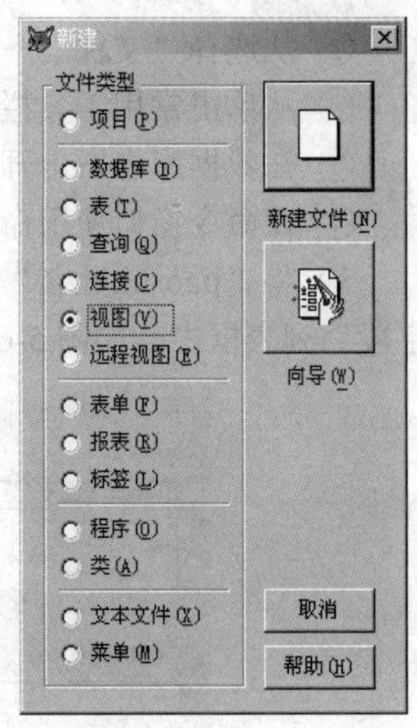

图 5-59　“新建”对话框

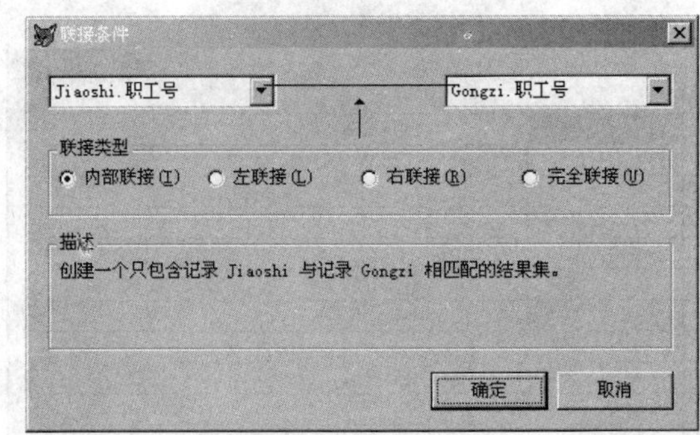

图 5-60 联接两表

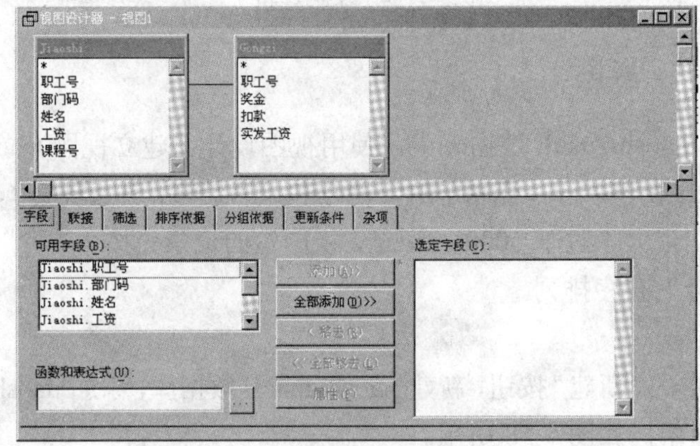

图 5-61 视图设计器

提示 新建视图有 4 种常用方法，可以选择用“向导”或“新建”命令。

① 从选择“文件”→“新建”选项开始。

② 从单击常用工具栏中的“新建”按钮开始。

③ 在数据库中右击开始。

④ 在命令窗口使用命令 CREATE SQL VIEW teacher2。

3）将“jiaoshi.姓名”“jiaoshi.工资”“gongzi.奖金”“jiaoshi.部门码”添加到“选定字段”列表框中，如图 5-62 所示。

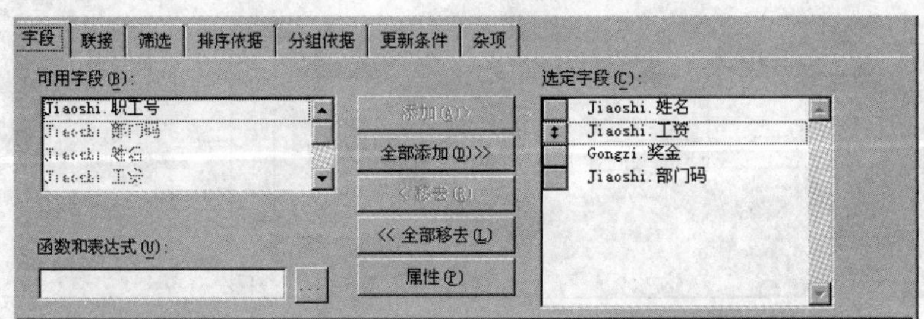

图 5-62 “字段”选项卡

4）在“筛选”选项卡中选择字段“jiaoshi.工资”，条件为“>=”，实例为“6000”，如图 5-63 所示。

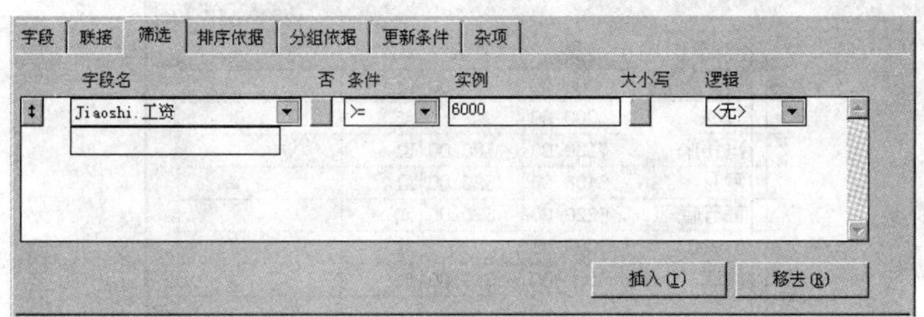

图 5-63　“筛选”选项卡

5）在“排序依据”选项卡中，设置按“工资”降序排序，再按“奖金”升序排序，如图 5-64 所示。

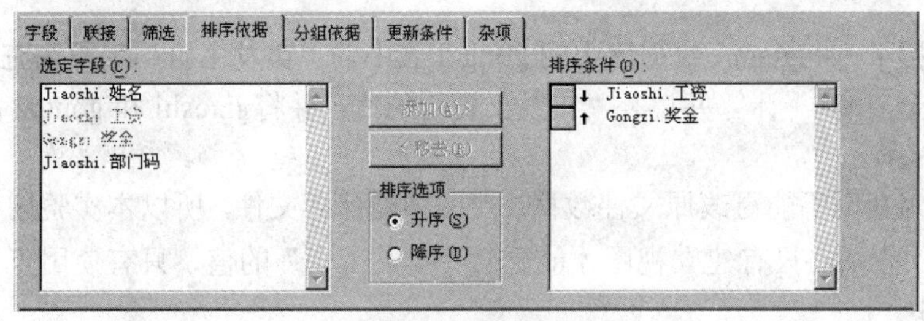

图 5-64　“排序”选项卡

6）单击“保存”按钮或直接关闭视图设计器窗口，保存视图为 teacher1，如图 5-65 所示。

图 5-65　“保存”对话框

7）在数据库设计器中可以看到视图，如图 5-66 所示。双击视图，浏览结果如图 5-67 所示。

提示　视图是虚拟表，只能保存在数据库中，不会以文件形式存储在磁盘上。

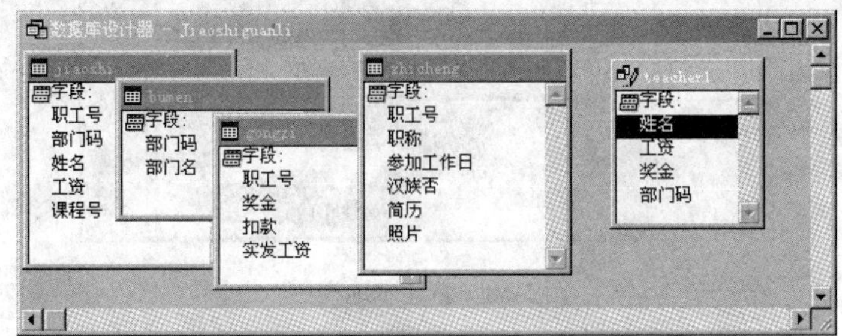

图 5-66　数据库中的视图 teacher1

Teacher1

姓名	工资	奖金	部门码
李增坤	10000.00	400.00	A1
Jack	8000.00		A3
冯伟娟	7130.00	700.00	B1
袁月	6408.00	520.00	A1
韩若曦	6220.00	330.00	A3
David	6000.00		A4
徐悦	6000.00	350.00	B1

图 5-67　视图运行结果

8. 视图查询综合练习

【实验题目】jiaoshiguanli 数据库中的 gongzi 表中的“实发工资”字段为空，按照“实发工资=工资+奖金-扣款”计算并填补“实发工资”的值；并将 jiaoshi 和 gongzi 两表的全部字段合并成新表 seven。

提示 因为查询不能更改原文件数据，视图不能保存文件，所以本实验题目不仅要使用视图，还要使用查询。只有建立视图才能更新“实发工资”的值，只有使用查询才能保存结果在表 seven 中。

【操作步骤】在 jiaoshiguanli 数据库中，使用视图向导建立视图 teacher2，该视图是根据 jiaoshi 表和 gongzi 表建立的，视图中的字段包括两表中的所有字段；在视图中将“实发工资”的值用“工资+奖金-扣款”替代，并发送 SQL 更新，改变原 gongzi 表中“实发工资”字段的值；最后建立查询，以视图 teacher2 中的全部信息为数据源，“查询去向”为表 seven。

1）新建或打开 jiaoshiguanli 数据库，使数据库中包含 jiaoshi 和 gongzi 表。在数据库设计器中右击，在弹出的快捷菜单中选择“新建本地视图”选项，如图 5-68 所示。在打开的“新建本地视图”对话框中单击“新建视图”按钮。

提示 新建视图必须在打开数据库的环境下才能进行。

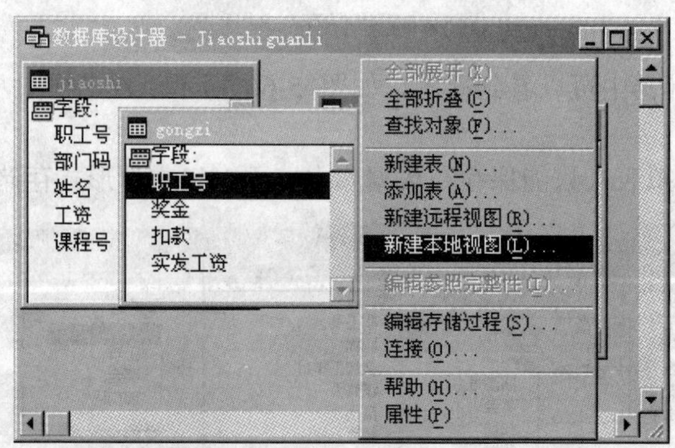

图 5-68　新建本地视图

2）将 jiaoshi 表和 gongzi 表中所有字段都添加到新建的视图中，如图 5-69 所示。

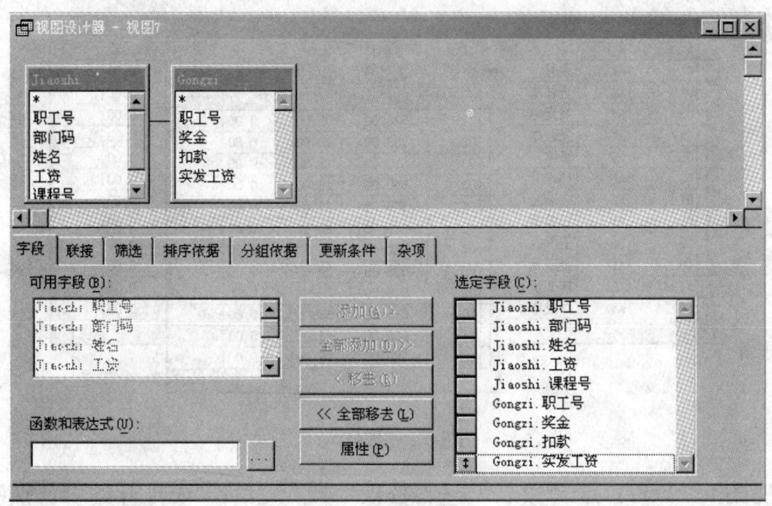

图 5-69 选取字段

3）在“更新条件”选项卡中，标示“gongzi.职工号”为更新关键字，“gongzi.实发工资”为可更新字段，选中“发送 SQL 更新”复选框，如图 5-70 所示。

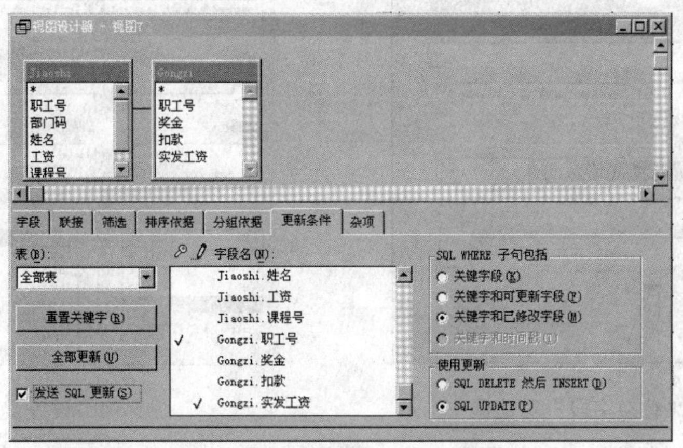

图 5-70 “更新条件”选项卡

4）保存视图为 teacher2，如图 5-71 所示，则在数据库中可以看到视图 teacher2。

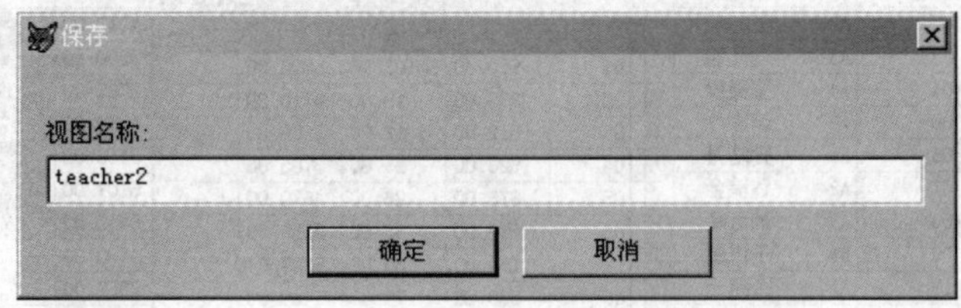

图 5-71 “保存”对话框

5）在数据库中双击 teacher2 浏览视图，双击 gongzi.dbf 浏览表。“实发工资”字段都是 0，如图 5-72 所示。

图 5-72 视图与表

6）单击视图 teacher2，选择“表”→“替换字段”选项，在打开的“替换字段”对话框中的“字段”下拉列表中选择“实发工资”，在“替换为”文本框中输入“工资+奖金-扣款”，“作用范围”为“All”，如图 5-73 和图 5-74 所示。

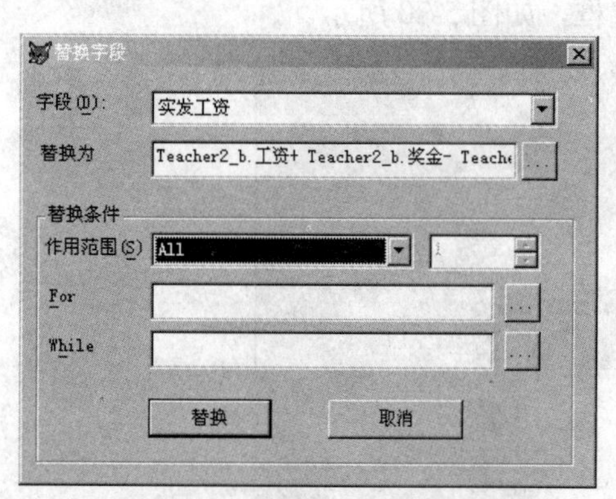

图 5-73 “替换字段”对话框

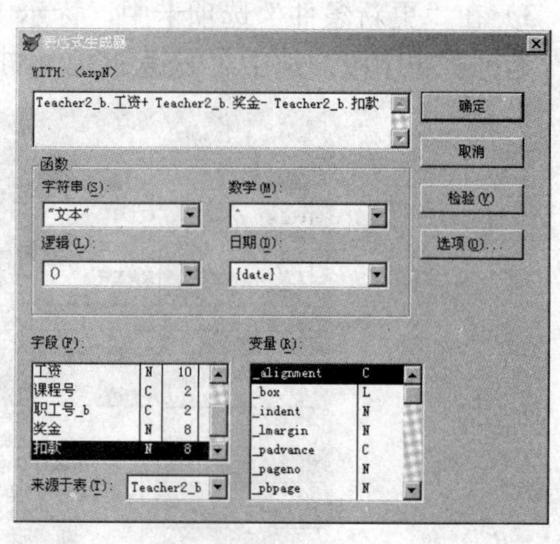

图 5-74 设置实发工资

设置完成后，浏览视图如图 5-75 所示。

图 5-75 浏览视图

7）根据视图建立查询，输出表。单击工具栏中的“新建”按钮，新建一个查询，在“添加表或视图”对话框中选中“视图”单选按钮，选择视图 teacher2，如图 5-76 所示。添加后，在视图设计器“字段”选项卡中选择所有字段，如图 5-77 所示，运行查询后结果如图 5-78 所示。

选择“查询”→“查询去向”选项，设置“查询去向”为表 seven，再次运行查询，将查询结果以表的形式存储在 D 盘，状态栏显示如图 5-79 所示。

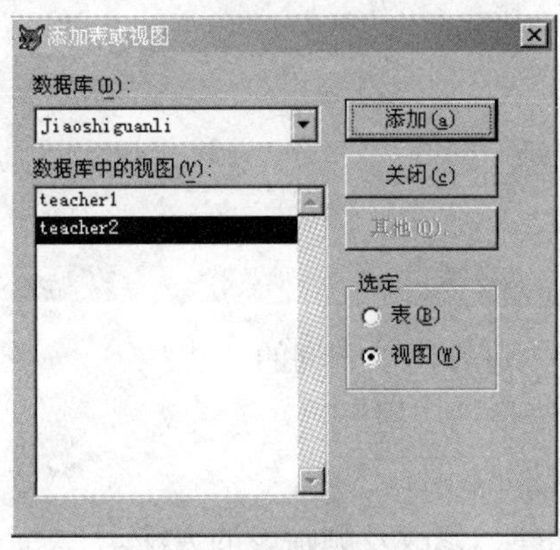

图 5-76 选择视图

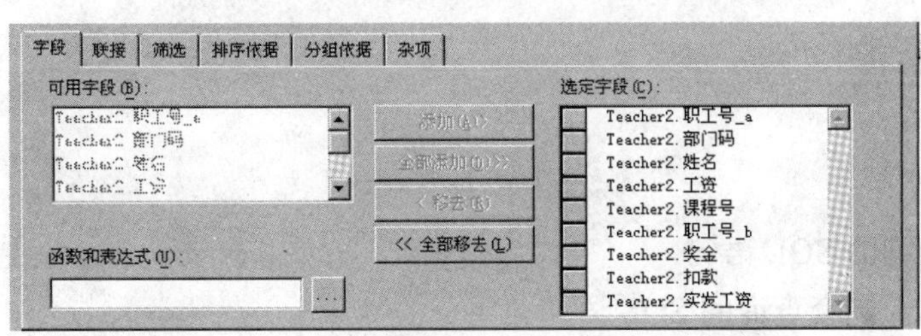

图 5-77 “字段”选项卡

职工号_a	部门码	姓名	工资	课程号	职工号_b	奖金	扣款	实发工资
01	A1	袁月	6408.00	8	01	520.00	102.00	6826.00
02	A2	王林非	4390.00	4	02	333.00	13.00	4710.00
03	A3	刘光旭	2450.00	6	03	812.00	12.00	3250.00
04	A4	张微微	3200.00	1	04	520.00	15.00	3705.00
05	A5	李洋	4520.00	13	05	376.00	26.00	4870.00
06	A1	孙皓月	2976.00	3	06	218.00	38.00	3156.00
07	A2	钱瑞金	4987.00	4	07	150.00	30.00	5107.00
08	A3	韩若曦	6220.00	6	08	330.00	70.00	6480.00
09	B1	王洪磊	3980.00	10	09	540.00	90.00	4430.00
10	A1	张凯元	2400.00	3	10	612.00	55.00	2957.00
11	A2	林文正	1800.00	5	11	900.00	46.00	2654.00
12	A3	乔漫华	5400.00	7	12	300.00	118.00	5582.00
13	A5	周沛东	3670.00	14	13	216.00	10.00	3876.00

图 5-78 查询结果

Seven (d:\seven.dbf)　　记录:1/33　　Exclusive

图 5-79 状态栏显示生成新表

实验6　关系数据库标准语言 SQL

一、实验目的

1）掌握利用 SELECT 命令进行简单查询的方法。

2）掌握联接查询、嵌套查询的应用。

3）掌握数据表的操作方法。

4）掌握利用 SQL 命令创建、修改及删除表的方法。

5）掌握视图的建立方法及应用。

二、重点和难点

1. 重点

1）无条件查询的 SQL 语句。

2）联接查询、嵌套查询的 SQL 语句。

3）查询结果分组、排序的 SQL 语句。

4）查询结果输出的 SQL 语句。

2. 难点

SELECT 命令联接查询和嵌套查询的应用。

三、实验内容

1. 单表查询

单表查询所基于的数据源是单个的自由表或数据库表，如图 6-1～图 6-6 所示。

学号	姓名	性别	民族	出生日期	是否党员
20160101	刘美辰	女	汉	01/07/98	F
20160102	李铮	男	汉	03/17/98	F
20160103	王宏宇	男	汉	02/18/98	F
20160104	杨诗瑶	女	汉	09/27/97	F
20160105	吴峻男	男	满	11/17/97	F
20160106	李光宁	男	汉	02/26/98	F
20160107	赵红静	女	藏	05/11/98	F
20160108	刘博	男	汉	09/19/97	T
20160109	杨一凡	男	汉	03/07/98	F
20160110	高鸿宇	男	回	01/09/98	F
20160111	李婧	女	汉	04/07/98	F
20160112	杨志良	男	汉	10/29/97	F
20160113	王慧	女	满	03/11/98	T
20160114	罗丽娜	女	汉	11/27/97	F
20160115	赵军	男	汉	10/16/97	F
20160116	吴润博	男	汉	02/17/98	F
20160117	[illegible]	女	汉	01/05/98	F

图 6-1　xuesheng 表

学号	数学	英语	计算机	四级过否
20170111	79.0	80.0	100.0	T
20170112	56.0	49.0	80.0	F
20170113	80.0	70.0	69.0	F
20170114	79.0	80.0	88.0	T
20170115	75.0	88.0	90.0	T
20170201	89.0	98.0	86.0	T
20170202	90.0	88.0	85.0	T
20170203	100.0	90.0	80.0	T
20170204	90.0	100.0	74.0	T
20170205	80.0	90.0	98.0	T
20170206	58.0	90.0	98.0	T
20170207	87.0	89.0	90.0	T
20170208	81.0	80.0	90.0	T
20170209	87.0	89.0	85.0	T
20170210	90.0	79.0	92.0	T
20170211	80.0	87.0	84.0	T

图 6-2　chengji 表

学号	姓名	课程号	成绩
20160101	刘美辰	1	72.7
20160102	李铮	1	87.0
20160103	王宏宇	1	94.4
20160104	杨诗瑶	1	53.6
20160105	吴峻男	1	76.7
20160106	李光宁	1	91.9
20160107	赵红静	1	79.6
20160108	刘博	1	68.1
20160109	杨一凡	1	98.2
20160110	高鸿宇	1	68.6
20160111	李婧	1	89.7
20160112	杨志良	1	73.4
20160113	王慧	1	52.7
20160114	罗丽娜	1	67.9
20160115	赵军	1	94.3
20160116	吴润博	1	86.9
20160117	[illegible]	1	93.0

图 6-3　xuanke1617 表

职工号	部门码	姓名	工资	课程号
01	A1	袁月	6408.00	8
02	A2	王林非	4390.00	4
03	A3	刘光旭	2450.00	6
04	A4	张微微	3200.00	1
05	A5	李洋	4520.00	13
06	A1	孙皓月	2976.00	3
07	A2	钱瑞金	4987.00	4
08	A3	韩若曦	6220.00	6
09	B1	王洪磊	3980.00	10
10	A1	张凯元	2400.00	3
11	A2	林文正	1800.00	5
12	A3	乔漫华	5400.00	7
13	A5	周沛东	3670.00	14
14	A2	欧阳鹏	3345.00	5
15	A3	Jack	8000.00	7
16	A4	David	6000.00	1
17	A5	[illegible]	3408.00	13

图 6-4　jiaoshi 表

职工号	职称	参加工作日	汉族否	简历	照片
01	教授	07/13/85	T	memo	gen
02	讲师	07/21/03	T	memo	gen
03	助教	08/11/11	T	memo	gen
04	讲师	08/24/01	T	memo	gen
05	副教授	07/23/92	F	memo	gen
06	助教	08/29/12	T	memo	gen
07	副教授	07/25/93	T	memo	gen
08	教授	07/30/89	F	memo	gen
09	讲师	08/08/08	T	memo	gen
10	助教	08/01/12	T	memo	gen
11	助教	08/01/13	T	memo	gen
12	教授	08/01/88	F	memo	gen
13	讲师	07/19/05	T	memo	gen
14	讲师	08/07/02	T	memo	gen
15	教授	04/10/87	F	memo	gen
16	教授	03/05/90	F	memo	gen
17	讲师	03/03/99	F	memo	gen
18	副教授	02/16/92	F	memo	gen

图 6-5　zhicheng 表

职工号	奖金	扣款	实发工资
01	520.00	102.00	
02	333.00	13.00	
03	812.00	12.00	
04	520.00	15.00	
05	376.00	26.00	
06	218.00	38.00	
07	150.00	30.00	
08	330.00	70.00	
09	540.00	90.00	
10	612.00	55.00	
11	900.00	46.00	
12	300.00	118.00	
13	216.00	10.00	

图 6-6　gongzi 表

该语句的一般格式如下：

```
SELECT [DISTINCT] <字段列表>
FROM <表>
[WHERE <筛选条件表达式>]
[GROUP BY <列名>]
[HAVING<条件表达式>]
[ORDER BY <列名>][ASC|DESC]
[INTO TABLE|DBF<表名>][TO FILE<文本文件名>]
```

【实验题目 1】指定查询中的列和用 FROM 子句指定数据源表。

FROM 子句指定查询的数据源，可以是自由表也可以是数据库表，如果是多个表，表名之间用逗号分隔。

1）查询文件 xuesheng.dbf 中的姓名和民族列。

2）查询文件 chengji.dbf 中的所有信息。

【操作步骤】在命令窗口输入如下命令。

1）`SELECT 姓名,民族 FROM xuesheng`

查询结果如图 6-7 所示。

图 6-7　查询结果

2）`SELECT * FROM chengji`

提示 SELECT 后面的多个列名或表达式用逗号分隔，如果是要查询所有的列用“*”表示，这个子句与查询设计器的“字段”选项卡对应。

【实验题目 2】用 DISTINCT 指定输出结果无重复记录。

在 SELECT 语句后面如果有 DISTINCT 选项，则去掉重复值。

1）查询文件 zhicheng.dbf 中的不同职称。

2）查询文件 xuanke1617.dbf 中的选课人数。

【操作步骤】在命令窗口输入如下命令。

1）`SELECT DISTINCT 职称 FROM zhicheng`

2）`SELECT COUNT(DISTINCT(学号)) AS 选课人数 FROM xuanke1617`

提示 COUNT( )是统计个数的聚集函数，它可以放在 SELECT 的后面，括号内可以是字段名也可以是“*”，用于返回表中的记录个数。

聚集函数还有 MAX( )求最大值、MIN( )求最小值、AVG( )求平均值、SUM( )求和。

【实验题目 3】用 WHERE 子句筛选源表记录。

该子句用以设置筛选条件和多表联接条件，当用来设置多表联接条件时与 FROM 子句中的 JOIN 功能相同，设计筛选条件时与查询设计器的“筛选”选项卡相对应。

1）查询文件 chengji.dbf 中学号在 20160101～20160110 范围内的记录。

2）查询文件 chengji.dbf 中英语成绩小于 60 或大于等于 80 的记录。

3）查询文件 xuesheng.dbf 中少数民族和性别为女的学生信息。

4）查询文件 xuesheng.dbf 中不姓“刘”的学生信息。

5）查询文件 jiaoshi.dbf 中部门码是 A1、A2、A3 的记录。

6）查询文件 zhicheng.dbf 中职称不是讲师和助教的记录。

7）查询文件 xuanke1617.dbf 中成绩为空，课程号为 2 的记录。

8）查询文件 xuesheng.dbf 中党员学生的姓名和年龄。

【操作步骤】 在命令窗口输入如下命令。

1）SELECT * FROM chengji WHERE 学号 BETWEEN "20160101" AND "20160110"

2）SELECT * FROM chengji WHERE NOT （英语>=60 AND 英语<80)

3）SELECT * FROM xuesheng WHERE 民族<>"汉" OR 性别="女"

4）SELECT * FROM xuesheng WHERE ! 姓名 LIKE "刘%"

5）SELECT * FROM jiaoshi WHERE 部门码 IN("A1","A2","A3")

6）SELECT * FROM zhicheng WHERE 职称 NOT IN("讲师","助教")

7）SELECT * FROM xuanke1617 WHERE 成绩 IS NULL AND 课程号="2"

8）SELECT 姓名,YEAR(DATE())-YEAR(出生日期) AS 年龄 FROM xuesheng WHERE 是否党员

提示

① BETWEEN <值 1> AND <值 2>，值 1 和值 2 可以是数值型、字符型和日期型，值 1 应该小于值 2。AS 短语定义新列名。

② LIKE 字符为匹配运算符，匹配符%代表 0 到多个字符，_代表一个字符。

③ 表示空值条件时应该用 IS NULL，而不能用=NULL。

④ 第 8）题是否党员本身为逻辑型，在 WHERE 条件后，表示逻辑真时可以直接写字段名，也可以写成“是否党员=.T.”。

【实验题目 4】 用 GROUP BY 子句定义记录的分组依据，用 HAVING 子句筛选分组结果。

该子句将查询结果按某一列或多列的值分组，值相等的为一组，对查询结果分组的目的是细化聚集函数的作用对象。如果不分组，作用对象是整个查询结果，分组后，作用对象是每个组，每组有一个函数值，如果分组后还要求按一定的条件对这些组进行筛选，可以使用 HAVING 短语对指定筛选条件进行筛选。

1）用 SQL 语言统计 xuanke1617 表中每个课程的成绩总和，检索出课程号和成绩和，按课程号升序排列并将查询结果存入临时表 BC 中。

2）用 SQL 语言统计 jiaoshi 表中各部门的人数并且只显示人数大于 2 的部门。

【操作步骤】 在命令窗口输入如下命令。

1）SELECT 课程号,SUM(成绩) AS 成绩和 FROM xuanke1617 GROUP BY 课程号 INTO CURSOR BC ORDER BY 课程号

2）SELECT 部门码,COUNT(*) AS 人数 FROM jiaoshi GROUP BY 部门码 HAVING 人数>2

【实验题目 5】 用 ORDER BY 子句指定查询结果的排列次序。

该子句对查询的结果进行排序，默认是升序，升序还可以在后面加 ASC，降序加 DESC。同时也可以多个字段排序，第一个排序字段称为主排序，当主排序字段值相等时，再按次排序字段显示。

1）查询 jiaoshi 表中工资在 4000～5000 范围内的记录并按工资升序排列。

2）用 SQL 语言实现将 gongzi 表中所有记录按实发工资的值升序输出，如果实发工资值相同，再按奖金的值降序输出。

【操作步骤】 在命令窗口输入如下命令。

```
1）SELECT * FROM jiaoshi WHERE 工资 BETWEEN 4000 AND 5000 ORDER BY 工资
2）SELECT * FROM  gongzi  ORDER BY  实发工资 ASC,奖金 DESC
```

【实验题目 6】用 TOP 子句指定输出结果的记录数。

在排序的基础上，可以使用 TOP N[PERCENT]子句限定输出个数，N 是数值型表达式，若没有 PERCENT，范围是 1～32767，表示显示前面 N 个记录，若有 PERCENT，N 是 0.01～99.99，表示百分之 N 的记录。

1）用 SQL 语言查询 chengji 表中数学成绩最高的前 10 名学生的学号和数学成绩，数学成绩相同的按英语成绩降序排列。

2）查询 xuanke1617 表中课程号为“15”的成绩的前 20%。

【操作步骤】在命令窗口输入如下命令。

```
1）SELECT TOP 10 * FROM chengji ORDER BY 数学 DESC,英语 DESC
2）SELECT TOP 20 PERCENT * FROM xuanke1617 WHERE 课程号="15" ORDER BY 成绩 DESC
```

【实验题目 7】用 INTO 或 TO 子句指定输出类型。

INTO TABLE|CURSOR <表名>或 TO FILE <文本文件名>，分别将查询结果输出到表文件、临时表或文本文件中。其中的 TABLE 也可以用 DBF 代替。

查询文件 xuanke1617.dbf 中最低成绩为 50 分的课程，显示课程号并将查询结果存入表文件 tgkc.dbf。

【操作步骤】在命令窗口输入如下命令。

```
SELECT 课程号 FROM xuanke1617 GROUP BY 课程号 HAVING MIN(成绩)>=50  INTO
 TABLE tgkc
```

【实验题目 8】用 UINON 子句将多个查询结果组合起来。

Visual FoxPro 支持集合的并运算，即可以将两个 SELECT 语句的查询结果通过并运算合并成一个查询结果。为了进行并运算，要求两个查询结果具有相同的字段个数，并且对应字段有相同的数据类型和取值范围。

查询文件 xuanke1617.dbf 中课程号为 1 开头和 5 开头且成绩大于 80 的记录。

【操作步骤】在命令窗口输入如下命令。

```
SELECT * FROM xuanke1617 WHERE 课程号="1" AND 成绩>80 UNION SELECT * FROM
 xuanke1617 WHERE 课程号="5" AND 成绩>80
```

查询结果如图 6-8 所示。

【拓展练习】

1）查询 jiaoshi 表的全部记录，并存储在临时文件 js.dbf 中。

2）查询 xuesheng 表中 1998 年以前出生的学生信息，并按出生日期的升序排序。

3）查询 xuanke1617 表中每门课程的成绩最大值和平均值，并显示课程号、最大值、平均值。

4）查询 kecheng 表中学时最多的前 3 名的课程名。

5）查询 xuesheng 表中所有民族为满族或回族的记录，并按出生日期降序排列。

6）查询 chengji 表中数学成绩和英语成绩的平均值，并将查询结果存入到表 aa 中。

查询

学号	姓名	课程号	成绩
20160101	刘美辰	5	80.4
20160102	李铮	1	87.0
20160102	李铮	14	87.6
20160102	李铮	15	98.5
20160103	王宏宇	1	94.4
20160103	王宏宇	14	86.6
20160103	王宏宇	15	88.6
20160103	王宏宇	5	84.1
20160104	杨诗瑶	13	90.9
20160104	杨诗瑶	15	87.8
20160104	杨诗瑶	5	88.4
20160105	吴峻男	13	83.3
20160105	吴峻男	14	96.0
20160105	吴峻男	5	89.6
20160106	李光宁	1	91.9
20160106	李光宁	14	83.4
20160106	李光宁	15	85.6

图6-8　查询结果

说明

1）`SELECT * FROM jiaoshi INTO CURSOR js`

2）`SELECT * FROM xuesheng WHERE YEAR(出生日期)<1998 ORDER BY 出生日期`

3）`SELECT 课程号,MAX(成绩) AS 最大值,AVG(成绩) AS 平均值 FROM xuanke1617 GROUP BY 课程号`

4）`SELECT TOP 3 课程名 FROM kecheng ORDER BY 学时 DESC`

5）`SELECT * FROM xuesheng WHERE 民族 IN("满","回") ORDER BY 出生日期 DESC`

6）`SELECT AVG(数学), AVG(英语) FROM chengji INTO DBF aa`

2. 多表查询

多表查询经常用于在两个表中查询满足条件的记录，执行过程如下。

1）首先在表1中找到第一个记录，然后从头开始扫描表2，逐一查找与表1第一个记录相等的表2的记录，找到后就将表1中的第一个记录与该记录联接起来，形成结果表中的一个记录。

2）在表2中查找完毕后，再找表1中第二个记录。然后从头开始扫描表2，找到后就将表1中的第二个记录与该记录联接起来，形成结果表中的下一个记录。

3）重复上述操作，直到表1中的全部记录都处理完为止。

【实验题目1】 简单联接查询。

用SELECT命令完成下列操作。

1）查询1998年以后参加工作的教师姓名和职称。

2）用SQL语言查询jiaoshi表和zhicheng表中工资大于5000的教师姓名和职称。

【操作步骤】 在命令窗口输入如下命令。

1）`SELECT 姓名,职称 FROM jiaoshi,zhicheng WHERE jiaoshi.职工号=zhicheng.职工号 AND YEAR(参加工作日)>1998`

2）`SELECT 姓名,职称 FROM jiaoshi,zhicheng  WHERE jiaoshi.职工号=zhicheng.职工`

号 AND 工资>5000

【实验题目 2】超联接查询。

1）用超联接实现实验题目 1 中 2）题的功能。

2）用 SQL 语言从 xuesheng、xuanke1617、kecheng 表中查找学生“杨一凡”所选课程的课程名和成绩。

【操作步骤】在命令窗口输入如下命令。

1）
```
SELECT 姓名,职称 FROM  jiaoshi JOIN zhicheng  ON  jiaoshi.职工号=zhicheng.
职工号 WHERE 工资>5000
```

2）
```
SELECT 课程名,成绩 FROM xuesheng INNER JOIN xuanke1617 INNER JOIN kecheng
ON  xuanke1617.课程号=kecheng.课程号 ON  xuesheng.学号=xuanke1617.学号
WHERE 姓名="杨一凡"
```

【实验题目 3】嵌套查询。

嵌套查询是指在一个 SELECT 命令的 WHERE 子句中出现另外一个子 SELECT 命令，即一个查询的结果出现在另一个查询的查询条件语句中。在嵌套语句中，子 SELECT 语句的结果必须是确定的内容。在嵌套查询中，子查询的结果用于建立父查询的查找条件。子查询不能使用 ORDER BY 子句。

在嵌套查询中，当子查询的结果是一个单值（只有一个记录、一个字段值）时，可以用<、>、>=、<=、<>等比较运算符生成父查询的查询条件。当子查询的结果是多值时，可以在这些比较运算符前面加 ALL、SOME、ANY 表示大于所有的子查询结果和任意一个结果值，SOME 与 ANY 作用相同。

1）根据 xuesheng 表和 xuanke1617 表，查询选修了课程号为“11”的课程且成绩最高的学生的姓名。

2）根据 xuanke1617 表和 kecheng 查询每门课程的成绩最大值，要求显示课程名和成绩。

3）用 SQL 命令查询 xuanke1617 表中，同时选修了课程号为“3”和课程号为“5”的课程的学生的学号。

4）根据 xuesheng 表和 xuanke1617 表，检索选修每门课程的成绩都大于或等于 85 分的学生的姓名和性别。

5）查询选修了课程号为“3”的课程但没有选修课程号为“12”的课程的学生的姓名和成绩。

【操作步骤】在命令窗口输入如下命令。

1）
```
SELECT 姓名 FROM xuesheng,xuanke1617 WHERE xuesheng.学号=xuanke1617.学号
AND 课程号="11" AND 成绩>=ALL(SELECT 成绩 FROM xuanke1617 WHERE 课程号="11")
```

2）
```
SELECT 课程号,成绩 FROM xuanke1617 A WHERE  成绩=(SELECT MAX(成绩) FROM
xuanke1617 WHERE 课程号=A.课程号)
```

3）
```
SELECT 学号 FROM xuanke1617 WHERE 课程号="3" AND  学号 IN(SELECT 学号 FROM
xuanke1617 WHERE 课程号="5")
```

4）
```
SELECT 姓名,性别 FROM xuesheng WHERE NOT EXISTS(SELECT * FROM xuanke1617
WHERE xuesheng.学号=xuanke1617.学号 AND 成绩<85)
```

5）`SELECT 姓名,成绩 FROM xuanke1617 WHERE xuanke1617.课程号="3 " AND 学号 NOT IN (SELECT 学号 FROM xuanke1617 WHERE 课程号="12")`

【实验题目4】自联接查询。

将一个表与其自身联接，这种联接称为自联接查询。在自联接查询中，必须将查询使用的表名定义为别名。在涉及的字段前面，用别名加以限定，用以区分同一个表使用了两次。

定义定段名的方法：<别名>.<字段名>。

1）在 xuanke1617.dbf 文件中查询成绩超出每门课程平均分数 20 分以上的学生的姓名、课程号和成绩。

2）查询所有男生出生日期小于女生出生日期的男、女生的姓名。

【操作步骤】在命令窗口输入如下命令。

1）`SELECT 姓名,课程号,成绩 FROM xuanke1617 A WHERE 成绩-20>(SELECT AVG(成绩) FROM xuanke1617 B WHERE A.课程号=B.课程号)`

结果如图 6-9 所示。

2）`SELECT A.姓名 AS 男生姓名, B.姓名 AS 女生姓名 FROM xuesheng A, xuesheng B WHERE A.出生日期<B.出生日期 AND A.性别="男" AND B.性别="女"`

查询

姓名	课程号	成绩
杨一凡	1	98.2
王慧	3	96.9
刘建	3	97.9
王赟	3	98.2
胡少鹏	5	98.9
刘博	6	98.4
杨志良	6	96.4
刘美辰	7	92.2
李晓蕾	7	92.0
吴峻男	14	96.0
杨一凡	14	96.7
吴润博	14	95.7
李铮	15	98.5
杨志良	13	91.9
冯业权	13	93.5
胡小萌	1	97.8
周立勇	4	98.1
潘小琪	5	96.0
柳楠	5	95.9
柳楠	6	97.1
黄赫	8	95.4

图 6-9　查询结果

【拓展练习】

本拓展练习所有查询功能均使用 xuesheng 表、xuanke1617 表、kecheng 表。

1）根据 xuesheng 和 xuanke1617 表查询姓名、课程号、成绩，并按成绩升序排序（至少使用两种联接方法）。

2）查询“王宏宇”所选课程名及成绩，并按课程名升序排列，如果课程名相同则按成绩降序排序。

3）查询所有选课门数在 2（含）门以上学生的姓名、选课门数，并按选课门数降序存入表 XK 中。

4）将没有选课学生的信息按姓名升序存入表 noxk 中。

说明

1）两种方法分别如下。

① `SELECT 姓名,课程号,成绩 FROM xuesheng,xuanke1617 WHERE xuesheng.学号=xuanke1617.学号 ORDER BY 成绩`

② `SELECT 姓名,课程号,成绩 FROM xuesheng JOIN xuanke1617 ON xuesheng.学号=xuanke1617.学号 ORDER BY 成绩`

2）`SELECT 课程名,成绩 FROM xuesheng A,xuanke1617 B,kecheng C WHERE A.学号=B.学号 AND B.课程号=C.课程号 AND 姓名="王宏宇"ORDER BY 课程名,成绩 DESC`

3）`SELECT 姓名,COUNT(*) AS 选课门数 FROM xuesheng A ,xuanke1617 B WHERE A.学号=B.学号 GROUP BY 姓名 HAVING COUNT(*)>=2 ORDER BY 选课门数 DESC TO FILE XK`

4）`SELECT 姓名,YEAR(DATE())-YEAR(出生日期) AS 年龄 FROM xuesheng WHERE 学号 NOT IN(SELECT 学号 FROM xuanke1617) ORDER BY 姓名 INTO DBF noxk`

3. 数据表的操作方法

【实验题目 1】创建数据库表。

建立名为“学生管理”的数据库，并建立数据库表“学生”和“成绩”，表结构分别如表 6-1 和表 6-2 所示，并设置学号为学生表的主索引，设置学生表性别字段的有效性规则只能是男或女的限定条件，错误的提示信息为“请输入男或女！”，默认值为“男”，并按学号创建学生表和成绩表的永久性联系。

表 6-1 学生表结构

字段名	类型	宽度	小数位数
学号	C	5	
姓名	C	10	
性别	C	2	
出生日期	D		
毕业成绩	N	6	2

表 6-2 成绩表结构

字段名	类型	宽度	小数位数
学号	C	5	
英语	N	6	2
语文	N	6	2
总分	N	6	2

【操作步骤】

1）在 Visual FoxPro 主窗口中按 Ctrl+N 组合键，打开“新建”对话框，选中“数据库”单选按钮，单击“新建文件”按钮，在打开的“创建”对话框的“数据库名”文本框中输入“学生管理”，单击“保存”按钮。

2）在命令窗口输入如下命令。

```
CREATE TABLE 学生(学号 C(5) PRIMARY KEY,姓名 C(10),性别 C(2) CHECK 性别="男"
  OR 性别="女" ERROR "请输入男或女!" DEFAULT "男",出生日期 D,毕业成绩 N(6,2))
CREATE TABLE 成绩(学号 C(5),英语 N(6,2),语文 N(6,2),总分 N(6,2),FOREIGN KEY
  学号 TAG 学号 REFERENCES 学生)
```

【实验题目 2】修改表结构。

利用 SQL-ALTER 命令对 jiaoshi 表做如下修改。

1）为 jiaoshi 表增加一个字段“年龄”，类型为整型。

2）添加“工资”有效性规则：工资在 2000～10000 范围内。

3）为字段“年龄”增加默认值，默认值为 18。

4）将 jiaoshi 表中“工资”字段的宽度改为 8。

5）为 jiaoshi 表增加主索引，索引表达式为“职工号”。

6）删除 jiaoshi 表中的“年龄”字段。

7）将 jiaoshi 表中的“部门码”字段的名称修改为“部门代码”。

【操作步骤】首选打开数据库，并将表 jiaoshi 添加到数据库，然后输入如下命令。

1）ALTER TABLE jiaoshi ADD COLUMN 年龄 I

2）ALTER TABLE jiaoshi ALTER 工资 SET CHECK 工资>=2000 AND 工资<=10000

3）ALTER TABLE jiaoshi ALTER COLUMN 年龄 SET DEFAULT 18

4）ALTER TABLE jiaoshi ALTER COLUMN 工资 N(8,2)

5）ALTER TABLE jiaoshi ADD PRIMARY KEY 职工号 TAG 职工号

6）ALTER TABLE jiaoshi DROP COLUMN 年龄

7）ALTER TABLE jiaoshi RENAME COLUMN 部门码 TO 部门代码

【实验题目 3】修改表记录。

1）用 INSERT 功能将学号“20160227”、姓名“田力”、课程号“12”、成绩 90 输入 xuanke1617 表中。

2）用 UPDATE 功能将 jiaoshi 表所有工资增加 100 元。

3）逻辑删除 xuesheng 表中不是汉族的记录。

【操作步骤】在命令窗口依次输入如下命令。

1）INSERT INTO xuanke1617 VALUES("20160227","田力","12",90)

2）UPDATE jiaoshi SET 工资=工资+100

3）DELETE FROM xuesheng WHERE 民族<>"汉"

【拓展练习】

1）用 SQL 语句新建一个表 rate，其中包含 4 个字段：“币种 1 代码”C(2)、“币种 2 代码”C(2)、“买入价”N(8,4)、“卖出价”N(8,4)。

2）建立数据库“教学管理”，用 SQL 语句建立一个数据库表“教师”，并设姓名为主索引，性别的默认值为“女”，表结构如下。

编号 字符型（8）

姓名 字符型（10）

性别 字符型（2）

职称 字符型（8）

3）使用 SQL 语句为 gongzi 表“扣款”字段增加有效性规则：扣款的值大于等于 0，小于 200。

4）用 ALTER TABLE 语句在 chengji 表中添加一个“等级”字段，该字段为字符型，宽度为 4。

5）用 ALTER TABLE 语句将 jiaoshi 表的“职工号”字段的名称修改为“职工编号”。

6）使用 SQL 命令(ALTER TABLE)为 xuesheng 表建立一个主索引，索引名和索引表达式都是“学号”。

7）用 ALTER TABLE 语句将 xuesheng 表“性别”字段的默认值设置为“男”。

8）向 xuanke1617 表中插入一个新记录，学号、课程号和成绩的值分别为“2017010201”“15”、99。

9）为 kecheng 表增加一个字段“备注 C(30)”。

10）为 xuanke1617 表“成绩”字段增加有效性规则：成绩值在 0～150 范围内。

11）将 jiaoshi 表“工资”的默认值设为 2000。

12）将 chengji 表中四级通过的学生的英语成绩加 10 分。

13）用 SQL 命令建立学生表，含有“学号”C(4)、“姓名”C(6)、“出生日期”D 字段，并设“学号”为主索引。

14）对 kecheng 表增加一个“学期”字段，字符型，4 个宽度。

15）对 xuesheng 表增加“出生日期”字段的有效性规则：出生日期为 2000 年以前出生。

说明

1）CREATE TABLE rate(币种 1 代码 C(2),币种 2 代码 C(2),买入价 N(8,4),卖出价 N(8,4))

2）CREATE DATABASE 教学管理

CREATE TABLE 教师(编号 C(8),姓名 C(10) PRIMARY KEY ,性别 C(2) DEFAULT "女",职称 C(8))

3）ADD TABLE gongzi

ALTER TABLE gongzi SET CHECK 扣款>=0 AND 扣款<200

4）ALTER TABLE chengji ADD COLUMN 等级 C(4)

5）ALTER TABLE jiaoshi RENAME COLUMN 职工号 TO 职工编号

6）ALTER TABLE xuesheng ADD PRIMARY KEY 学号 TAG 学号

7）ALTER TABLE xuesheng ALTER 性别 SET DEFAULT "男"

8）INSERT INTO xuanke1617 (学号,课程号,成绩)VALUES("2017010201", "15", 99)

9）ALTER TABLE kecheng ADD COLUMN 备注 C(30)

10）ALTER TABLE xuanke1617 成绩 SET CHECK 成绩>=0 AND 成绩<=150

11）ALTER TABLE jiaoshi ALTER COLUMN 工资 SET DEFAULT 2000

12）UPDATE chengji SET 英语=英语+10 WHERE 四级过否=.T.

13）CREATE TABLE 学生(学号 C(4) PRIMARY KEY,姓名 C(6),出生日期 D)

14）ALTER TABLE kecheng ADD 学期 C(4)

15）ALTER TABLE xuesheng SET CHECK YEAR(出生日期)<=2000

4. SQL 语句建立视图的方法

【实验题目】在数据库中建立视图。

1）在 jiaoshiguanli 数据库中建立视图 view1，视图中含有 zhicheng 表中的所有职称为教授的记录。

2）在 xueshengguanli 数据库中创建视图 view2，利用该视图只能查询 chengji 表和 xuesheng 表中数学、英语和计算机 3 门课中至少有一门不及格（小于 60 分）的学生记录；结果包含“姓名”“数学”“英语”“计算机”4 个字段；各记录按姓名升序排序。

【操作步骤】在命令窗口输入如下命令。

1）MODIFY DATABASE jiaoshiguanli

CREATE VIEW view1 AS SELECT * FROM zhicheng WHERE 职称="教授"

2）CREATE VIEW view2 AS SELECT 姓名,数学,英语,计算机 FROM xuesheng,chengji WHERE xuesheng.学号=chengji.学号 AND (数学<60 OR 英语<60 OR 计算机 <60) ORDER BY 姓名

【拓展练习】

1）在 xueshengguanli.dbc 数据库文件中建立视图 view3，视图中含有选修了课程号为“10”的学生的姓名。

2）在 xueshengguali.dbc 数据库文件中创建视图 view4，利用该视图只能查询性别为女的少数民族学生的数学成绩；查询结果包含“姓名”“数学”字段，各记录按数学成绩降序排序。

3）打开数据库文件 jiaoshiguanli.dbc，使用 SQL 语句建立一个视图 view5，该视图包括“部门码”和“最大工资”（该部门的）两个字段，并且按“最大工资”降序排列。

说明

1）
```
OPEN DATABASE xueshengguanli
CREATE VIEW view3 AS SELECT 姓名 FROM xuesheng A,xuanke1617 B WHERE A.学号=B.学号 AND 课程号="10"
```

2）
```
CREATE VIEW view4 AS SELECT 姓名,数学 FROM xuesheng A,chengji B WHERE A.学号=B.学号 AND 性别="女" AND 民族<>"汉"
```

3）
```
OPEN DATABASE jiaoshiguanli
CREATE VIEW view5 AS SELECT 部门码,MAX(工资) AS 最大工资 FROM jiaoshi GROUP BY 部门码 ORDER BY 最大工资 DESC
```

实验7　报表与标签设计

一、实验目的

1）熟悉报表向导的使用方法。
2）掌握报表设计器的基本操作及设计器中控件的使用方法。
3）熟悉标签的设计方法。

二、重点和难点

1. 重点

1）报表设计器的基本操作。
2）标签的设计方法。

2. 难点

报表设计器中各个控件的使用。

三、实验内容

1. 报表向导的使用方法及步骤

【实验题目】使用报表向导建立一个包含 xuesheng 表中所有信息的单一报表，要求生成一个按性别分组、出生日期升序排列的随意式报表，报表名称为“学生信息”，保存文件名为 report1.frx。

【操作步骤】

1）选择“文件”→“新建”选项，在打开的“新建”对话框中选中“报表”单选按钮，单击“向导”按钮，打开“向导选取”对话框，如图 7-1 所示。

2）在“向导选取”对话框中，选择“报表向导”选项，然后单击“确定”按钮，进入“报表向导”的“步骤 1-字段选取”对话框，如图 7-2 所示。

3）单击“数据库和表”下拉列表框右侧的按钮，在打开的“打开”对话框中选择 xuesheng.dbf 表文件，单击“确定”按钮。xuesheng 表中的全部字段显示在“可用字段”列表框中，将全部字段移到“选定字段”列表框中。

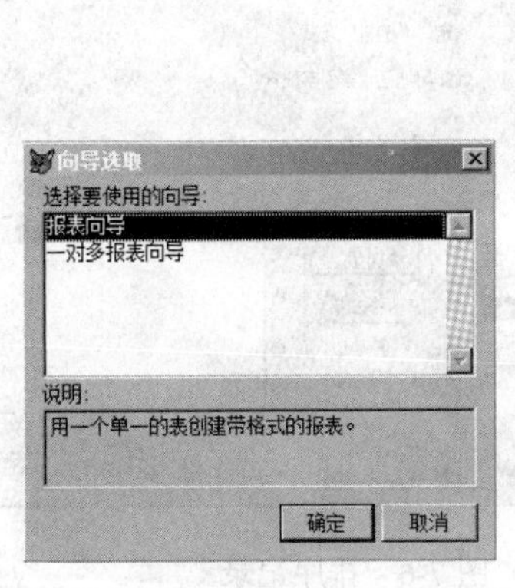
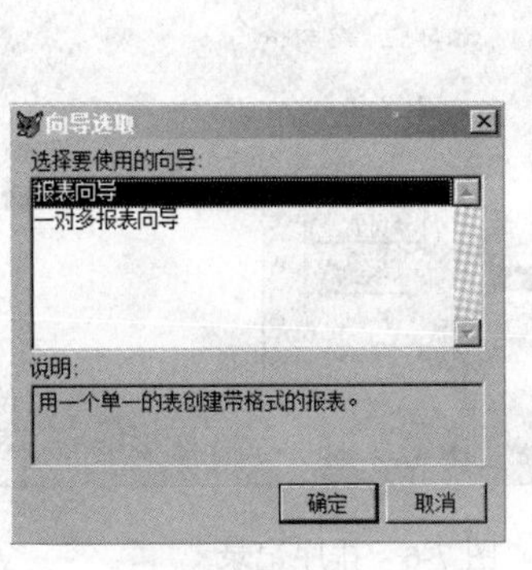

图 7-1 “向导选取”对话框

图 7-2 字段选取

4）单击“下一步”按钮，打开“报表向导”的“步骤 2-分组记录”对话框，如图 7-3 所示。在第一个下拉列表中选择“性别”选项，实现按性别进行分组。

5）单击“下一步”按钮，打开“报表向导”的“步骤 3-选择报表样式”对话框，如图 7-4 所示。在“样式”列表框中选择“随意式”选项。

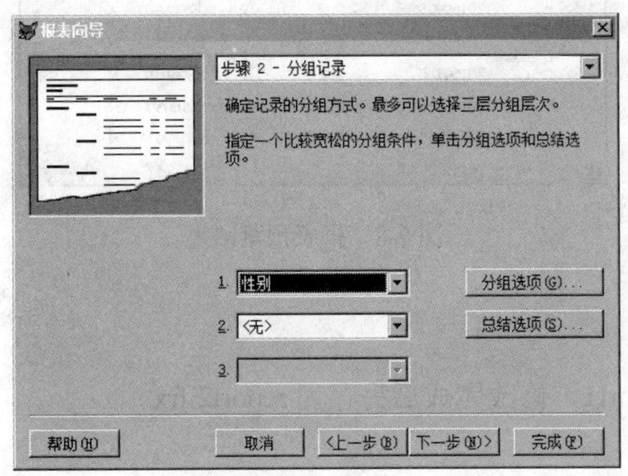

图 7-3 分组记录

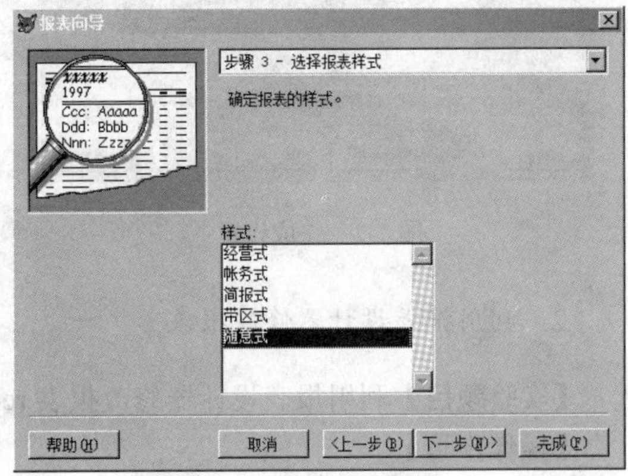

图 7-4 选择报表样式

6）单击“下一步”按钮，打开“报表向导”的“步骤 4-定义报表布局”对话框，如图 7-5 所示。这一步中不做任何选择（题目没有要求）。

7）单击“下一步”按钮，打开“报表向导”的“步骤 5-记录排序”对话框，如图 7-6 所示。在“可用的字段或索引标识”列表框中选择“出生日期”选项，单击“添加”按钮，将“出生日期”添加到“选定字段”列表框中。

8）单击“下一步”按钮，打开“报表向导”的“步骤 6-完成”对话框，如图 7-7 所示。设置报表标题为“学生信息”，单击“预览”按钮，可以预览显示报表，预览结果如图 7-8 所示（“男”学生信息在第一页，可单击打印预览中的▸按钮查看“女”学生的信息）。单击“完成”按钮，将报表保存为 report1.frx。

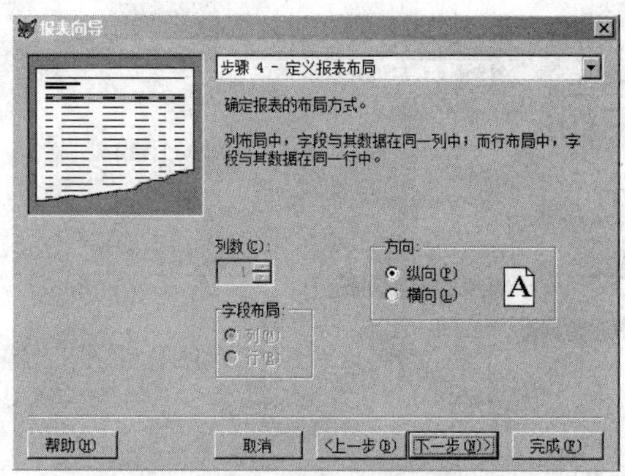

图 7-5　定义报表布局

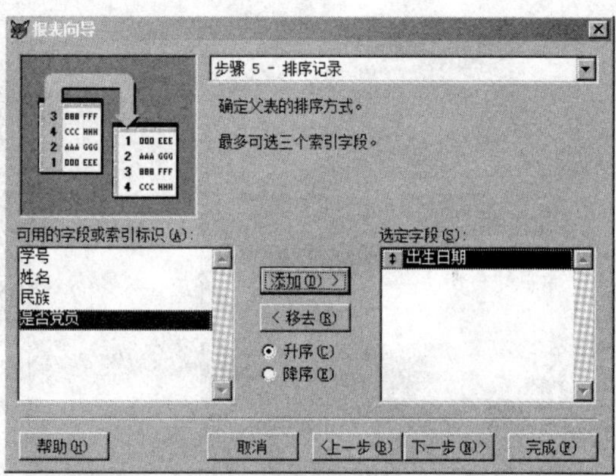

图 7-6　排序记录

图 7-7　完成设置

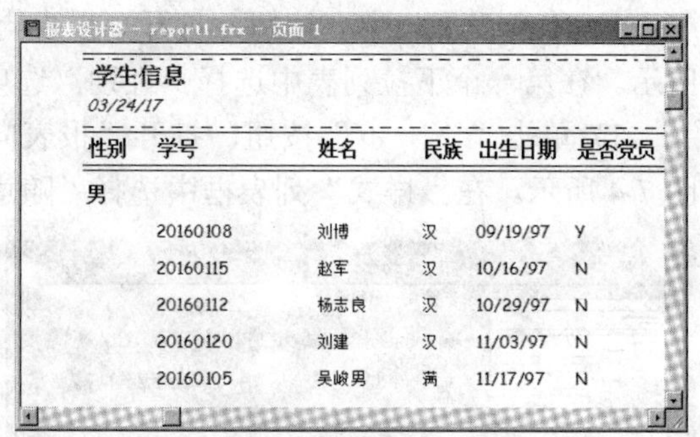

图 7-8　报表预览结果

2. 利用报表设计器修改报表

【实验题目】利用报表设计器修改报表 report1，修改完成后另存为 report2.frx。

【操作步骤】

1）选择“文件”→“打开”选项，或单击常用工具栏中的“打开”按钮，在打开的“打开”对话框中双击报表 report1 即可打开报表设计器，如图 7-9 所示。或选择报表文件后，单击“确定”按钮也可以打开。

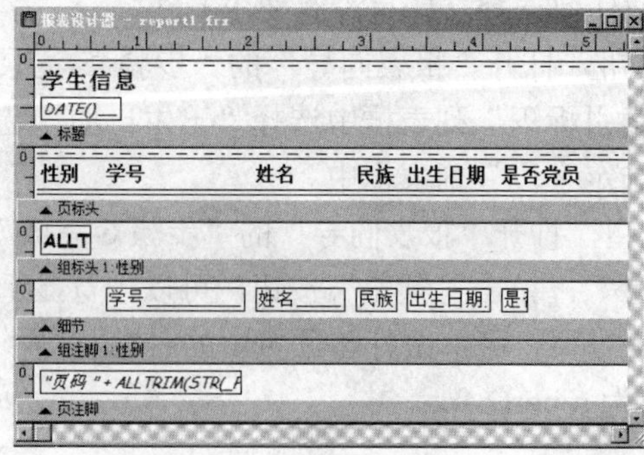

图 7-9　报表设计器

2）在报表设计器中，将“标题”带区和“页标头”带区的实线和虚线长度变短，使其能够正好适应文字部分的宽度，并移动“学生信息”标签于居中位置。将“日期”域控件移到“页注脚”带区。

3）在“页注脚”带区，双击“页码”域控件，打开“报表表达式”对话框，如图 7-10 所示。将表达式改为“第”+ALLTRIM(STR(_PAGENO))+“页”，在“日期”域控件前加入一个标签，其文本内容为“打印日期”。修改完成后结果如图 7-11 所示。

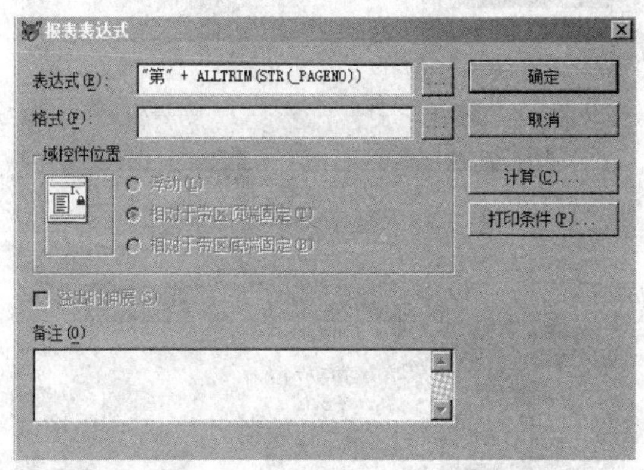

图 7-10 “报表表达式”对话框

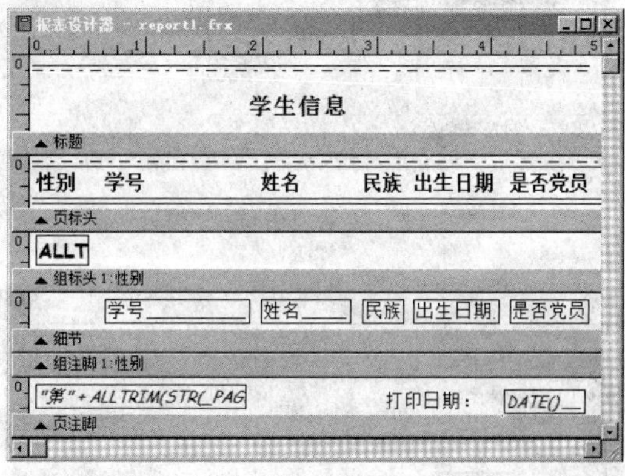

图 7-11 修改后报表设计器

4）选择“文件”→“另存为”选项，将报表保存为 report2.frx。

5）单击“预览”按钮，可以预览设计结果。

3. 一对多报表向导的使用方法及步骤

【实验题目】利用报表向导设计一个一对多报表，用 xuesheng 表作为父表，xuanke 表作为子表，关联条件为“学号”。

【操作步骤】

1）选择“文件”→“新建”选项，或单击常用工具栏中的“新建”按钮，在打开的“新建”对话框中，选中“报表”单选按钮，单击“向导”按钮。在打开的“向导选取”对话框中，选择“一对多报表向导”选项，单击“确定”按钮。

2）在“步骤 1-从父表选择字段”对话框中选择 xuesheng 表，将“可用字段”列表框中的“学号”“姓名”添加到“选定字段”列表框中，如图 7-12 所示，单击“下一步”按钮。

3）在“步骤 2-从子表选择字段”对话框中选择 xuanke 表，将“可用字段”列表框中的“课程号”“成绩”添加到“选定字段”列表框中，如图 7-13 所示，单击“下一步”按钮。

4）在“步骤 3-为表建立关系”对话框中，系统自动为父表和子表建立相应的关联，如图 7-14 所示，单击“下一步”按钮。

5）在“步骤 4-排序记录”对话框中，按“学号”字段将记录升序排序，在“可用的字段或索引标识”列表框中选择“学号”，如图 7-15 所示，单击“下一步”按钮。

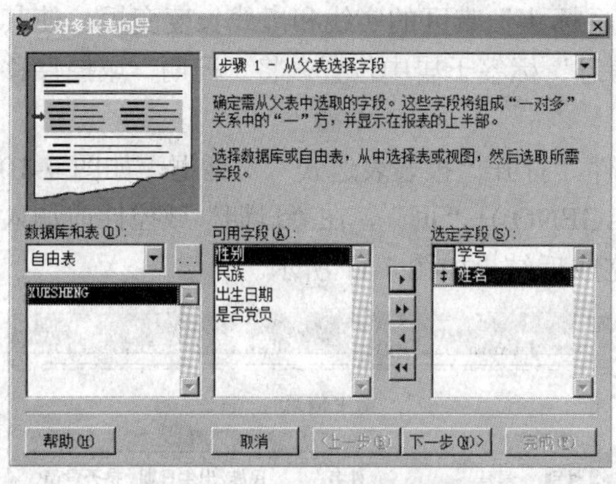

图 7-12　从父表中选择字段

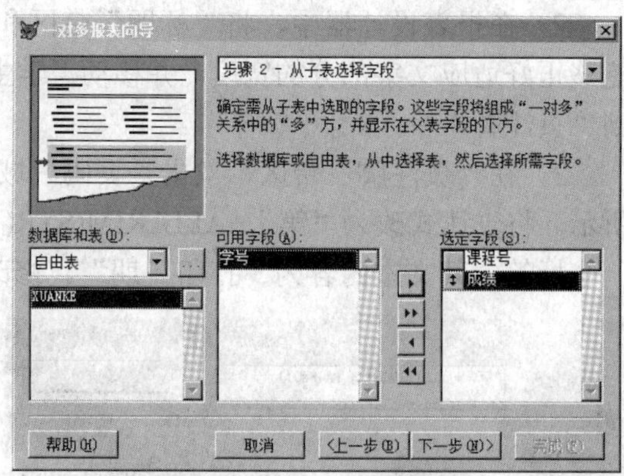

图 7-13　从子表中选择字段

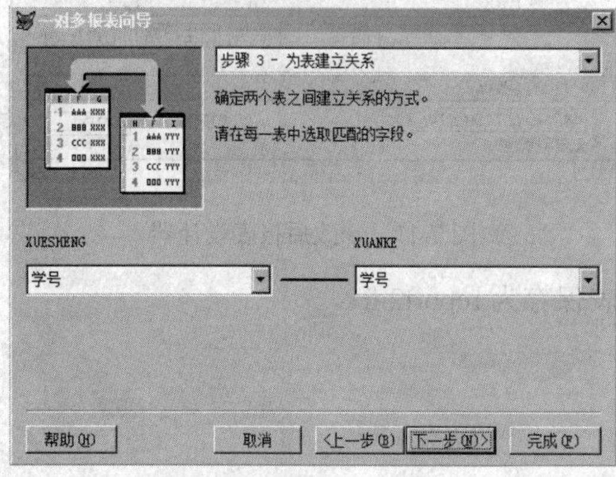

图 7-14　为表建立关系

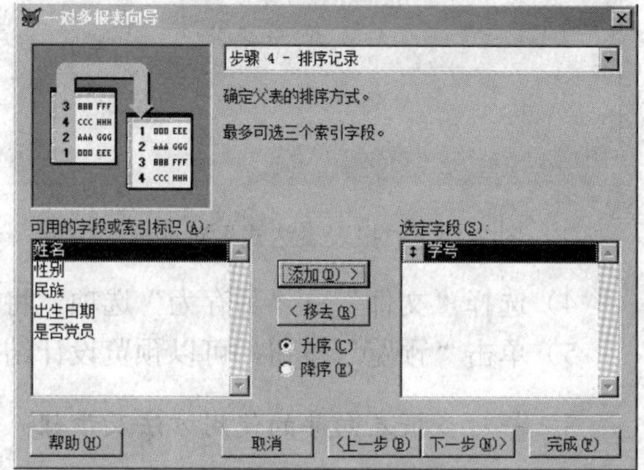

图 7-15　排序记录

6）在“步骤 5-选择报表样式”对话框中，选择“样式”列表框中的“简报式”选项，如图 7-16 所示，单击“下一步”按钮。

7）在“步骤 6-完成”对话框中修改报表标题为“学生选课”，如图 7-17 所示。单击“预览”按钮，可以查看设计完成的报表，如图 7-18 所示，单击“完成”按钮。

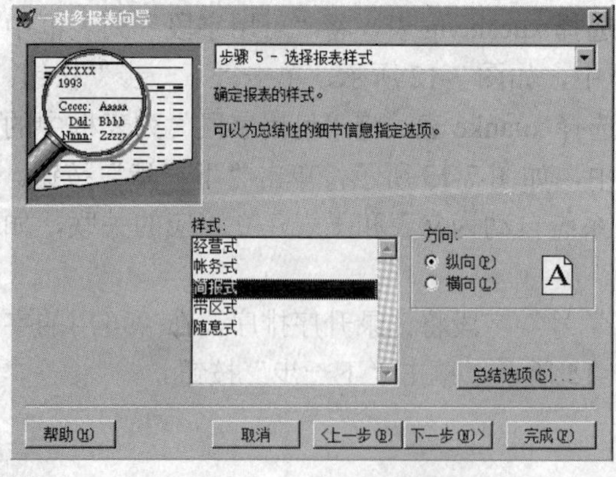

图 7-16　选择报表样式

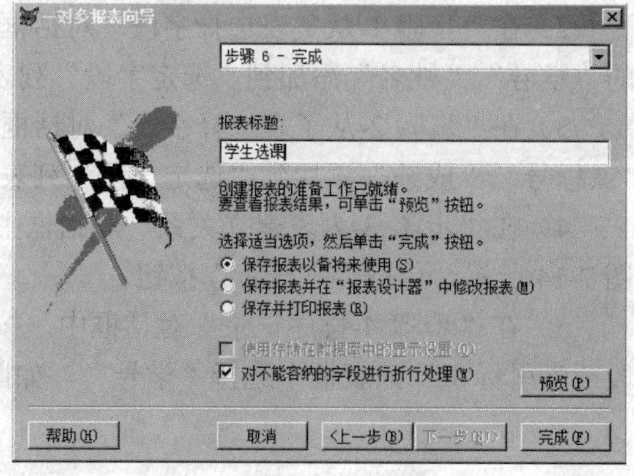

图 7-17　完成设置

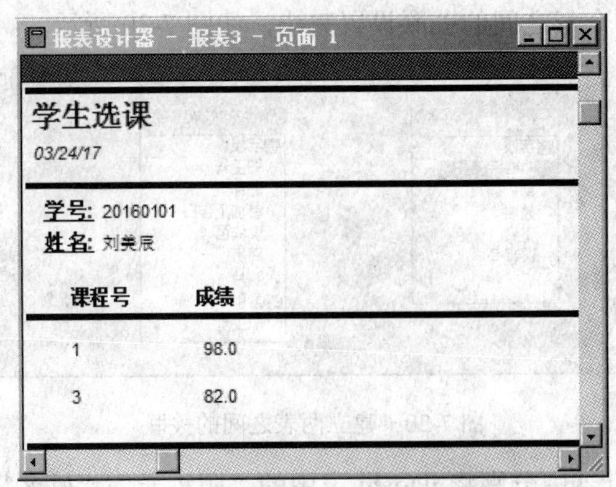

图 7-18 一对多报表预览结果

8）在打开的“另存为”对话框中输入要保存的文件名“report3.frx”，报表保存完毕，一对多报表设计完成。

4. 报表设计器的使用

【实验题目】利用报表设计器设计报表 report4，报表中的信息来自 jiaoshi 表和 zhicheng 表，报表完成后的格式如图 7-19 所示。

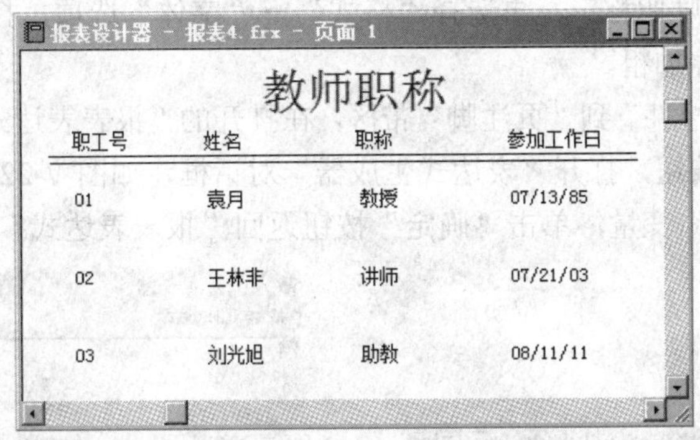

图 7-19 报表完成后的格式

【操作步骤】

1）选择“文件”→“新建”选项，或单击常用工具栏中的“新建”按钮，在打开的“新建”对话框中，选中“报表”单选按钮，单击“新建文件”按钮，打开报表设计器，生成一个空的报表。

2）设置报表的数据环境。选择“显示”→“数据环境”选项，打开数据环境设计器窗口。

3）在数据环境设计器窗口中右击，在弹出的快捷菜单中选择“添加”选项，打开“添加表或视图”对话框，分别将 jiaoshi 表和 zhicheng 表添加到数据环境中。

4）为数据环境中的两个表建立关联，注意要事先建好索引，否则在数据环境中不能建立索引。在 jiaoshi 表的“职工号”字段上按住鼠标左键，将其拖动到 zhicheng 表中“职工号”字段或索引上，两个表之间的关联设置完毕，如图 7-20 所示。

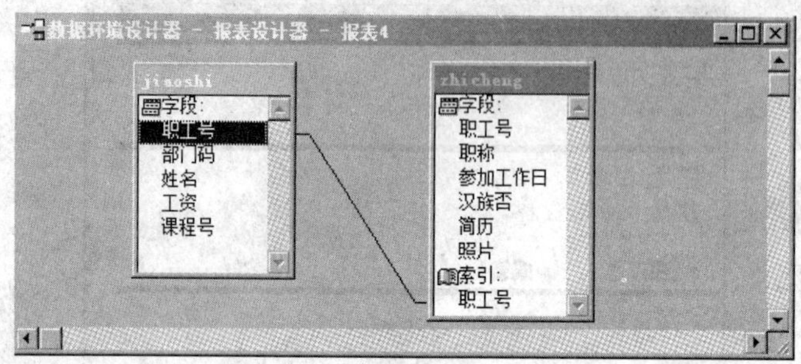

图 7-20　建立两表之间的关联

5）从数据环境设计器中分别将 jiaoshi 表中的“职工号”“姓名”字段拖动到报表设计器的“细节”带区中。将 zhicheng 表中的“职称”“参加工作日”字段也拖动到报表设计器的“细节”带区中，然后关闭数据环境设计器窗口。

6）选择“显示”→“报表控件工具栏”选项，打开“报表控件”工具栏，使用其中的“标签”工具设计表中“页标头”带区的文字信息，使用“线条”工具绘制两条直线，从而得到设计报表的格式，如图 7-21 所示。

7）选择“显示”→“布局工具栏”选项，打开“布局”工具栏，对报表设计器中的对象进行对齐等布局设置，可以用键盘上的方向键进行微调。

8）选择文本“教师职称”，再选择“格式”→“字体”选项，打开“字体”对话框，将文字设为三号字，并加粗。

9）添加一个“域控件”到“页注脚”带区，在打开的“报表表达式”对话框中单击“表达式”文本框右侧的按钮，打开“表达式生成器”对话框，如图 7-22 所示，在“变量”列表框中双击“_pageno”变量，单击“确定”按钮返回“报表表达式”对话框。

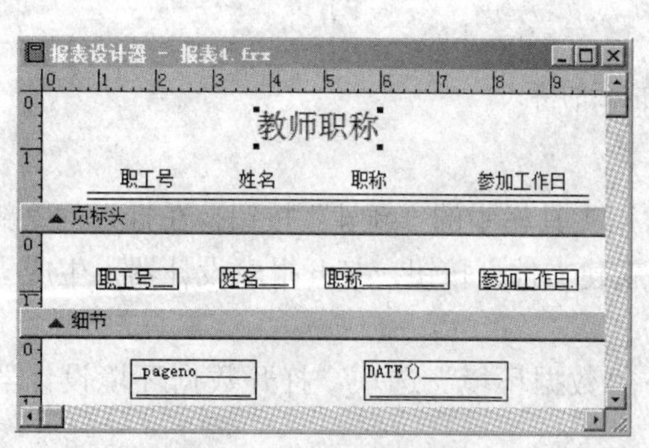

图 7-21　设置报表格式

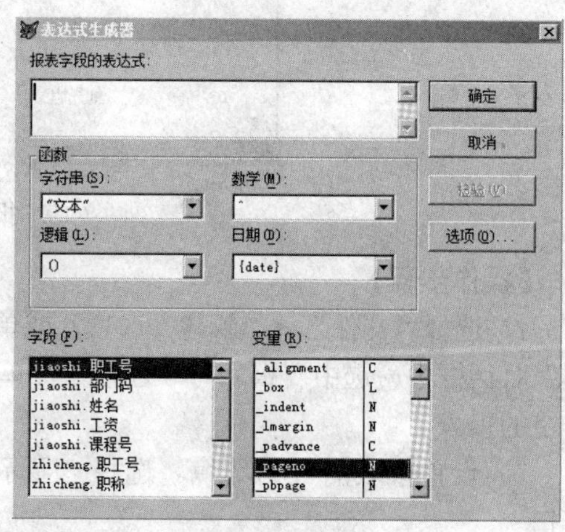

图 7-22　“表达式生成器”对话框

10）单击“报表表达式”对话框中的“确定”按钮，返回报表设计器窗口，显示结果如图 7-21 所示，即可显示页码。

11）同前两步一样，可以再添加一个“域控件”，用于显示日期，在如图 7-22 所示的对话框中选择“日期”下拉列表中的“{date}”函数，在表中该域控件就可以显示日期。

12）保存报表。选择“文件”→“保存”选项，将报表保存为 report4 .frx。

5. 建立快速报表

【实验题目】为 jiaoshi 表创建一个快速报表。

【操作步骤】

1）选择“文件”→“新建”选项，或单击常用工具栏中的“新建”按钮，在打开的“新建”对话框中，选中“报表”单选按钮，单击“新建文件”按钮，打开报表设计器，生成一个空白报表。

2）打开报表设计器后，在菜单栏中出现一个“报表”菜单，从中选择“快速报表”选项，打开“打开”对话框，选择数据源“jiaoshi.dbf”，打开“快速报表”对话框，如图 7-23 所示。

3）单击“字段”按钮，打开“字段选择器”对话框，如图 7-24 所示。将“职工号”“姓名”“工资”字段添加到“选定字段”列表框中，然后单击“确定”按钮，返回“快速报表”对话框。

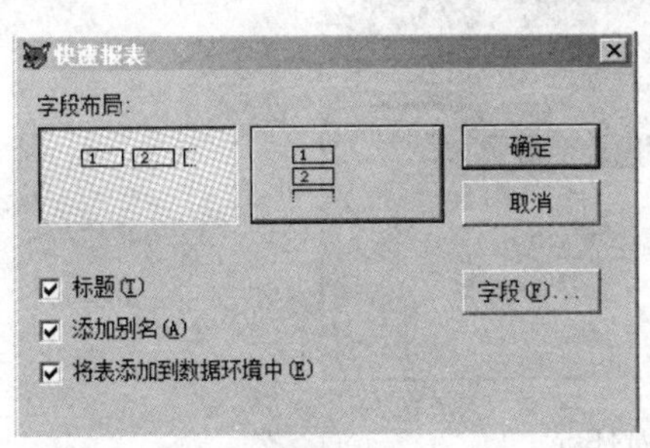

图 7-23 “快速报表”对话框

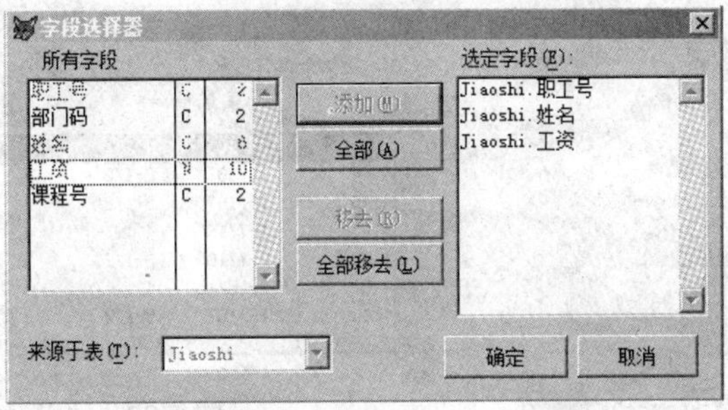

图 7-24 “字段选择器”对话框

4）在“快速报表”对话框中，单击“确定”按钮，设计完成，快速报表出现在报表设计器中，如图 7-25 所示。

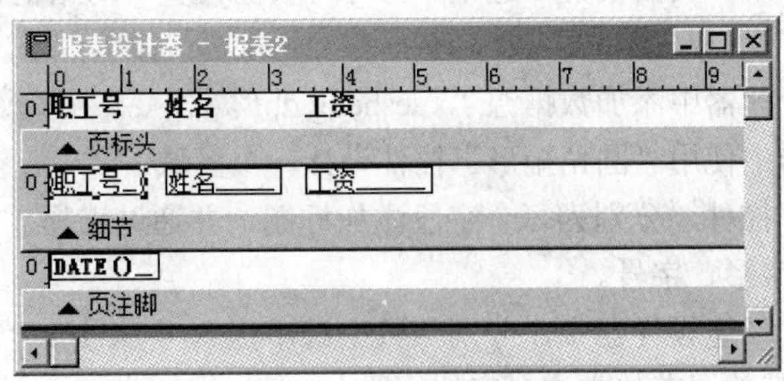

图 7-25 设计完成的报表设计器

5）选择“显示”→“预览”选项，或单击常用工具栏中的“打印预览”按钮，打开快速报表预览窗口，如图 7-26 所示。

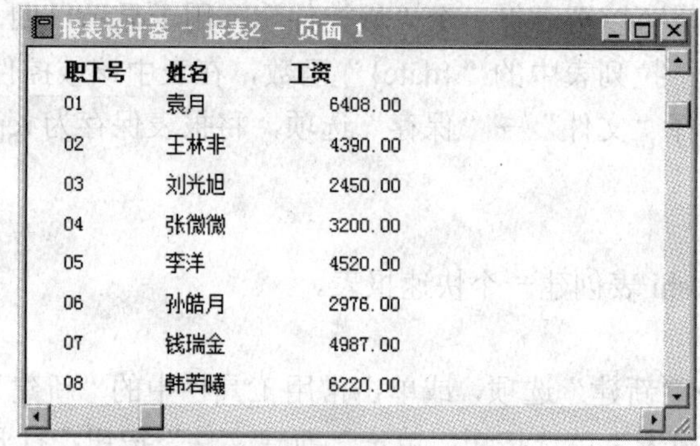

职工号	姓名	工资
01	袁月	6408.00
02	王林非	4390.00
03	刘光旭	2450.00
04	张微微	3200.00
05	李洋	4520.00
06	孙皓月	2976.00
07	钱瑞金	4987.00
08	韩若曦	6220.00

图 7-26 预览快速报表

6. 标签设计器的使用

【实验题目】使用标签设计器为 xuesheng 表建立一个标签文件 label1.lbx。

【操作步骤】

1）选择“文件”→“新建”选项，在打开的“新建”对话框中选中“标签”单选按钮，单击“新建文件”按钮，打开“新建标签”对话框，如图 7-27 所示。

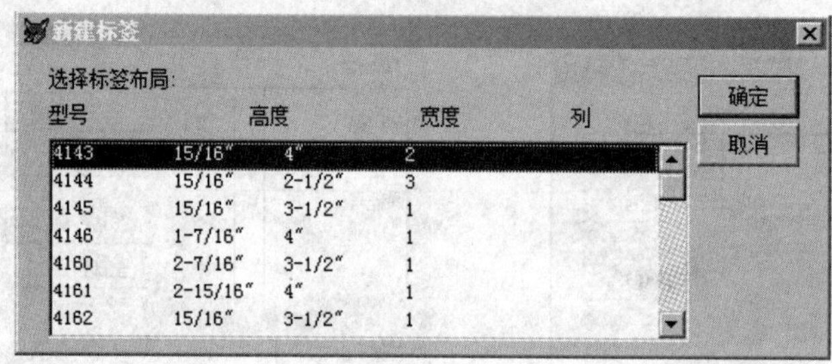

图 7-27 “新建标签”对话框

2）在“新建标签”对话框中选择标签布局，然后单击“确定”按钮，进入标签设计器，如图 7-28 所示。

3）选择“文件”→“页面设置”选项，打开“页面设置”对话框，设置“列数”为 3，“间隔”为 0.3。

4）在数据环境设计器中添加数据源“xuesheng.dbf”。

5）在标签设计器中使用“圆角矩形”控件设计一个区域。

6）使用“标签”控件，分别为每个字段添加标题，并通过选择“格式”→“字体”选项设置文本的字体、字形、字号。

7）在打开的数据环境设计器中，分别从数据源中拖入“学号”“姓名”“性别”“出生日期”字段，并将其放置在与文本对应的位置上。

8）使用“线条”控件，在标题下方添加两条直线。

9）打开“布局”工具栏，排列各个控件的布局，如图 7-29 所示。

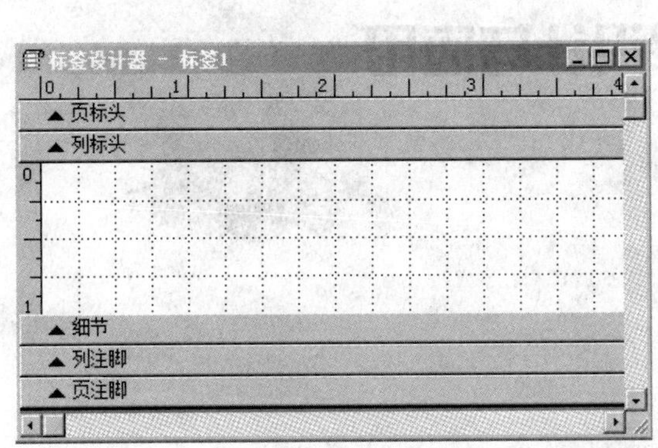

图 7-28 标签设计器

图 7-29 设计完成的标签

10）单击常用工具栏中的“打印预览”按钮对设计完成的标签进行显示，显示结果如图 7-30 所示。

图 7-30 显示结果

11）选择“文件”→“保存”选项，将标签保存为 label1.lbx。

实验 8 菜单设计与应用

一、实验目的

1）了解菜单的组成。
2）掌握菜单设计器的使用方法。
3）掌握下拉菜单的设计方法。
4）掌握快捷菜单的设计方法。
5）掌握顶层表单的设计方法。

二、重点和难点

1. 重点

下拉菜单和快捷菜单的设计。

2. 难点

菜单中的过程设计。

三、实验内容

1. 下拉式菜单设计

【实验题目】利用菜单设计器制作一个“课程管理”的下拉式菜单，其结构如表 8-1 所示。

表 8-1 课程管理的菜单结构

信息处理（D）	信息查询（Q）	退出系统（E）
输入 Ctrl+I 修改 Ctrl+M 删除 Ctrl+D	按课程号查询 按课程名查询 按教师号查询	

要求如下。

1）当选择“输入”菜单项时，将调用过程打开“课程”表，并可以向表中添加记录。
2）当选择“修改”菜单项时，运行程序 xg.prg，实现对课程信息的修改。

3）当选择“删除”菜单项时，运行程序 sc.prg，实现对课程信息的删除。

4）当选择“退出系统”菜单项时，返回。

【操作步骤】

1）选择“文件”→“新建”选项，在打开的“新建”对话框中选中“菜单”单选按钮，如图 8-1 所示。单击“新建文件”按钮，打开“新建菜单”对话框，如图 8-2 所示。

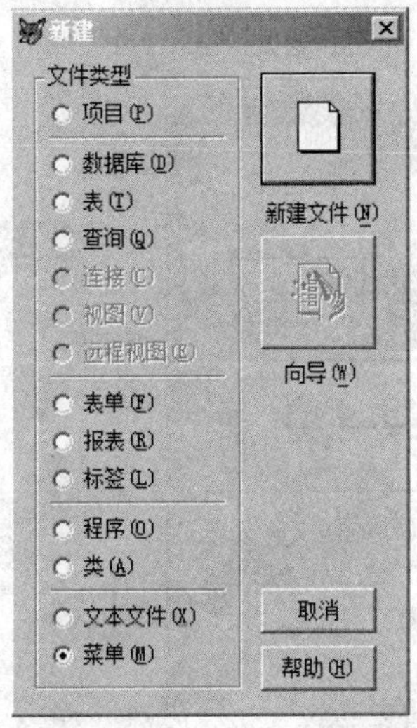

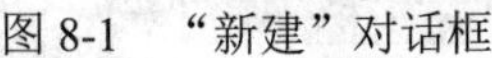
图 8-1 “新建”对话框

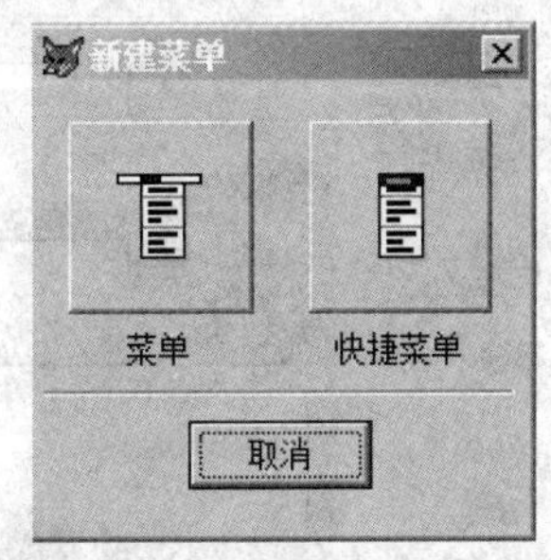

图 8-2 “新建菜单”对话框

2）在“新建菜单”对话框中，单击“菜单”按钮，打开菜单设计器窗口，按照表 8-1 进行“课程管理”菜单的设计。

3）在菜单设计器中建立主菜单，确定菜单级为“菜单栏”，依次输入如图 8-3 所示的内容。在“信息处理”和“信息查询”菜单行的“结果”下拉列表中选择“子菜单”选项，在“退出系统”菜单行的“结果”下拉列表中选择“过程”选项。

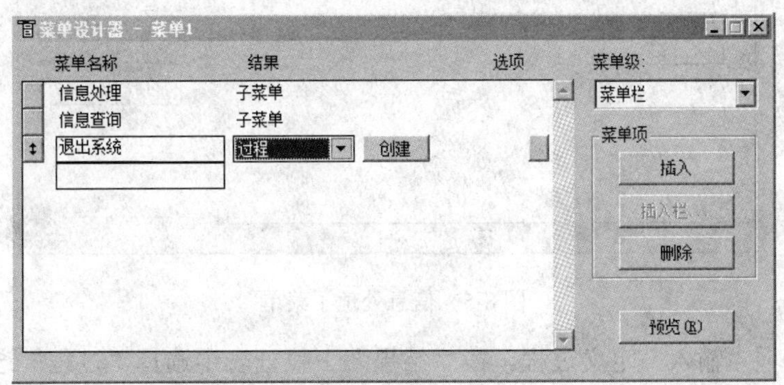

图 8-3 “课程管理”系统主菜单

单击“退出系统”菜单行“结果”列上的“创建”按钮，打开一个文本编辑窗口，在其中输入以下代码：

```
CLOSE ALL
MODIFY WINDOW SCREEN  &&恢复系统主窗口标题
```

```
SET SYSMENU NOSAVE
SET SYSMENU TO DEFAULT
```

4）单击“信息处理”菜单行“结果”列上的“创建”按钮，切换到子菜单页，可在其中定义子菜单，包括“输入”“修改”“删除”3 项。单击“输入”菜单名称后面的“选项”按钮，打开如图 8-4 所示的“提示选项”对话框，单击“键标签”文本框，使光标定位在该文本框，然后在键盘上按快捷键，如“信息处理”的快捷键是“Ctrl+I”。

图 8-4　“提示选项”对话框

同样，设置“修改”和“删除”的快捷键，设计结果如图 8-5 所示。

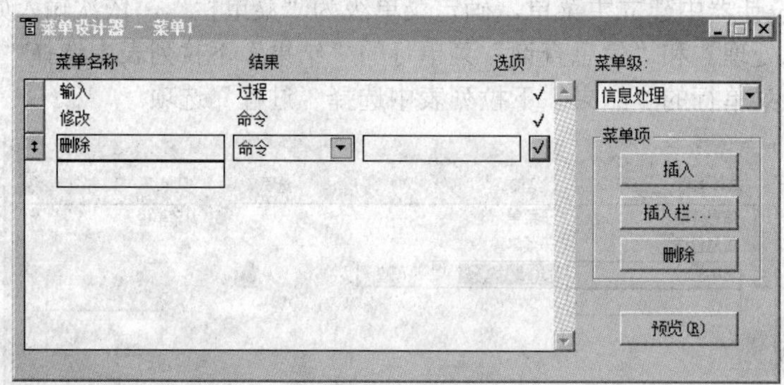

图 8-5　信息处理子菜单

5）为菜单项“输入”定义过程。在“结果”下拉列表中选择“过程”选项，单击其右侧的“创建”（初次使用时显示）或“编辑”（已定义了过程时显示）按钮，在打开的过程编辑窗口中输入以下代码：

```
USE kecheng
APPEND
USE
```

6）为菜单项“修改”菜单项指定一个命令 DO xg.prg，该命令可以执行对指定程序的调用。

7）为菜单项“删除”菜单项指定一个命令 DO sc.prg，该命令可以执行对指定程序的调用。

8）在“菜单级”下拉列表中选择“菜单栏”选项，使菜单返回主菜单。重复上面创建子菜单的方法，创建“信息查询”菜单项，如图 8-6 所示。

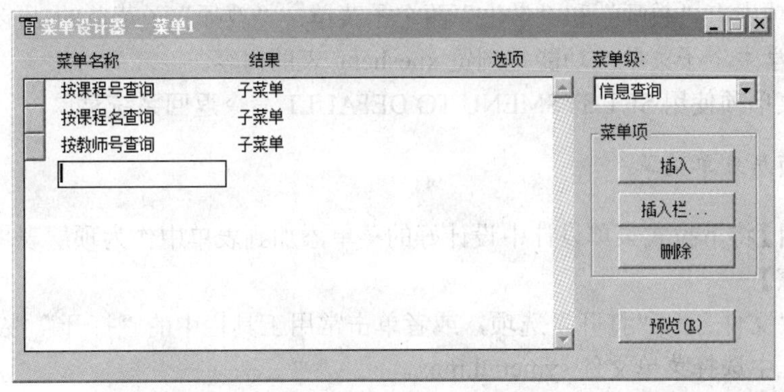

图 8-6 信息查询子菜单

9）保存菜单。菜单设计完成后，选择“文件”→“保存”选项，将菜单保存为 symenul.mnx。

10）生成菜单程序。菜单文件保存完成后，不能直接运行，只有生成菜单程序文件后才能运行。选择“菜单”→“生成”选项，打开“生成菜单”对话框，输入要保存的文件名，如图 8-7 所示，然后单击“生成”按钮，在指定位置就生成了相应的菜单。

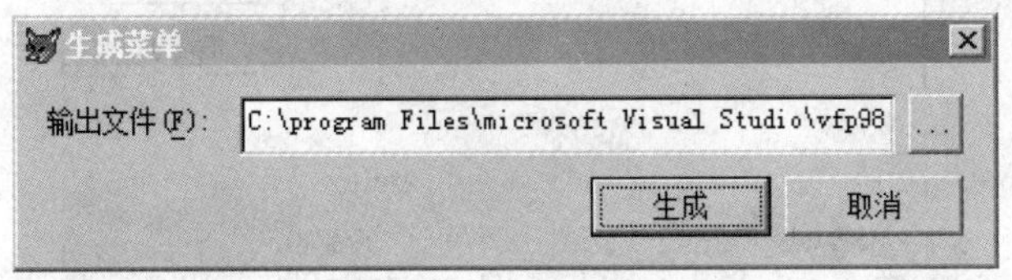

图 8-7 生成菜单程序文件

11）运行生成的菜单。选择“程序”→“运行”选项，并选择 symenul.mpr 文件，运行结果如图 8-8 所示。

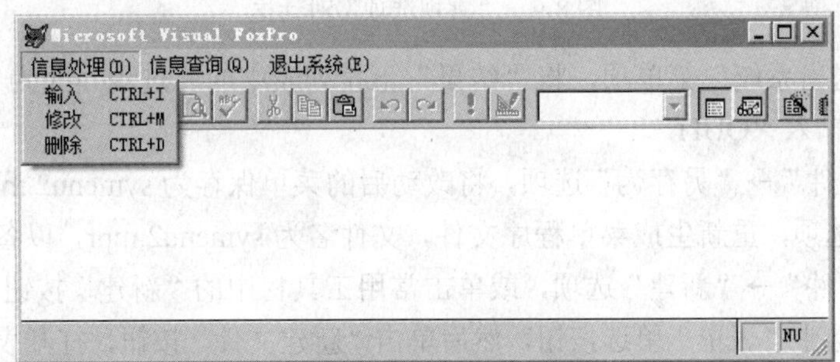

图 8-8 菜单运行结果

【拓展练习】

1）建立一个菜单 filemenu，包括“文件”和“帮助”两个菜单项，“文件”将激活子菜单，子菜单包括“打开”“另存为”“关闭”3 个菜单项；“关闭”使用 SET SYSMENU TO DEFAULT 命令返回系统菜单，其他菜单项的功能不做要求。

2）使用菜单设计器制作一个名为 my_menu 的菜单，菜单只有“浏览”和“退出”两个子菜单。

浏览菜单项中有“教师”和“学生”两个子菜单：“教师”子菜单的功能是浏览 jiaoshi 表的内容；“学生”子菜单的功能是浏览 xuesheng 表的内容。

“退出”菜单项使用 SET SYSMENU TO DEFAULT 命令返回系统菜单。

2. 设计顶层表单菜单

【实验题目】将下拉式菜单设计中设计好的菜单添加到表单中作为顶层表单的菜单使用。

【操作步骤】

1）选择“文件”→“打开”选项，或者单击常用工具栏中的“打开”按钮，在打开的“打开”对话框中选择菜单文件 symenul.mnx。

2）打开菜单设计器后，选择“显示”→“常规选项”选项，打开“常规选项”对话框，如图 8-9 所示。选中“顶层表单”复选框，然后单击“确定”按钮。

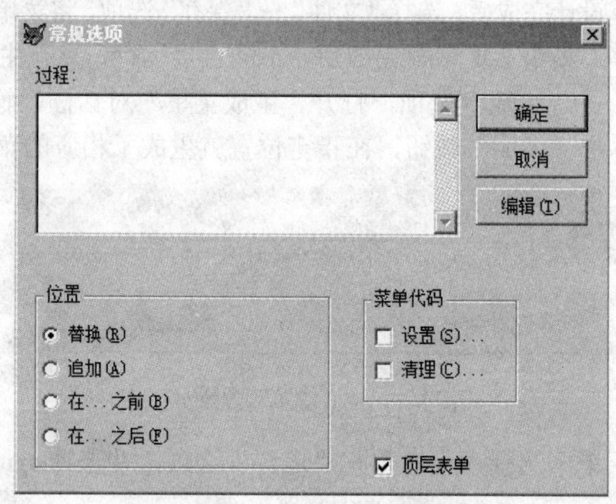

图 8-9 “常规选项”对话框

3）选择“退出系统”菜单项，将“结果”下拉列表中的“过程”改为“命令”，并在后面的文本框中输入“QUIT”。

4）选择“文件”→“另存为”选项，将改动后的菜单保存为 symenu2.mnx，并选择“菜单”→“生成”选项，重新生成菜单程序文件，文件名为 symenu2.mpr，以备以后表单调用。

5）选择“文件”→“新建”选项，或单击常用工具栏中的“新建”按钮，在打开的“新建”对话框中，选中“表单”单选按钮，然后单击“新建文件”按钮，打开表单设计器窗口，新建立一个表单文件。

6）将表单的 ShowWindow 属性设置为“2-作为顶层表单”，如图 8-10 所示。

7）双击表单，打开表单的 Init 事件，在事件的代码窗口中输入调用菜单程序的命令：

```
DO symenu2.mpr WITH This,.T.
```

8）保存表单，文件名为 symenu2.scx，然后右击表单，在弹出的快捷菜单中选择“执行表单”选项，运行结果如图 8-11 所示。

图 8-10　表单的属性设置

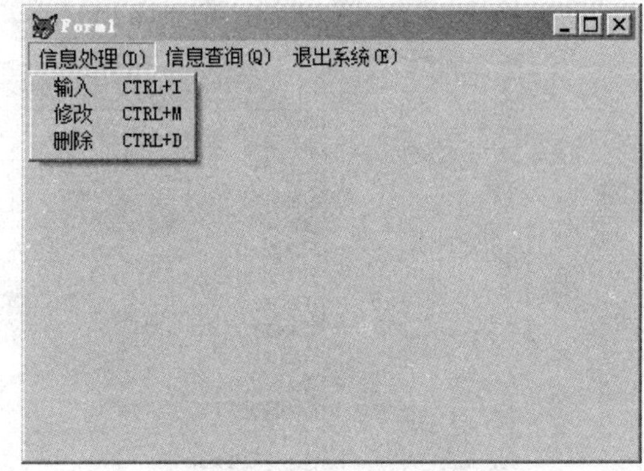

图 8-11　运行结果

【拓展练习】

新建一个表单文件，作为顶层表单，并把下拉式菜单设计中建立的菜单添加到新建立的表单中，作为顶层表单的菜单。

3. 快捷菜单设计

【实验题目】在顶层菜单设计的基础上建立一个快捷菜单，在快捷菜单中能够实现系统菜单中的“复制”“剪切”“粘贴”“选择性粘贴”等功能。

【操作步骤】

1）选择“文件”→“新建”选项，或单击常用工具栏中的“新建”按钮，在打开的“新建”对话框中选中“菜单”单选按钮，打开“新建菜单”对话框，单击“快捷菜单”按钮，打开快捷菜单设计器窗口，如图 8-12 所示。

2）单击“插入栏”按钮，打开“插入系统菜单栏”对话框，如图 8-13 所示。在对话框中选择“复制”选项，单击“插入”按钮，在快捷菜单设计器窗口中，就会出现“复制”菜单项，用同样的方法，将“剪切”“粘贴”添加到菜单项中。

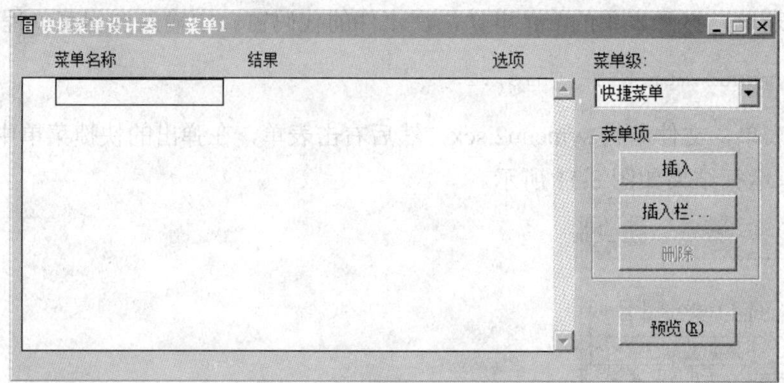

图 8-12　快捷菜单设计器

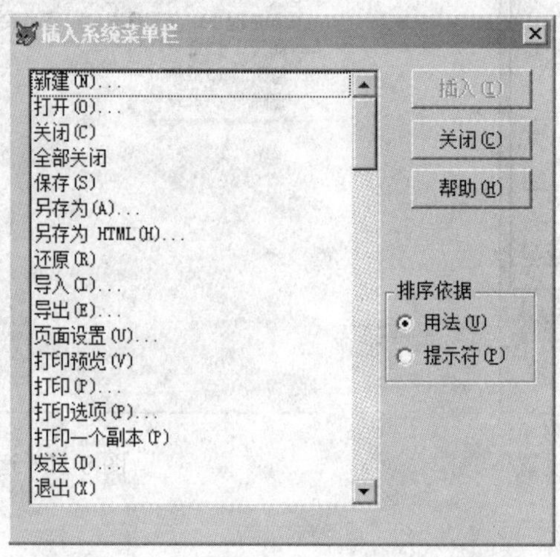

图 8-13　“插入系统菜单栏”对话框

3）在“插入系统菜单栏”中单击“关闭”按钮，返回快捷菜单设计器窗口，显示结果如图 8-14 所示。

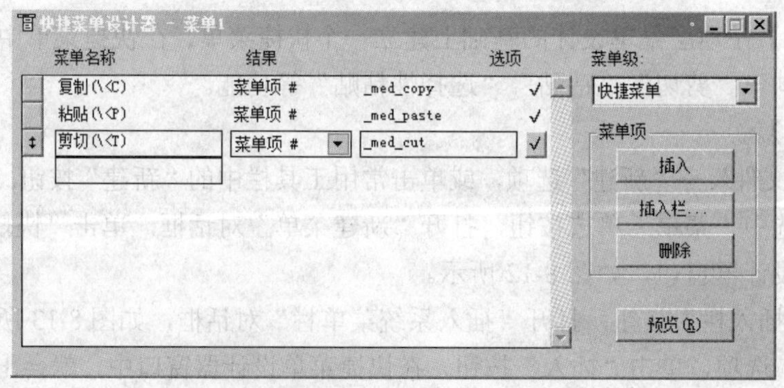

图 8-14　显示结果

4）选择“文件”→“保存”选项，或单击常用工具栏中的“保存”按钮，将菜单保存为 symenu3.mnx。

5）选择“菜单”→“生成”选项，将设计好的菜单文件 symenu3.mnx 生成菜单程序文件 symenu3.mpr。

6）打开 mymenu2.scx 表单文件，双击表单空白位置，设置表单对象 Form1 的 RightClick 事件代码，在代码栏中输入命令“do symenu3.mpr”，如图 8-15 所示。

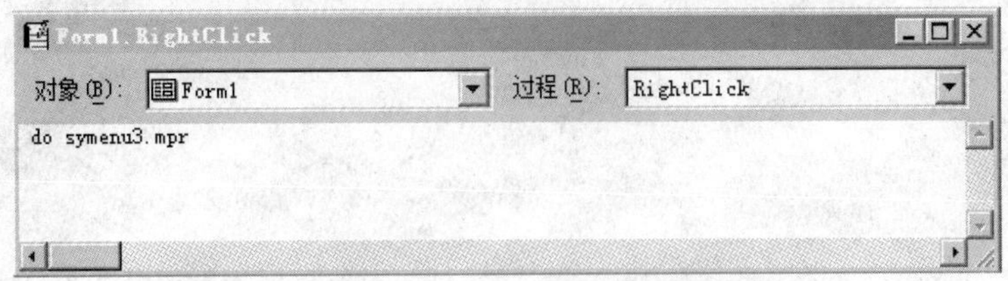

图 8-15　表单 RightClick 事件代码设置窗口

7）选择“文件”→“另存为”选项，将表单保存为 symenu3.scx，并运行表单，运行结果如图 8-16 所示。

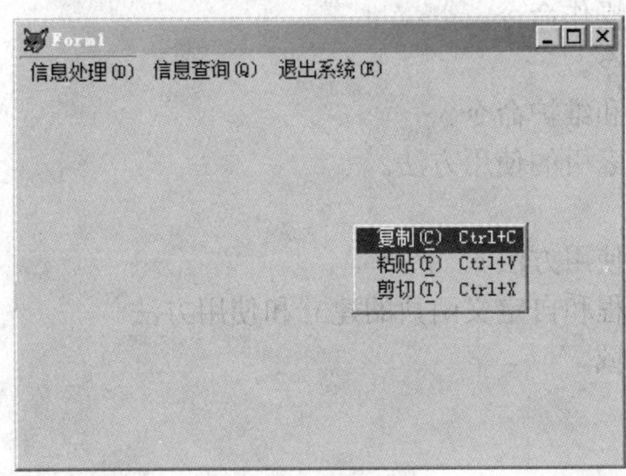

图 8-16　运行结果

【拓展练习】

新建一个表单，并为它建立一个快捷菜单。要求快捷菜单的选项有“日期”“时间”“变大”“变小”4 项，并且在“时间”和“变大”之间用分组线分隔。

实验9 面向过程的程序设计

一、实验目的

1）掌握表达式的用法。
2）掌握数据库和表操作命令。
3）了解文件操作命令。
4）掌握记录的修改和维护命令。
5）掌握表的排序和索引的使用方法。
6）掌握统计命令。
7）掌握多工作区的使用方法。
8）掌握子程序、过程和自定义函数的建立和使用方法。
9）掌握变量的作用域。

二、重点和难点

1. 重点

1）表达式的使用。
2）数据库操作命令。
3）表记录操作命令。
4）工作区的使用。
5）子程序、过程和自定义函数的建立和使用，以及变量的作用域。

2. 难点

1）表达式的使用。
2）工作区的使用。
3）子程序、过程和自定义函数的建立和使用，以及变量的作用域。

三、实验内容

1. 函数操作

【实验题目】写出下面各函数的运行结果。

（1）数值型函数

```
CLEAR
?ABS(-35.27),INT(658.958),CEILING(658.958),FLOOR(658.958)
?ROUND(-54.78658,2),MOD(65,12)
?MAX(-54,8,985.5,45),MIN(-54,8,985.5,45),PI()
```

（2）字符型函数

```
CLEAR
?LEN("你好abc"),RIGHT("你好abc",2),LEFT("你好abc",2)
?SUBSTR("你好abc",3,2),UPPER("This"),LOWER("Teacher")
?TRIM("   12as    "),LTRIM("   12as    "),ALLTRIM("   12as    ")
?AT("IS","this is"),STUFF("nihao",1,2,""),LIKE("12*","123456")
```

（3）日期和时间函数

```
CLEAR
?DATE(),TIME(),YEAR({^2018/5/12}),MONTH({^2018/5/12})
```

（4）转换函数

```
?STR(56.9857,6,2),VAL("-56.9857"),DTOC({^2018/5/12},1)
a="12"
?&a*2
```

（5）测试函数

```
CLEAR
?ISNULL(12),EMPTY(0),VARTYPE(TIME())
a="12"
?VARTYPE(a),VARTYPE(&a),VARTYPE(STR(56.9857,6,2))
?VARTYPE(DTOC({^2018/5/12},1)),IIF(6>5,6,5)
```

【操作步骤】

1）在命令窗口中逐行输入题目（1）中的命令，查看主窗口中的运行结果。命令的运行结果如图 9-1 所示。

2）在命令窗口中逐行输入题目（2）中的命令，查看主窗口中的运行结果。命令的运行结果如图 9-2 所示。

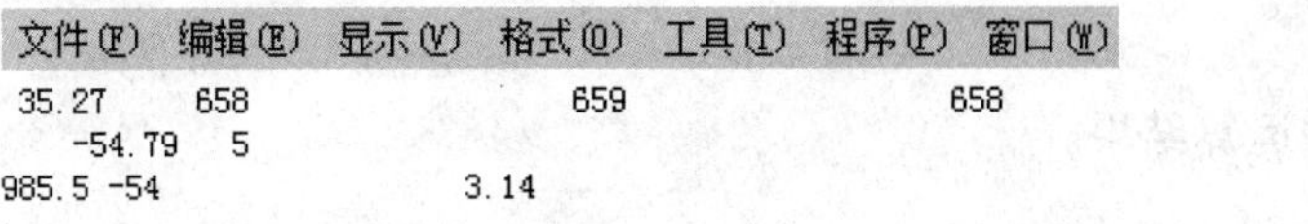

图 9-1 数值型函数的运行结果

文件(F) 编辑(E) 显示(V)
7 bc 你
好 THIS teacher
12as 12as 12as
0 hao .T.

图 9-2 字符型函数的运行结果

说明 宏替换函数&的作用是替换出字符型内存变量的值，相当于把变量值的定界符去掉，只留下里面的值，所以替换后数据类型就会发生变化。本实验题目中替换前为字符型

"12"，替换后变成了数值型 12。

3）在命令窗口中逐行输入题目（3）和（4）中的命令，查看主窗口中的运行结果。命令的运行结果如图 9-3 所示。

4）在命令窗口中逐行输入题目（5）中的命令，查看主窗口中的运行结果。命令的运行结果如图 9-4 所示。

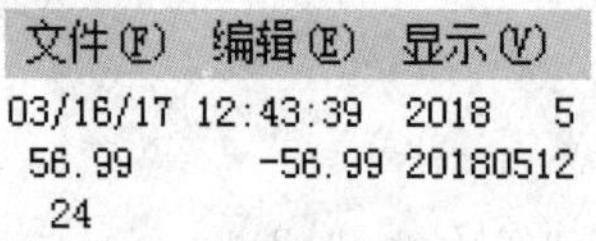

```
文件(F) 编辑(E) 显示(V)
03/16/17 12:43:39  2018    5
 56.99        -56.99 20180512
  24
```

图 9-3 日期和时间函数及转换函数的运行结果

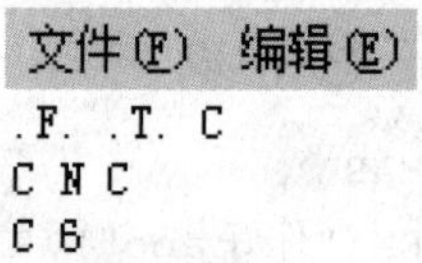

```
文件(F) 编辑(E)
.F. .T. C
C N C
C 6
```

图 9-4 测试函数的运行结果

提示 测试函数中要注意转换前与转换后数据类型的变化。在输入函数前输入命令"CLEAR"的作用是清除屏幕，使前面的结果不影响本次操作。

【拓展练习】写出下面函数的运行结果。

```
CLEAR
?INT(-564.985),ROUND(78.658,1),MOD(25,3)
?MAX(546,34,124,456),MIN(546,34,124,456),PI()
?LEN("辽宁"+"锦州"),LEFT("中华人民共和国",4)
??SUBSTR("中华人民共和国",5,4),RIGHT("中华人民共和国",6)
?UPPER("abc123 大家好 ABC"),LOWER("abc123 大家好 ABC")
?AT("锦州","中国辽宁锦州")
?DATE(),TIME(),YEAR({^2017/5/4}),MONTH({^2017/5/4})
?STR(125.6578),VAL("-56a545.9857"),DTOC({^2017/5/4},1)
?ISNULL(NULL),EMPTY(NULL),VARTYPE(VAL("-56a545.9857"))
```

运行结果如图 9-5 所示。

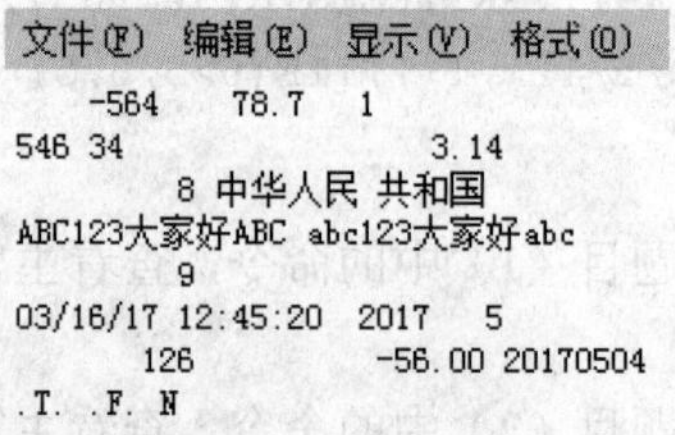

```
文件(F) 编辑(E) 显示(V) 格式(O)
      -564     78.7    1
546 34                 3.14
         8 中华人民 共和国
ABC123大家好ABC abc123大家好abc
         9
03/16/17 12:45:20  2017    5
       126           -56.00 20170504
.T.  .F. N
```

图 9-5 函数练习的运行结果

2. 表达式操作

【实验题目】显示表达式的运算结果。

（1）显示数值型表达式

```
CLEAR
x=12
y=6
```

```
?x*y,y^2,y**2,x/y,(y+x)/3-2^2
```

（2）显示字符型表达式

```
?"辽宁"+"锦州","辽宁"-"锦州","辽宁     "-"锦州","辽宁     "+"锦州"
```

（3）显示日期型和日期时间型常量

```
?{^2018/03/15}-{^2018/03/5},{^2018/03/15}+5,{^2018/03/15}-5
?{^2018/3/1 10:58:00}+10,{^2018/3/1 10:58:00}-10
```

（4）显示关系表达式

```
?6>=6,3^3>6**2,{^2018/3/15}>{^2018/5/10}
?"abcd"="ab","abcd"=="ab"
性别="女"
年龄=20
?性别="女",年龄=20
```

提示 注意赋值命令与关系表达式的区别。“性别="女"”是赋值命令，而命令“?性别="女"”中“?”是命令动词，是显示表达式值的命令。

（5）显示逻辑表达式

```
?性别="女".AND. 年龄=20
```

提示 表达式“性别="女".AND. 年龄=20”的结果为逻辑真（.T.）。多个关系表达式用逻辑运算符连接起来构成逻辑表达式。

【操作步骤】在命令窗口中输入以上命令，查看主窗口中的运行结果。题目（1）～（5）中命令的运行结果如图9-6所示。

```
文件(F) 编辑(E) 显示(V) 格式(O) 工具(T) 程序(P) 窗口(W) 帮助(H)
            72        36.00        36.00          2.0000          2.0000
辽宁锦州 辽宁锦州 辽宁锦州    辽宁    锦州
        10 03/20/18 03/10/18
03/01/18 10:58:10 AM 03/01/18 10:57:50 AM
.T. .F. .F.
.T. .F.
.T. .T.
.T.
```

图9-6 表达式的运行结果

【拓展练习】写出下列表达式的运行结果。

```
CLEAR
a=6
b=8
?a**2-(a+b)/2,b^3,b%a,a%b,b^2%a
?'12'+'56',12+56,'12'-'56',12-56
?{^2018/05/12},"{^2018/5/12}"
?2018/05/12-5,{^2018/5/12}-5
?"教授">"副教授","张"<"李","张三"="张","张三"=="张"
```

```
a=13
?MOD(a,2)=0,a%2=0,INT(a/2)=a/2
a=12
?MOD(a,2)=0,a%2=0,INT(a/2)=a/2
姓名="李四"
?姓名="李"
```

运行结果如图 9-7 所示。

```
文件(F) 编辑(E) 显示(V) 格式(O) 工具(T) 程序(P) 窗口(W) 帮助(H)
            29.0000        512.00        2        6        4.00
1256  68 1256  -44
05/12/18 {^2018/5/12}
   28.63 05/07/18
.T. .F. .T. .F.
.F. .F. .F.
.T. .T. .T.
.T.
```

图 9-7 表达式练习的运行结果

3. 表操作

【实验题目】按要求写出各行命令语句。

1）显示表文件 xuesheng.dbf 的结构。

2）修改表文件 xuesheng.dbf 的结构。

3）记录指针定位操作，写出命令结果。

4）显示表文件 xuesheng.dbf 中的所有记录。

5）显示表文件 xuesheng.dbf 中 3～10 个记录中所有男学生的记录。

6）显示表文件 xuesheng.dbf 中所有姓“李”的学生姓名、性别、民族和出生日期。

7）显示表文件 xuesheng.dbf 中所有党员的学生记录，不显示记录号。

8）显示表文件 xuesheng.dbf 中所有 1991 年出生的女学生的记录。

9）关闭表文件 xuesheng.dbf。

提示 在使用表文件之前，一定要先打开该表。

【操作步骤】操作命令如下。

1）
```
CLEAR
USE xuesheng
LIST STRUCTURE
```

2）
```
MODIFY STRUCTURE
```

提示 注意观察下面 3）中记录指针的变化。

3）
```
USE xuesheng
?BOF(),EOF(),RECNO()
SKIP -1
?BOF(),EOF(),RECNO()
GO BOTTOM
?BOF(),EOF(),RECNO()
SKIP
```

```
?BOF(),EOF(),RECNO()
GO 3
DISPLAY
?BOF(),EOF(),RECNO()
GO 5
LIST
?BOF(),EOF(),RECNO()
```

4）LIST

5）GO 3

LIST FOR 性别="男" NEXT 8

6）LIST FOR 姓名="李" FIELDS 姓名,性别,民族,出生日期

7）LIST FOR 是否党员 OFF

或 LIST FOR 是否党员=.T. OFF

8）LIST FOR YEAR(出生日期)=1991.AND. 性别="女"

9）USE

技巧

① 表打开后如果没有关闭，则一直处于打开状态。使用新表时，要先打开才能使用，打开新表时原表自动关闭。

② 范围子句只有 4 种：ALL、RECORD n、NEXT n、REST，注意使用它们时表示记录的范围。

③ 所有姓“李”的记录用“姓名="李"”来表达，因为默认为不精确比较。

④ “是否党员”为逻辑型字段，由于它本身即为逻辑值，所以使用条件“是否党员”与条件“是否党员=.T.”表达的意思相同。

⑤ 要注意 FOR <条件>中各种类型数据条件的表示方法。

⑥ 当有多个条件时，要使用逻辑表达式。

【拓展练习】写出下列操作命令。

1）分屏显示表文件 xuesheng.dbf 中所有的学生记录。

2）显示表文件 xuesheng.dbf 中所有非党员少数民族的学生记录。

3）显示表文件 xuesheng.dbf 中所有姓王的男生党员的学生记录，只显示姓名、性别和是否党员字段，且不显示记录号。

4）分屏显示表文件 xuesheng.dbf 中所有在 1992 年出生的少数民族女学生的记录。

5）显示表文件 jiaoshi.dbf 中第 20 个记录之后，所有工资在 2000～3000 元范围内的教师记录。

6）显示表文件 jiaoshi.dbf 中工资不在 2000～3000 元范围内的 A1 部门、课程号为 2 的教师记录。

提示 参考操作命令如下。

1）CLEAR

```
USE xuesheng
DISPLAY ALL
```

```
2）LIST FOR .NOT. 是否党员.AND. 民族<>"汉"
或 LIST FOR 是否党员=.F. .AND. 民族#"汉"
3）LIST OFF FOR 姓名="王".AND.性别="男".AND.是否党员;
   FIELDS 姓名,性别,是否党员
4）DISPLAY FOR YEAR(出生日期)=1992.AND. 民族<>"汉".AND. 性别="女"
5）USE jiaoshi
   20
   DISPLAY FOR 工资>=2000.AND. 工资<=3000 REST
6）LIST FOR (工资<2000.OR. 工资>3000).AND. 部门码="A1".AND. 课程号="2"
   USE
```

说明

① 显示所有记录时，LIST 是滚屏显示，DISPLAY 是分屏显示，无要求时用哪个命令都可以。

② 关系表达式比较时只能两两比较，不能 3 个数据一起比较。多个数据一起比较时必须用逻辑表达式。

③ 关系表达式“.NOT.（工资>=2000.AND. 工资<=3000）”与关系表达式“工资>=2000. OR. 工资<=3000”表达的意义是相同的，一定要注意区分.AND.与.OR.两个逻辑运算符的区别，使用时不要混淆。

④ 关系表达式中要注意数据类型必须一致，不清楚字段类型时，可以先显示表结构，查看字段的类型。

⑤ 逻辑运算符优先级从高到低为.NOT. →.AND. →.OR. ，当改变逻辑运算优先级时，一定要加括号。

⑥ 当命令分行书写时，上行末尾要加分行符“;”，说明当前行与下一行是同一条命令。如果在同行书写，一定不能加分行符。

4. 文件操作命令及记录的修改

【实验题目】根据题目要求写出操作命令。

1）将表文件 jiaoshi.dbf 复制到表文件 js.dbf 中。

2）修改表文件 js.dbf 中“李洋”的课程号为“8”，只显示姓名和课程号。

3）浏览表文件 js.dbf 中所有“A1”部门的记录，并将“Elen”的姓名修改为中文名字“艾伦”。

4）将表文件 js.dbf 中所有教师的工资增加 100 元。

5）将表文件 js.dbf 中所有“A2”部门教师的工资增加 50 元。

【操作步骤】逐行输入命令并按 Enter 键执行本行命令，注意每行命令单独运行。

```
1）CLEAR
   USE jiaoshi
   COPY TO js
```

2）USE js
```
EDIT FIELDS 姓名,课程号 FOR 姓名="李洋"
```
3）BROWS FOR 部门码="A1"

4）REPLACE ALL 工资 WITH 工资+100

5）REPLACE 工资 WITH 工资+50 FOR 部门码="A2"
```
USE
```

提示 EDIT 和 BROWSE 命令都是手工操作，适用于修改记录较少的情况；REPLACE 方便成批替换，适合记录较多有规律的修改操作。

【拓展练习】写出下列操作命令。

1）将表文件 gongzi.dbf 复制到表文件 gz.dbf 中。

2）将表文件 gz.dbf 中奖金小于 100 元的奖金全部提高为 100 元。

3）计算表文件 gz.dbf 中的实发工资，暂用公式：实发工资=奖金-扣款。

提示 参考操作命令如下。

1）CLEAR
```
USE gongzi
COPY TO gz
```
2）USE gz
```
REPLACE 奖金 WITH 100 FOR 奖金<100
```
3）REPLACE 实发工资 WITH 奖金-扣款 ALL
```
USE
```

5. 记录的插入与删除

【实验题目】按下面要求写出相应的操作命令。

1）将表文件 xuesheng.dbf 复制到表文件 xs.dbf 中。

2）在表文件 xs.dbf 第 3 个记录的前面和后面各插入一个空记录。

3）在表文件 xs.dbf 尾插入两个空记录。

4）物理删除表文件 xs.dbf 中新插入第 3 个、第 5 个和最后两个记录。

5）逻辑删除表文件 xs.dbf 中所有男同学记录。

6）恢复表文件 xs.dbf 中少数民族男同学的记录。

7）隐藏表文件 xs.dbf 中带删除标记的记录。

8）取消隐藏表文件 xs.dbf 中带删除标记的记录。

9）物理删除表文件 xs.dbf 中所有带删除标记的记录。

10）物理删除表文件 xs.dbf 中的所有记录。

【操作步骤】逐行输入命令并按 Enter 键执行，注意每行命令单独运行。

1）CLEAR
```
USE xuesheng
COPY TO xs
```

2）
```
USE xs
GO 3
INSERT BLANK
GO 3
INSERT BLANK BEFORE
```
3）
```
APPEND BLANK
APPEND BLANK
```
4）
```
GO 3
DELETE
DELETE RECORD 5
GO BOTT
SKIP -1
DELETE REST
PACK
```
5）
```
DELETE FOR 性别="男"
```
6）
```
RECALL FOR 性别="男".AND. 民族<>"汉"
```
7）
```
CLEAR
DISPLAY ALL
SET DELETE ON
CLEAR
DISPLAY ALL
```
8）
```
SET DELETE OFF
CLEAR
DISPLAY ALL
```
9）
```
PACK
CLEAR
DISPLAY ALL
```
10）
```
ZAP
CLEAR
DISPLAY ALL
LIST STRUCTURE
```

技巧

① 在 Visual FoxPro 命令中，命令动词必须开头，后面各子句之间无顺序，但一个子句不能分开。

② 插入空白记录命令 INSERT BLANK，在插入新记录后，记录指针移动到新记录上。它的操作与当前记录有关。

③ 追加空白记录命令 APPEND BLANK，在追加新记录后，记录指针移动到新记录上。它的操作与当前记录无关，总是加在表尾，命令执行一次只能加入一个空白记录。

④ 在执行命令的过程中，为了更清晰地查看结果，可以随时使用清屏命令 CLEAR。

【拓展练习】写出下列操作命令。

1）将表文件 zhicheng.dbf 复制到表文件 zc.dbf 中。

2）在表文件 zc.dbf 尾插入一个空白记录。

3）逻辑删除表文件 zc.dbf 中“职称”是“助教”的教师记录。

4）恢复表文件 zc.dbf 中少数民族的记录。

5）物理删除表文件 zc.dbf 中所有带删除标记的记录。

6）物理删除表文件 zc.dbf 中的所有记录。

提示　参考操作命令如下。

```
1）USE zhicheng
   COPY TO zc
2）USE zc
   APPEND BLANK
3）DELETE FOR 职称="助教"
4）RECALL FOR .NOT. 汉族否
5）PACK
6）ZAP
   USE
```

说明　对字段变量进行操作时一定要注意字段类型，表文件 zhicheng.dbf 中的“汉族否”字段是逻辑型。

6. 表的排序与索引

【实验题目】写出下列操作命令。

1）对表文件 xuesheng.dbf 中的记录按“性别”升序排序，同性别的学生按“出生日期”降序排列。

2）对表文件 xuesheng.dbf 中的记录按“性别”建立单索引。

3）对表文件 xuesheng.dbf 中的记录按“出生日期”建立单索引。

4）对表文件 xuesheng.dbf 中的记录按“性别”建立结构复合索引。

5）对表文件 xuesheng.dbf 中的记录按“出生日期”建立结构复合索引。

6）对表文件 xuesheng.dbf 中的记录按“性别”建立非结构复合索引。

7）在表文件 xuesheng.dbf 中查询并显示藏族男同学的记录。

8）在表文件 xuesheng.dbf 中索引查询“李铮”的记录。

9）在表文件 xuesheng.dbf 中索引查询 1991 年 10 月 18 日出生的学生的记录。

技巧

① 将排序结果放到新表文件中，在使用新表时要先打开才能使用。

② 单索引只能按关键字升序排列。

③ 结构复合索引主文件名与表名相同，所以命令中没有文件名。结构复合索引文件随着表的打开而自动打开，随着表的关闭而自动关闭。

④ 非结构复合索引要用 OF 选项来指定索引文件名。

⑤ 顺序查询 CONTINUE 与 LOCATE 配对使用，作用是继续查询。

⑥ 索引查询 SEEK 和 FIND 命令必须建立相应的索引，查什么字段必须按什么字段建索引。

⑦ 查询是否成功可用函数 FOUND( )测试。

【操作步骤】逐行输入命令并按 Enter 键执行，注意每行命令单独运行。

1）
```
CLEAR
USE xuesheng
SORT ON 性别,出生日期/D TO xbrq
USE xbrq
LIST
```
2）
```
CLEAR
USE xuesheng
INDEX ON 性别 TO xb
LIST
```
3）
```
CLEAR
INDEX ON 出生日期 TO csrq
LIST
```
4）
```
CLEAR
INDEX ON 性别 TAG xb
LIST
```
5）
```
CLEAR
INDEX ON 出生日期 TAG csrq
LIST
```
6）
```
CLEAR
INDEX ON 性别 TAG xbn OF xb
LIST
```
7）
```
LOCATE FOR 民族="藏".AND. 性别="男"
?FOUND()
DISPLAY
CONTINUE
?FOUND()
DISPLAY
CONTINUE
?FOUND()
```
8）
```
INDEX ON 姓名 TO xm
FIND 李铮
DISPLAY
SEEK "李铮"
DISPLAY
```
9）
```
INDEX ON 出生日期 TO csrq
SEEK {^1991/10/18}
```

```
DISPLAY
USE
```

技巧 建立索引时，如果提示文件“……已经存在，改写吗？”时，一定要选择“是”，否则下面的操作会出现问题。

【拓展练习】写出下列操作命令。

1）对表文件 jiaoshi.dbf 中的记录按“部门码”升序排序，部门码相同的记录按“工资”降序排列。

2）对表文件 jiaoshi.dbf 中的记录按“工资”建立单索引。

3）对表文件 jiaoshi.dbf 中的记录按“部门码”建立单索引。

4）对表文件 jiaoshi.dbf 中的记录按“姓名”升序建立结构复合索引。

5）对表文件 jiaoshi.dbf 中的记录按“工资”升序建立结构复合索引。

6）在表文件 jiaoshi.dbf 中查询“工资”在 2000～3000 范围内的前两个记录。

7）在表文件 jiaoshi.dbf 中索引查询第一个姓“李”的记录。

技巧

① 无论排序还是索引，按关键字排序时，如果不加参数，默认都是升序。

② 排序命令降序时在关键字后面加参数/D。

③ 复合索引可以用选项 DESCENDING 实现降序排列。

④ 单索引中只有升序排列。

⑤ FIND 只能查询 C、N 型数据，SEEK 可以查询 C、N、L、D 型数据。

提示 参考操作命令如下。

1）
```
CLEAR
USE jiaoshi
SORT ON 部门码,工资/D TO bmga
USE bmga
LIST
```
2）
```
CLEAR
USE jiaoshi
INDEX ON 工资 TO gz
LIST
```
3）
```
CLEAR
INDEX ON 部门码 TO bmm
LIST
```
4）
```
CLEAR
INDEX ON 姓名 TAG xm
LIST
```
5）
```
CLEAR
INDEX ON 工资 TAG gz
LIST
```

6）
```
LOCATE FOR 工资>=2000.AND. 工资<=3000
DISPLAY
CONTINUE
DISPLAY
```
7）
```
INDEX ON 姓名 TAG xm2
FIND 李
DISPLAY
SEEK "李"
DISPLAY
USE
```

说明

① 排序生成的是表文件，生成的新表与原表无关，记录号都重新排列。

② 索引生成的是索引文件，不能单独使用，必须与原表一起使用，索引文件中原始记录号不变。

③ 单索引文件格式中使用的是 TO <索引文件名>。

④ 结构复合索引格式中使用的是 TAG <标识名>，无文件名。

⑤ 非结构复合索引格式中使用的是 TAG <标识名> OF <索引文件名>。

7. 统计命令

【实验题目】按题目要求写出下列操作命令。

1）统计表文件 jiaoshi.dbf 中 A1 部门的人数。

2）统计表文件 jiaoshi.dbf 中 A2 部门的工资和。

3）统计表文件 jiaoshi.dbf 中 A2 和 A3 两个部门的平均工资。

4）统计表文件 jiaoshi.dbf 中的总人数，工资的最高值、最低值、平均值及工资总和。

5）按部门分类汇总工资总和。

【操作步骤】逐行输入命令并按 Enter 键执行，注意每行命令单独运行。

1）
```
CLEAR
SET TALK OFF
USE jiaoshi
COUNT TO n FOR 部门码="A1"
?"部门 A1 的人数为:",n
```
2）
```
SUM TO s FOR 部门码="A2"
?"部门 A2 的工资和为:",s
```
3）
```
AVERAGE TO a FOR 部门码="A2".OR.部门码="A3"
?"部门 A2 和 A3 的平均工资为:",a
```

提示 注意，在表达 A2 和 A3 两个部门时，使用逻辑或.OR.，而不能使用逻辑与.AND.连接。

4）
```
CALCULATE CNT(),MAX(工资),MIN(工资),AVG(工资),SUM(工资) TO x1,x2,x3,x4,x5
?x1,x2,x3,x4,x5
```

5）
```
INDEX ON 部门码 TO bmm
TOTAL ON 部门码 TO gzhz
USE gzhz
LIST
USE
```

技巧

① SUM 和 AVERAGE 两个命令中，没有指定数值表达式表时，是对表中所有数值型字段进行操作。

② CALCULATE 命令中必须使用指定函数。

③ 使用 TOTAL 时一定要按照汇总关键字段进行索引或排序，生成新表默认没有打开，要先打开才能使用。

【拓展练习】写出下列操作命令。

1）统计表文件 xuanke.dbf 中“20160101”号学生选了多少门课。

2）统计表文件 xuanke.dbf 中课程号为“2”的成绩总和。

3）统计表文件 xuanke.dbf 中课程号为“2”的平均成绩。

4）统计表文件 xuanke.dbf 中课程号为“5”的选课人数，成绩的最高值、最低值、平均值及成绩总和。

5）按课程号分类汇总成绩总和。

提示 参考操作命令如下。

1）
```
CLEAR
SET TALK OFF
USE xuanke
COUNT TO kcs FOR 学号="20160101"
?"学号 20160101 选修的课程数为:",kcs
```

2）
```
SUM TO cjh FOR 课程号="2"
?"2 号课程的成绩总和为",cjh
```

3）
```
AVERAGE TO cjpj FOR 课程号="2"
?"2 号课程的成绩总和为",cjpj
```

4）
```
CALCULATE CNT(),MAX(成绩),MIN(成绩),AVG(成绩),SUM(成绩);
 TO a1,a2,a3,a4,a5 FOR 课程号="5"
?a1,a2,a3,a4,a5
```

5）
```
INDEX ON 课程号 TO kch
TOTAL ON 课程号 TO cjhz
USE cjhz
LIST
USE
```

8. 多表操作

【实验题目】按题目要求写出操作命令。

在表文件 chengji.dbf 和 xuesheng.dbf 中，显示满族男同学的学号、姓名、民族、性别、数学、英语和计算机的成绩。

【操作步骤】逐行输入命令并按 Enter 键执行，注意每行命令单独运行。

```
CLEAR
CLOSE ALL
USE chengji
INDEX ON 学号 TO xh
SELECT B
USE xuesheng
SET RELATION TO 学号 INTO A
LIST FIELDS 学号,姓名,民族,性别,A.数学,A.英语,A.计算机;
 FOR 民族="满".AND.性别="男"
CLOSE ALL
```

运行结果如图 9-8 所示。

记录号	学号	姓名	民族	性别	A->数学	A->英语	A->计算机
5	20160105	吴峻男	满	男	88.0	82.0	93.0
21	20160121	冯业权	满	男	80.0	85.0	86.0

图 9-8 多表操作命令的运行结果

技巧

① 不选择工作区，系统默认在第 1 工作区。

② 关联表达式一定是两个表的公共字段。

③ 不在当前工作区的字段名一定要加上别名。

④ 如果在操作时，涉及的字段不在同一个表，必须用多表操作才能实现。

【拓展练习】计算表文件 gongzi.dbf 中的实发工资，计算方法为用表文件 jiaoshi.dbf 中的工资，加上表文件 gongzi.dbf 中的奖金，再减去扣款。

技巧 涉及的字段不在同一个表中，要使用多表操作。

提示 参考操作命令如下。

```
CLEAR
CLOSE ALL
SELECT 1
USE jiaoshi
INDEX ON 职工号 TO zgh
SELECT B
USE gongzi
SET RELATION TO 职工号 INTO A
REPLACE 实发工资 WITH A. 工资+奖金-扣款 ALL
BROWSE
CLOSE ALL
```

说明

① REPLACE 命令无条件无范围时，默认只对当前一个记录进行操作。

② 使用 BROWSE 命令可以浏览记录。

③ 多表操作中关闭表时要关闭所有的表。

④ 当前表是最后一次选择的工作区中打开的表。

⑤ 打开的多个表，使用时要注意表所在的工作区，以方便表的切换，也可以使用表名作为别名，方便记忆。

9. 顺序结构程序设计应用

【实验题目】编写程序文件 sy9-9.prg，求表文件 chengji.dbf 中英语成绩的最低分。

【操作步骤】

1）在命令窗口中输入“MODIFY COMMAND sy9-9”，按 Enter 键打开程序编辑窗口，输入以下程序。

```
CLEAR
USE chengji
INDEX ON 英语 TO yy
GO TOP
?"英语成绩最低分为:",英语
USE
RETURN
```

2）单击“关闭”按钮，并保存文件。

3）在命令窗口中输入“DO sy9-9”，按 Enter 键运行程序。

程序运行结果如图 9-9 所示。

【拓展练习】建立程序文件 sy9-9-1.prg，实现在表文件 xuesheng.dbf 和表文件 chengji.dbf 中，显示学生的姓名、性别，以及数学、英语及计算机成绩。

提示 参考程序如下。

```
CLEAR
CLOSE ALL
SELECT B
USE chengji
INDEX ON 学号 TO xh
SELECT A
USE xuesheng
SET RELATION TO 学号 INTO B
BROWSE FIELDS 姓名,性别,B. 数学,B.英语,B.计算机
CLOSE ALL
RETURN
```

程序运行结果如图 9-10 所示。

文件(F) 编辑(E) 显示(V)

英语成绩最低分为： 48.0

图 9-9 程序文件 sy9-9.prg 的运行结果

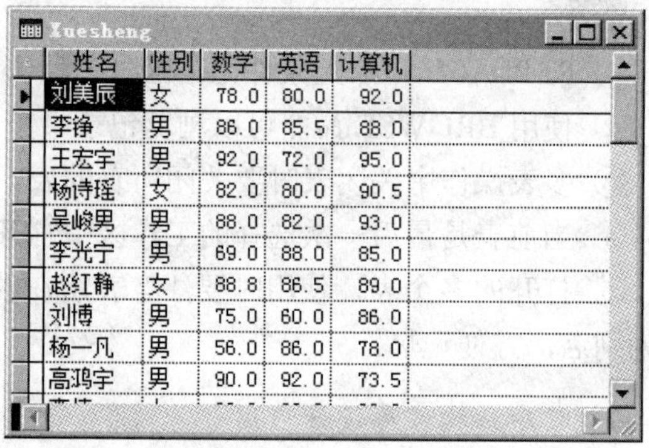

Xuesheng

姓名	性别	数学	英语	计算机
刘美辰	女	78.0	80.0	92.0
李铮	男	86.0	85.5	88.0
王宏宇	男	92.0	72.0	95.0
杨诗瑶	女	82.0	80.0	90.5
吴峻男	男	88.0	82.0	93.0
李光宁	男	69.0	88.0	85.0
赵红静	女	88.8	86.5	89.0
刘博	男	75.0	60.0	86.0
杨一凡	男	56.0	86.0	78.0
高鸿宇	男	90.0	92.0	73.5

图 9-10 程序文件 sy9-9-1.prg 的运行结果

说明 不在当前工作区的字段名，前面一定要加上别名，否则系统会提示错误。

10. 分支结构程序设计应用

【实验题目】编写程序文件 sy9-10.prg，在表文件 xuesheng.dbf 中输入学生姓名，查找是否有该学生，有则显示该记录，无则显示“查无此学生！”。

【操作步骤】

1）在命令窗口中输入“MODIFY COMMAND sy9-10”，按 Enter 键打开程序编辑窗口，输入以下程序。

```
CLEAR
USE xuesheng
ACCEPT "请输入学生姓名:" TO xm
LOCATE FOR 姓名=xm
IF FOUND()
  DISPLAY
ELSE
  ?'查无此学生!'
ENDIF
USE
RETURN
```

2）单击“关闭”按钮，并保存文件。

3）在命令窗口中输入“DO sy9-10”，按 Enter 键运行程序。

程序运行结果如图 9-11 所示。

【拓展练习】建立程序文件 sy9-10-1.prg，实现在表文件 xuesheng.dbf 中按学号修改记录。

提示 参考程序如下。

```
CLEAR
USE xuesheng
ACCEPT "请输入要修改学生的学号:" TO xh
LOCATE FOR 学号=xh
```

```
IF FOUND()
  @5,10 SAY "学号:" GET 学号
  @5,50 SAY "姓名:" GET 姓名
  @7,10 SAY "性别:" GET 性别
  @7,50 SAY "民族:" GET 民族
  @9,10 SAY "出生日期:" GET 出生日期
  @9,50 SAY "是否党员:" GET 是否党员
  READ
ELSE
 ?"查无此学号!"
ENDIF
USE
RETURN
```

运行结果如图 9-12 所示。

文件(F) 编辑(E) 显示(V) 格式(O) 工具(T) 程序(P) 窗口(W) 帮助(H)

请输入学生姓名：王慧

记录号	学号	姓名	性别	民族	出生日期	是否党员
13	20160113	王慧	女	满	03/11/98	.T.

图 9-11 程序文件 sy9-10.prg 的运行结果

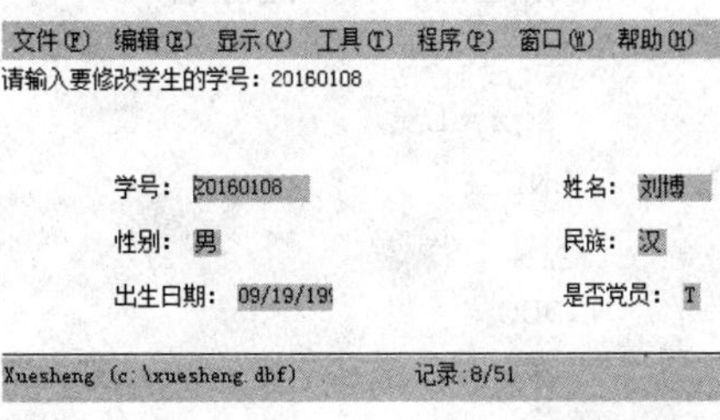

图 9-12 程序文件 sy9-10-1.prg 的运行结果

11. DO WHILE…ENDDO 循环语句

【实验题目】在表文件 zhicheng.dbf 中，按输入的职称进行查询，显示所有教师的职称和汉族否字段。

【操作步骤】

1）在命令窗口中输入“MODIFY COMMAND sy9-11”，按 Enter 键打开程序编辑窗口，输入以下程序。

```
CLEAR
USE zhicheng
ACCEPT "请输入要查询的职称:" TO zc
LOCATE FOR 职称=zc
DO WHILE .NOT.EOF()
  ?职称,汉族否
CONTINUE
ENDDO
USE
RETURN
```

2）单击“关闭”按钮，并保存文件。

3）在命令窗口中输入“DO sy9-11”，按 Enter 键运行程序。

程序运行结果如图 9-13 所示。

提示 LOCATE 与 CONTINUE 成对使用，CONTINUE 是继续查找。

技巧 DO WHILE .NOT.EOF( )…ENDDO 中必须有移动记录指针命令，否则循环将不能结束。本实验题目中与 LOCATE 一起使用的 CONTINUE 能够移动记录指针，如果没有 LOCATE 命令，一般都使用 SKIP 命令移动记录指针。

【拓展练习 1】建立程序文件 sy9-11-1.prg，求表文件 jiaoshi.dbf 中工资的最高值。

提示 参考程序如下。

```
CLEAR
USE jiaoshi
gz=工资
DO WHILE .NOT.EOF()
  IF gz<工资
    gz=工资
  ENDIF
  SKIP
ENDDO
?"表文件中最高工资为:",gz
USE
RETURN
```

程序运行结果如图 9-14 所示。

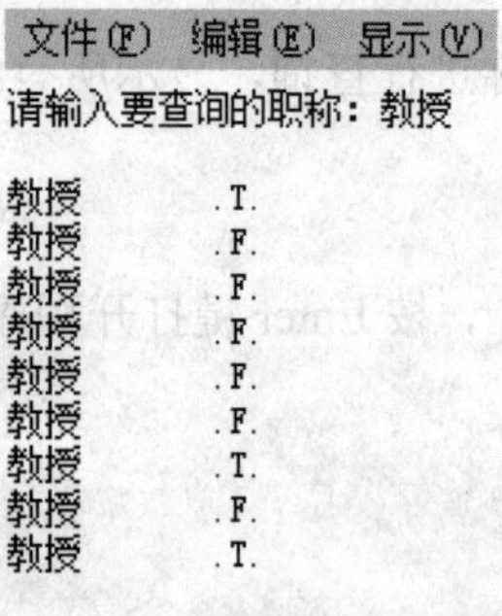

```
文件(F) 编辑(E) 显示(V)
请输入要查询的职称：教授

教授        .T.
教授        .F.
教授        .F.
教授        .F.
教授        .F.
教授        .F.
教授        .T.
教授        .F.
教授        .T.
```

图 9-13 程序文件 sy9-11.prg 的运行结果

```
文件(F) 编辑(E) 显示(V) 格式(O)
表文件中最高工资为:        10000.00
```

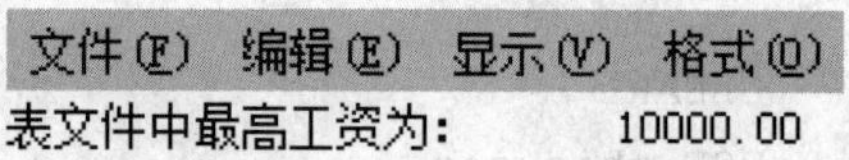

图 9-14 程序文件 sy9-11-1.prg 的运行结果

说明 工资最大值变量 gz 初值是表文件中第一个记录的值，然后它与后面所有记录比较一遍，哪个记录工资的值大于 gz，则 gz 就等于哪个值，最终 gz 中为工资最大值。

【拓展练习 2】建立程序文件 sy9-11-2.prg，求表文件 xuesheng.dbf 中女党员的人数。

提示 参考程序如下。

```
CLEAR
USE xuesheng
n=0
```

```
DO WHILE .NOT.EOF()
  IF 性别="女".AND.是否党员
    n=n+1
  ENDIF
  SKIP
ENDDO
?"女党员的人数为:",n
USE
RETURN
```

技巧 求个数变量 *n* 的初值赋为 0，则累加求个数时初值不影响计数。

程序运行结果如图 9-15 所示。

【拓展练习 3】建立程序文件 sy9-11-3.prg，显示表文件 chengji.dbf 中英语成绩为 85 分的所有学生的学号和英语成绩。

提示 参考程序如下。

```
CLEAR
USE chengji
DO WHILE .NOT.EOF()
  IF 英语=85
    ?学号,英语
  ENDIF
  SKIP
ENDDO
USE
RETURN
```

程序运行结果如图 9-16 所示。

文件(F) 编辑(E) 显示(V)	
女党员的人数为:	3

图 9-15 程序文件 sy9-11-2.prg 的运行结果

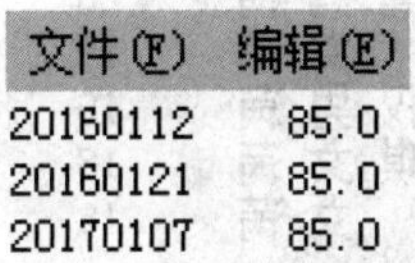

文件(F)	编辑(E)
20160112	85.0
20160121	85.0
20170107	85.0

图 9-16 程序文件 sy9-11-3.prg 的运行结果

12. SCAN…ENDSCAN 循环语句

【实验题目】显示表文件 xuesheng.dbf 中，所有满族学生的姓名、性别、民族和年龄。

【操作步骤】

1）在命令窗口中输入“MODIFY COMMAND sy9-12”，按 Enter 键打开程序编辑窗口，输入以下程序。

```
CLEAR
USE xuesheng
SCAN FOR 民族="满"
```

```
  ?姓名,性别,民族,YEAR(DATE())-YEAR(出生日期)
ENDSCAN
USE
RETURN
```

2）单击“关闭”按钮，并保存文件。

3）在命令窗口中输入“DO sy9-12”，按 Enter 键运行程序。

程序运行结果如图 9-17 所示。

技巧

① SCAN…ENDSCAN 命令会自动移动表文件中的记录指针。

② 已知出生日期，求年龄的表达式：YEAR(DATE( ))−YEAR(出生日期)。

【拓展练习】编写程序文件 sy9-12-1.prg，求表文件 jiaoshi.dbf 中工资的最低值。

```
CLEAR
USE jiaoshi
gz=工资
SCAN
  IF gz>工资
    gz=工资
  ENDIF
ENDSCAN
?"表中最低工资为:",gz
USE
RETURN
```

程序运行结果如图 9-18 所示。

```
文件(F)  编辑(E)  显示(V)
吴峻男 男 满     20
王慧   女 满     19
冯业权 男 满     19
潘小琪 女 满     18
柳楠   女 满     18
```

图 9-17　程序文件 sy9-12.prg 的运行结果

```
文件(F)  编辑(E)  显示(V)  格式(O)
表中最低工资为:        1800.00
```

图 9-18　程序文件 sy9-12-1.prg 的运行结果

说明 工资最小值变量 gz 初值是表文件中第一个记录的值，然后它与后面所有记录比较一遍，哪个记录工资的值小于 gz，则 gz 就等于哪个值，最终 gz 中为工资最小值。

13. 使用子程序设计应用程序

【实验题目】编写程序文件 sy9-13.prg，利用子程序求 4!+7!。

【操作步骤】

1）在命令窗口中输入“MODIFY COMMAND sy9-13”，按 Enter 键打开程序编辑窗口，输入以下程序。

```
*主程序 sy9-13.prg
CLEAR
STORE 0 TO s,c
FOR i=4 TO 7 STEP 3
 DO jc WITH i,c
 s=s+c
ENDFOR
?"4!+7!=",s
RETURN
```

2）单击“关闭”按钮，并保存文件。

3）在命令窗口中输入“MODIFY COMMAND jc”，按 Enter 键打开程序编辑窗口，输入以下程序。

```
*子程序 jc.prg
PARAMETERS a,b
b=1
FOR k=1 TO a
 b=b*k
ENDFOR
RETURN
```

4）单击“关闭”按钮，并保存文件。

5）在命令窗口中输入“DO sy9-13”，按 Enter 键运行程序。

程序运行结果如图 9-19 所示。

```
文件(F) 编辑(E)
4!+7!=        5064
```

图 9-19 程序文件 sy9-13 的运行结果

提示 子程序文件要单独建立一个程序文件。

14. 使用过程调用设计应用程序

【实验题目】编写程序文件 sy9-14.prg，任意输入两个数到两个变量中，利用调用过程的方法交换的两个变量的值。

【操作步骤】

1）在命令窗口中输入“MODIFY COMMAND sy9-14”，按 Enter 键打开程序编辑窗口，输入以下程序。

```
*主程序 sy9-14.prg
CLEAR
INPUT "请输入第一个数:" TO a
INPUT "请输入第二个数:" TO b
?"交换前两个数为:",a,b
```

```
DO swap with a,b
?"交换后两个数为:",a,b
RETURN
PROCEDURE swap        &&过程开始
PARAMETERS x,y
t=x
x=y
y=t
RETURN
```

2）单击“关闭”按钮，并保存文件。

3）在命令窗口中输入“DO sy9-14”，按 Enter 键运行程序。

程序运行结果如图 9-20 所示。

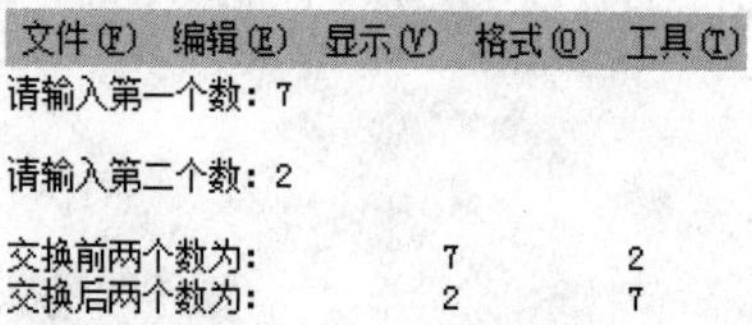

文件(F) 编辑(E) 显示(V) 格式(O) 工具(T)		
请输入第一个数：7		
请输入第二个数：2		
交换前两个数为:	7	2
交换后两个数为:	2	7

图 9-20 程序文件 sy9-14 的运行结果

提示 过程可以和主程序建立在一个程序之中，格式是 PROCEDURE 开始定义过程名，RETURN 结束过程，两个语句要配对使用。

15. 使用自定义函数设计应用程序

【实验题目】 编写程序文件 sy9-15.prg，输入任意半径，利用调用自定义函数的方法，求球的体积。

【操作步骤】

1）在命令窗口中输入“MODIFY COMMAND sy9-15”，按 Enter 键打开程序编辑窗口，输入以下程序。

```
*主程序 sy9-15.prg
CLEAR
INPUT "请输入半径:" TO r
?"球的体积为:",tj(r)
RETURN
FUNCTION tj  &&自定义函数开始
PARAMETERS x
 y=4/3*PI()*x^3
RETURN y      &&自定义函数结束,RETURN 后返回值为函数值
```

2）单击“关闭”按钮，并保存文件。

3）在命令窗口中输入“DO sy9-15”，按 Enter 键运行程序。

程序运行结果如图 9-21 所示。

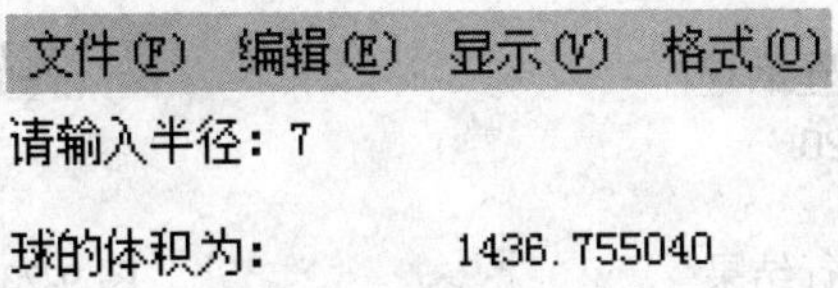

文件(F)　编辑(E)　显示(V)　格式(O)

请输入半径：7

球的体积为：　　　　1436.755040

图 9-21　程序文件 sy9-15 的运行结果

技巧

① 自定义函数可以与主程序建立在一个程序之中，格式是 FUNCTION 开始定义自定义函数名，RETURN 结束自定义函数，两个语句要配对使用。

② 自定义函数中 RETURN 后面有表达式，作为整个函数的返回值。

③ 自定义函数的调用方法与系统提供函数的用法一样。

【拓展练习 1】写出下列程序的运行结果。

```
CLEAR
x1=20
x2=30
DO test WITH x1,x2
?x1,x2
RETURN
PROCEDURE test
PARAMETERS a,b
x=a
a=b
b=x
RETURN
```

程序运行结果如图 9-22 所示。

【拓展练习 2】写出下列程序的运行结果。

```
CLEAR
STORE 3 TO x
STORE 5 TO y
plus(x,y)
? x,y
RETURN
PROCEDURE plus
PARAMETERS a1,a2
  a1=a1+a2
  a2=a1+a2
RETURN
```

程序运行结果如图 9-23 所示。

文件(F)	编辑(E)	显示(V)
	30	20

图 9-22　练习 1）运行结果

文件(F)	编辑(E)	显示(V)
	3	5

图 9-23　练习 2）运行结果

【拓展练习 3】写出下列程序的运行结果。

```
CLEAR
a=10
b=20
DO sq WITH a,b
?a,b
RETURN
PROCEDURE sq
PARAMETERS x1,y1
  x1=x1*x1
  y1=2*x1
RETURN
```

程序运行结果如图 9-24 所示。

说明

① 子程序、过程和自定义函数的使用基本一致，功能相同，只是格式略有差别。

② 子程序一般要单独建立一个子程序文件，一般使用 DO 命令调用。

③ 过程可以与主程序在同一个文件中，但格式是 PROCEDURE…RETURN 成对使用。一般使用 DO 命令调用。

④ 自定义函数也可以与主程序在同一个文件中，但格式是 FUNCTION…RETURN 成对使用。而且 RETURN 后面有表达式作为函数返回值，一般调用方法同系统函数。

16. 变量作用域

【实验题目】写出下面程序的运行结果。

```
CLEAR
STORE 2 TO a,b,c
?a,b,c
DO sub
?a,b,c,d
RETURN
PROCEDURE sub
PRIVATE c
PUBLIC d
c=5
a=b+c
b=c+a
```

```
c=a+b
d=c
?a,b,c,d
RETURN
```

程序运行结果如图 9-25 所示。

文件(F)	编辑(E)	显示(V)
100	200	

图 9-24 练习 3）运行结果

文件(F)	编辑(E)	显示(V)	格式(O)	工具(T)
2	2	2		
7	12	19	19	
7	12	2	19	

图 9-25 程序参考运行结果

说明

① PUBLIC 定义的内存变量是全局变量，它的作用范围是所有模块中都可以使用。

② 没有定义的内存变量默认是私有变量，它的作用范围是本模块及其下属模块中可以使用。PRIVATE 不定义新变量，它的主要作用是屏蔽上层模块中的同名变量。

③ LOCAL 定义的内存变量是局部变量，它的作用范围是只能在本模块中使用，在上层和下层模块中都不能使用。

技巧 在程序的各个模块之间，可以使用参数传递数据，也可以根据变量的作用域传递数据。

【拓展练习 1】写出下列程序的运行结果。

```
CLEAR
PUBLIC x,y
x=5
y=10
DO p1
?x,y
RETURN
PROCEDURE p1
PRIVATE y
x=50
y=100
RETURN
```

程序运行结果如图 9-26 所示。

【拓展练习 2】写出下列程序的运行结果。

```
CLEAR
CLEAR ALL
mX="数据革命"
mY="大数据"
DO s1 WITH mX
?mY+mX
```

```
RETURN
PROCEDURE s1
PARAMETERS mX1
mX1="云时代的数据革命"
mY=mY+"正在到来的"
RETURN
```

程序运行结果如图 9-27 所示。

文件(F) 编辑(E) 显示(V)

50 10

图 9-26 练习 1）运行结果

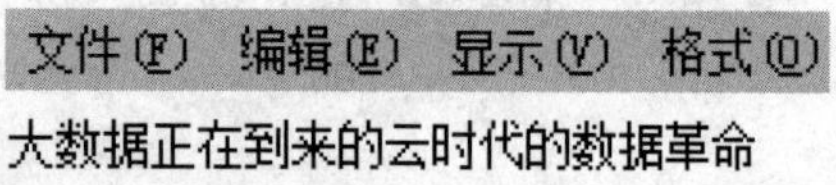

文件(F) 编辑(E) 显示(V) 格式(O)

大数据正在到来的云时代的数据革命

图 9-27 练习 2）运行结果

【拓展练习 3】写出下列程序的运行结果。

```
CLEAR
a=10
DO p1
? a
RETURN
PROCEDURE p1
PRIVATE a
a=11
DO p2
RETURN
PROCEDURE p2
a=12
RETURN
```

程序运行结果如图 9-28 所示。

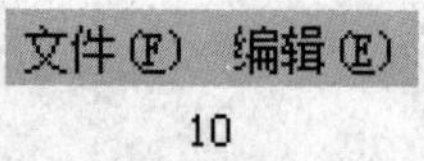

文件(F) 编辑(E)

10

图 9-28 练习 3）运行结果

实验 10　面向对象的程序设计

一、实验目的

1）掌握与数据表相关的各种控件及其属性、事件和方法的调用方法。

2）掌握数据环境的设置方法及数据与控件间的数据绑定方法。

3）掌握表间关系的建立和应用及表单上控件间的数据联系。

4）掌握容器控件中控件的引用方法和层次关系。

5）理解面向对象的程序设计概念。

6）理解容器控件和其他控件的区别。

7）掌握表单集上数据表及控件的程序设计。

二、重点和难点

1. 重点

与数据表相关的各种控件的属性、事件和方法的设置和应用。

2. 难点

容器中对象的引用及编程设计。

三、实验内容

1. 表单的数据环境

【实验题目】观察“数据库中表间关系”与“数据环境中表间关系”的相互联系（准备：新建数据库文件 jiaoshiguanli.dbc，添加表 jiaoshi、gongzi、zhicheng、bumen，给 jiaoshi、gongzi 两表按“职工号”建立主索引，并建立永久性关系）。新建表单文件 sy1form.scx，向数据环境中添加 jiaoshiguanli 数据库中的 4 个表。将 4 个表添加到表单中，运行表单，单击 jiaoshi 表中的记录 6，观察其他表变化。

【操作步骤】

1）新建数据库文件 jiaoshiguanli.dbc，添加自由表 jiaoshi、gongzi、zhicheng、bumen 到数据库中。

2）为表 jiaoshi 和表 gongzi 按“职工号”建立主索引，在数据库中从 jiaoshi 表到 gongzi 表拖动索引项建立永久性关系，生成永久性关系连线，如图 10-1 所示。

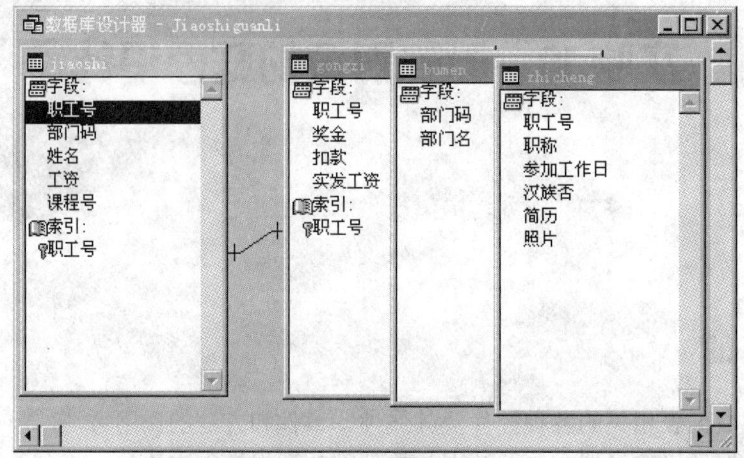

图 10-1　数据库及表间关系准备

3）使用命令 CREATE FORM sy1form 建立新表单文件。

4）在表单上右击，在弹出的快捷菜单中选择“数据环境”选项，打开数据环境设计器。

5）在数据环境设计器窗口右击，在弹出的快捷菜单中选择“添加”选项，添加所需数据表。因为 jiaoshi、gongzi 两表按“职工号”原来已经建立了永久性关系，所以在此可以看到关系连线，如图 10-2 所示。

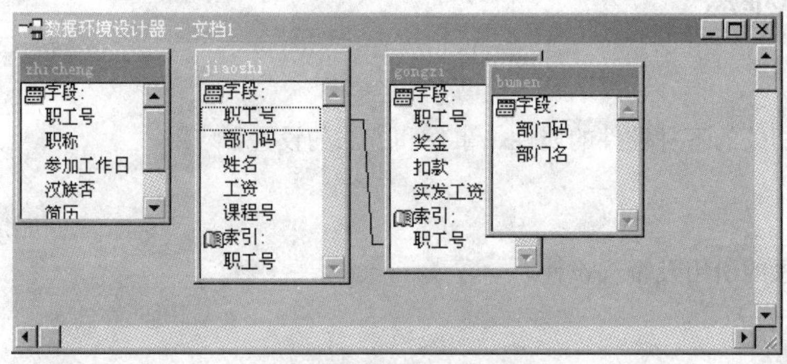

图 10-2　表单 sy1form 数据环境设计器

6）将 4 个表拖动到表单中，安排合适的位置。

7）运行表单，单击 jiaoshi 中的记录 6，gongzi 表指针联动，其他表无变化，如图 10-3 所示。

2. 在数据环境中建立表间临时性关系

【实验题目】在数据环境设计器中添加和删除关系，观察显示结果中的数据联系，观察添加和删除关系对数据库中永久性关系是否有影响。

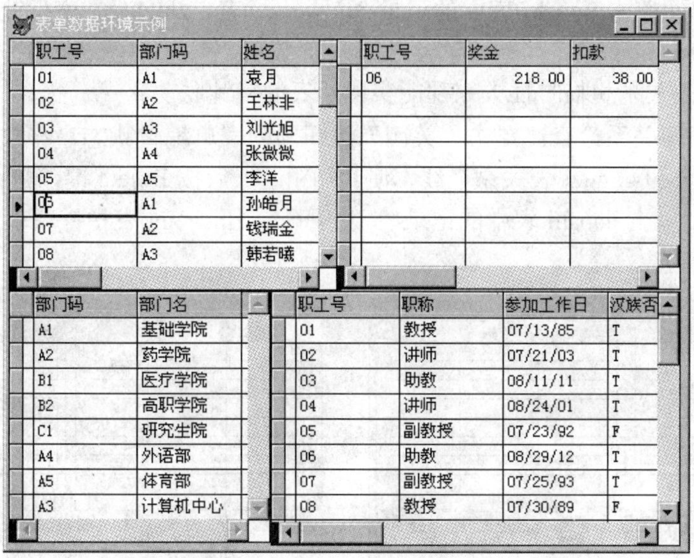

表单数据环境示例
职工号 部门码 姓名
01 A1 袁月
02 A2 王林非
03 A3 刘光旭
04 A4 张微微
05 A5 李洋
06 A1 孙皓月
07 A2 钱瑞金
08 A3 韩若曦
职工号 奖金 扣款
06 218.00 38.00
部门码 部门名
A1 基础学院
A2 药学院
B1 医疗学院
B2 高职学院
C1 研究生院
A4 外语部
A5 体育部
A3 计算机中心
职工号 职称 参加工作日 汉族否
01 教授 07/13/85 T
02 讲师 07/21/03 T
03 助教 08/11/11 T
04 讲师 08/24/01 T
05 副教授 07/23/92 F
06 助教 08/29/12 T
07 副教授 07/25/93 T
08 教授 07/30/89 F

图 10-3　表间指针联动

打开表单 sy1form，将数据环境设计器打开，为 jiaoshi 表和 zhicheng 表建立临时性关系，然后另存表单为 sy2form。运行表单，单击记录 3，观察其他表变化。返回编辑状态，在数据环境设计器中删除 jiaoshi 表和 gongzi 表之间的关系，保存并运行表单，单击记录 7，观察其他表变化。最后关闭表单，查看数据库中各表关系。

【操作步骤】

1）打开表单文件。使用命令 MODIFY FORM sy1form 打开表单文件。

2）打开数据环境设计器。在表单上右击，在弹出的快捷菜单中选择“数据环境”选项，打开数据环境设计器。

3）建立临时性关系。从 jiaoshi 表到 zhicheng 表拖动“职工号”字段建立临时性关系，弹出如图 10-4 所示的提示框。单击“确定”按钮，为 jiaoshi 表和 zhicheng 表建立临时性关系成立，如图 10-5 所示。

提示 如果表没有建立相关索引，将父表拖动到子表相匹配的字段上，此时系统会弹出如图 10-4 所示的提示框，提示建立索引。

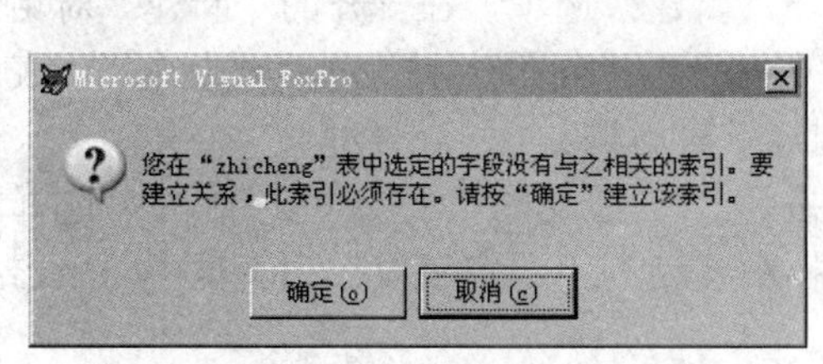

Microsoft Visual FoxPro
您在“zhicheng”表中选定的字段没有与之相关的索引。要建立关系，此索引必须存在。请按“确定”建立该索引。
确定(O)
取消(C)

图 10-4　无索引提示框

数据环境设计器 - sy1form.scx
字段:
职工号
职称
参加工作日
汉族否
简历
照片
索引:
字段:
职工号
部门码
姓名
工资
课程号
索引:
职工号
字段:
职工号
奖金
扣款
实发工资
索引:
职工号
字段:
部门码
部门名

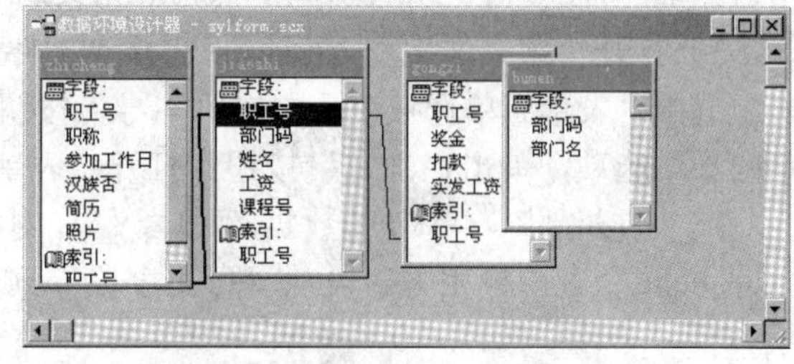

图 10-5　数据环境中建立表间关系

4）另存表单。选择“文件”→“另存为”选项，打开“另存为”对话框，输入保存位置及文件名，保存表单为 sy2form.scx。

5）运行表单。单击 jiaoshi 表中的记录 3，gongzi 表、zhicheng 表指针联动，bumen 表无变化，如图 10-6 所示。

提示 永久性关系和临时性关系都能实现两表的指针联动。

6）数据库表间关系检查。单击“关闭”按钮回到表单编辑状态，将数据环境设计器打开，单击 jiaoshi 表和 gongzi 表关系连线，使其加粗，然后按 Delete 键，删除表之间的关系，保存并运行表单，单击 jiaoshi 表中的记录 7，发现只有 zhicheng 表指针联动，其他表无变化，如图 10-7 所示。

图 10-6　表间指针联动情况

图 10-7　修改后的表间指针联动情况

7）最后关闭表单，打开 jiaoshiguanli 数据库设计器，查看数据库中各表关系，发现在表单数据环境中添加和删除的关系不会影响到原数据库永久性关系，仍如图 10-1 所示。

提示 jiaoshi 表和 gongzi 表在数据库中建立的永久性关系，只能在数据库中删除。在表单的数据环境中，删除的是当前环境下的连接。jiaoshi 表和 zhicheng 表的关联是在表单的数据环境中存在的，离开当前表单，数据库中不存在。

3. 用表单向导创建单表表单

【实验题目】使用表单向导创建只包含单表 xuesheng 表的表单，要求有全部字段，表单样式为“石墙式”，按钮类型为“图片按钮”，按“出生日期”降序排列，标题为“学生出生日期降序信息”，文件保存为“sy3form.scx”。

1）打开“向导选取”对话框。选择“文件”→“新建”选项，在打开的“新建”对话框中选中“表单”单选按钮，单击“向导”按钮，在打开的“向导选取”对话框中选择“表单向导”选项，单击“确定”按钮，打开“表单向导”对话框。

2）字段选取。单击“数据库和表”右侧的按钮，在打开的“打开”对话框中选择“xuesheng”表，将相关字段从“可用字段”列表框中移动到“选定字段”列表框中，单击“下一步”按钮，如图 10-8 所示。

3）选择表单样式。为表单选择一种“样式”和“按钮类型”，如图 10-9 所示，单击“下一步”按钮。

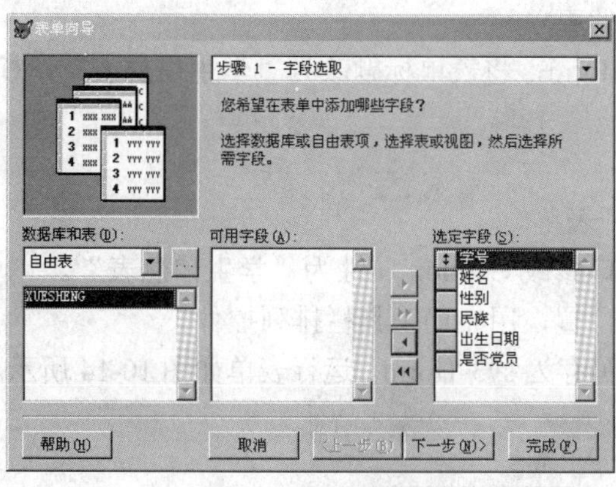

图 10-8　字段选取　　　　图 10-9　选择表单样式

4）排序次序。设置数据记录在表单中的显示顺序，在“可用的字段或索引标识”列表框中选择排序字段“出生日期”，将其添加到“选定字段”列表框中，选中“降序”单选按钮，单击“下一步”按钮，如图 10-10 所示。

5）完成设置。在“请键入表单标题”文本框中输入“学生出生日期降序信息”，然后选择一种保存表单方式，如图 10-11 所示。在此步骤中，在单击“完成”按钮前，可以单击“预览”按钮，预览形成的表单样式及其内容，如图 10-12 所示。若要修改表单，可依次单击“上一步”按钮返回前面的操作。预览满意后保存表单为 sy3form，如图 10-13 所示。

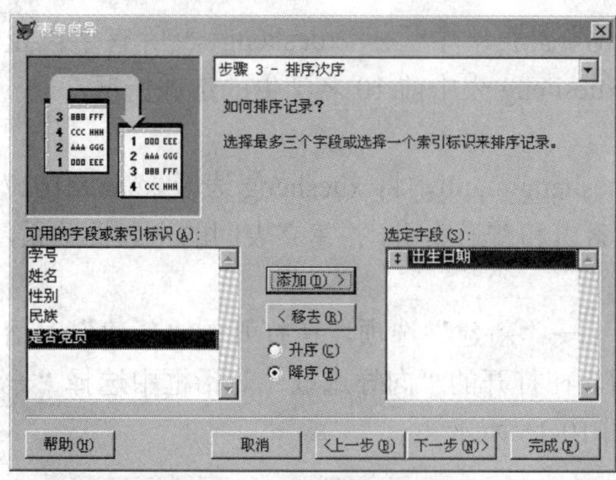

图 10-10　排序次序

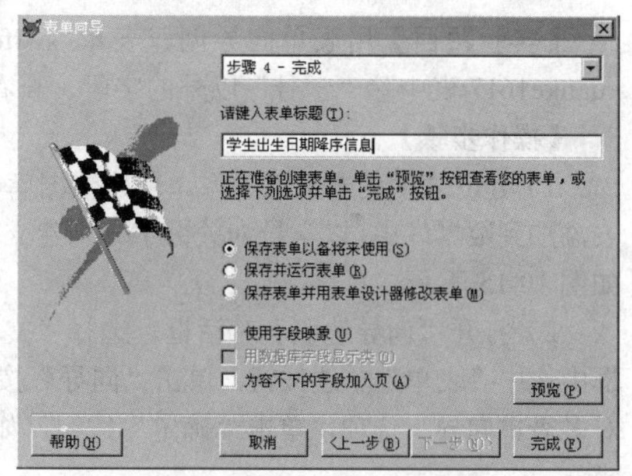

图 10-11　完成设置

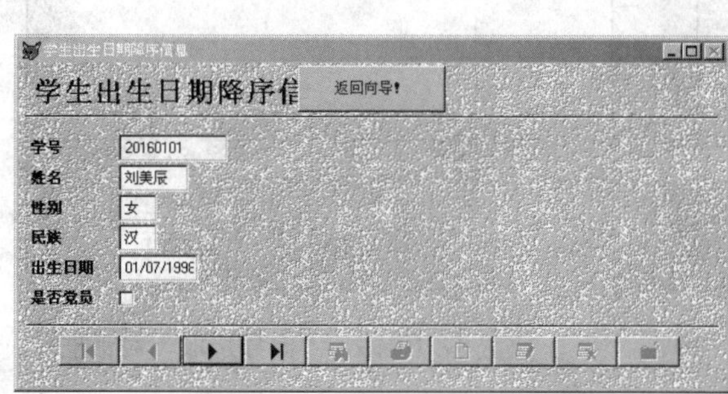

图 10-12　表单预览

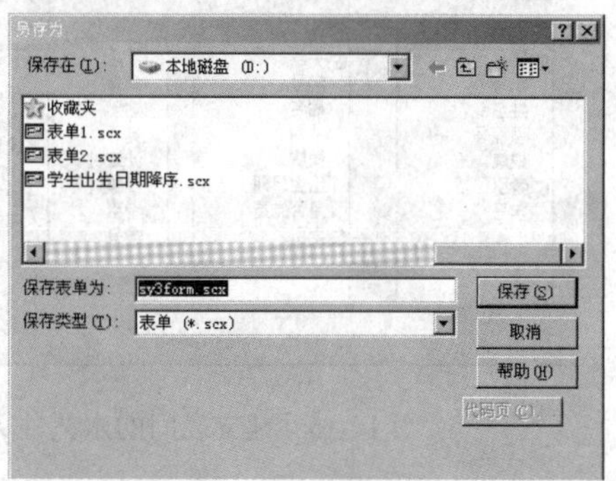

图 10-13　保存文件

【拓展练习】用表单设计器修改用向导建立的表单。

使用表单设计器修改用向导创建的表单 sy3form，将表单标题改为“学生信息表”，横向排列学生信息，另存为 sy3-1form。

【操作步骤】

1）用命令 MODIFY FORM sy3form.scx 打开表单。

2）在表单设计器中，单击表单，在属性窗口修改 Caption 属性为“学生信息表”。

3）用鼠标拖动标签和文本框控件到合适的位置，用布局工具栏排列控件。

4）选择“文件”→“另存为”选项，将表单另存为 sy3-1form。运行表单如图 10-14 所示。

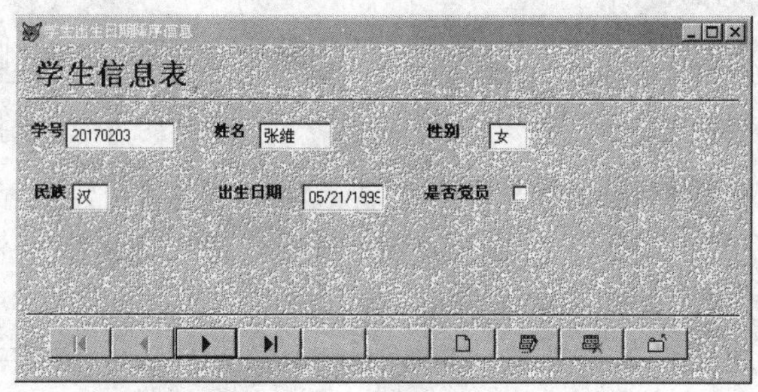

图 10-14　表单运行结果

4. 用表单向导创建多表表单

【实验题目】用表单向导创建表单 sy4form，在表单中显示 xuesheng 表所有字段及 xuanke1617 表中除“学号”以外的字段，查看 xuesheng 表中前 10 名学生的选课情况。

【操作步骤】

1）建立表间的永久性关系。新建数据库 xueshengguanli，将 xuesheng 表及 xuanke1617 表添加到数据库中，以学号为关键字分别建立主索引和普通索引，并建立表间的永久性关系，如图 10-15 所示。

2）打开“向导选取”对话框。选择“文件”→“新建”选项，在打开的“新建”对话框中选中“表单”单选按钮，单击“向导”按钮，在打开的“向导选取”对话框中选择“一对多表单向导”选项，单击“确定”按钮，如图 10-16 所示。

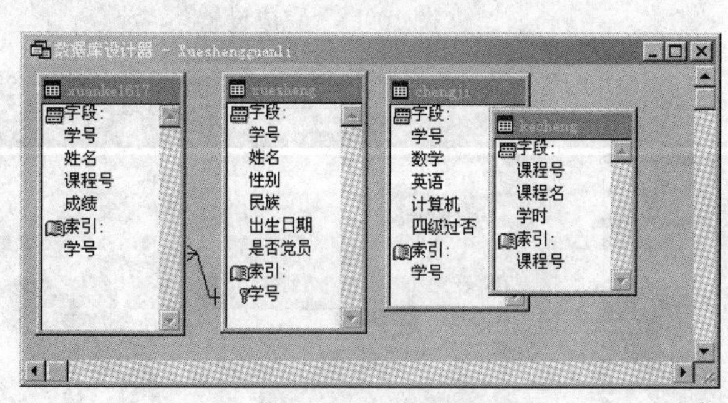

图 10-15　建立表间的永久性关系

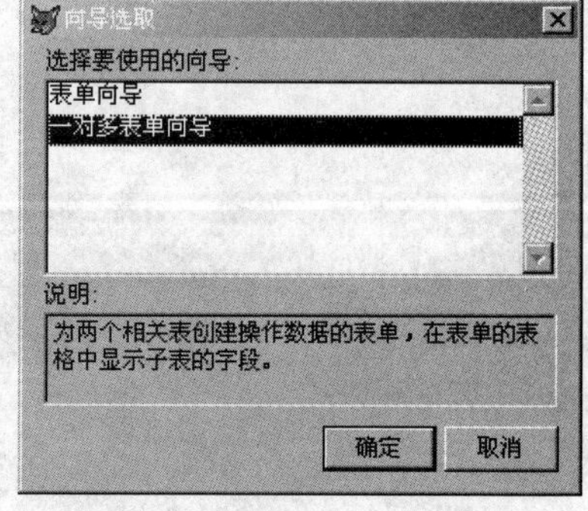

图 10-16　“向导选取”对话框

3）从父表中选取字段。因为数据库是打开状态，所以数据库中各表显示在“数据库和表”列表框中。选择 xuesheng 表，将所有字段从“可用字段”列表框中移动到“选定字段”列表框中，单击“下一步”按钮，如图 10-17 所示。

4）从子表中选取字段。选择 xuanke1617 表，将所有字段从“可用字段”列表框中移动到“选定字段”列表框中，再将“学号”字段移回到“可用字段”列表框中，单击“下一步”按钮，如图 10-18 所示。

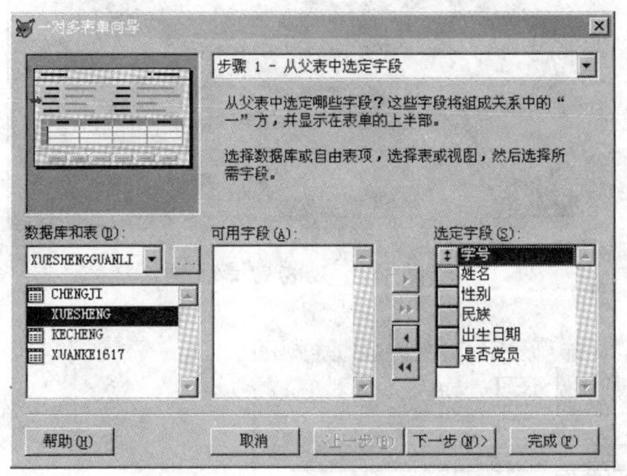

图 10-17　从父表中选取字段

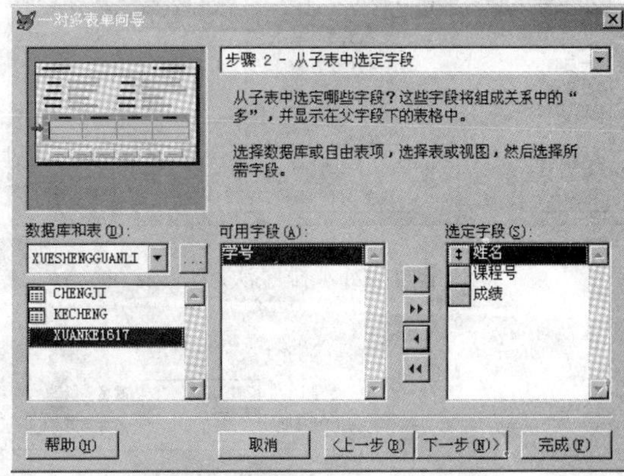

图 10-18　从子表中选取字段

5）建表之间的关系。根据“学号”字段建立关系，然后单击“下一步”按钮，如图 10-19 所示。

6）选择表单样式。为表单选择默认的“样式”和“按钮类型”，然后单击“下一步”按钮，如图 10-20 所示。

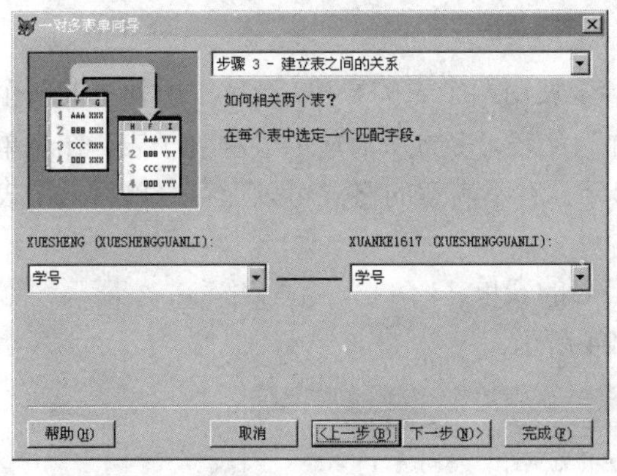

图 10-19　建立表间关系

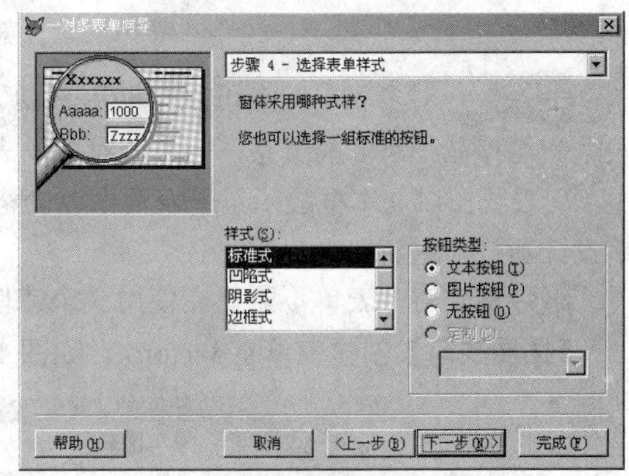

图 10-20　选择表单样式

7）排序次序。设置数据记录在表单中的显示顺序。在“可用的字段或索引标识”列表框中选择排序字段“学号”，将其添加到“选定字段”列表框中，选中“升序”单选按钮，单击“下一步”按钮，如图 10-21 所示。

8）完成。在“请键入表单标题”文本框中输入“学生选课情况表”，然后选择一种保存表单方式，如图 10-22 所示。在此步骤中，在单击“完成”按钮前，可以单击“预览”按钮，预览形成的表单样式及其内容，如图 10-23 所示。若要修改表单，可依次单击“上一步”按钮返回前面的操作。预览满意后保存表单为 sy4form。

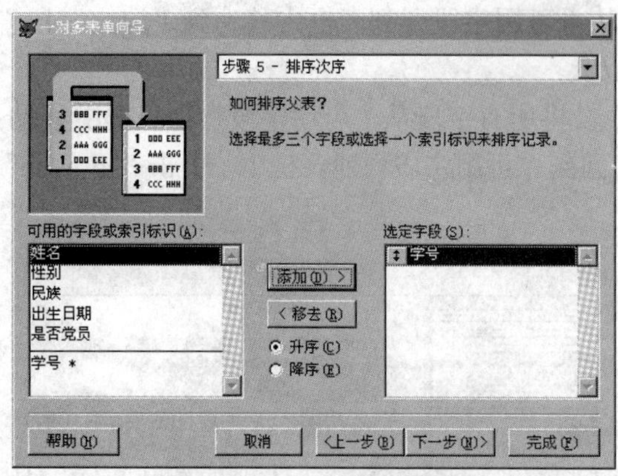

图 10-21　排序次序

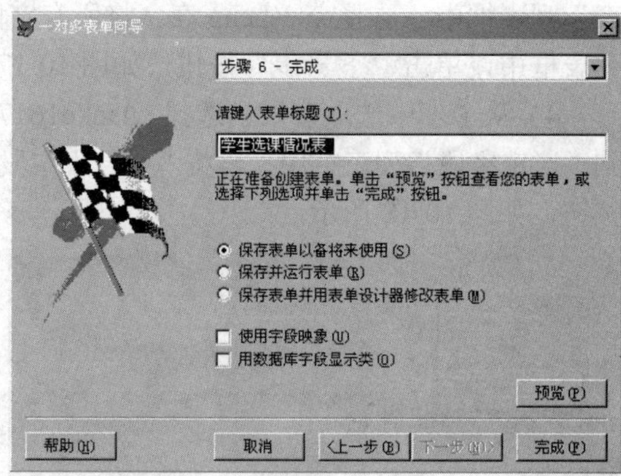

图 10-22　设置完成

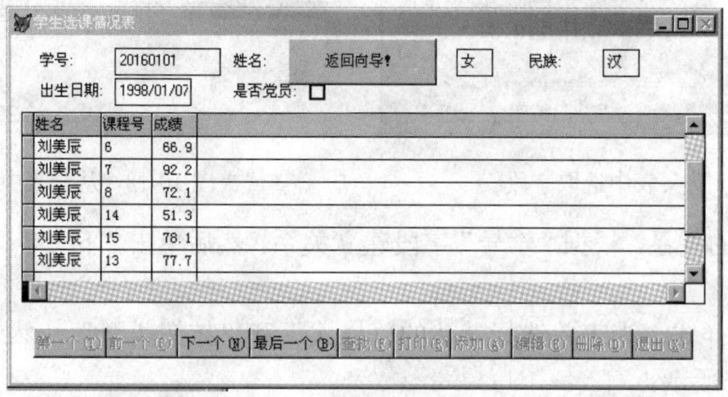

图 10-23　预览表单样式及内容

提示 一对多表单向导可以帮助用户创建一个使用两个表的表单。表单中所使用的两个表之间要存在一对多的关系，一方所对应的表称为父表，多方所对应的表称为子表。在表单中，父表数据以文本框显示，子表数据以表格显示。有不满意的格式可以保存表单后再用表单设计器打开重新编辑。

说明 一对多表单不能建立使用 3 个或以上表的表单。

【拓展练习】创建表单 sy4-1form，如图 10-24 所示。

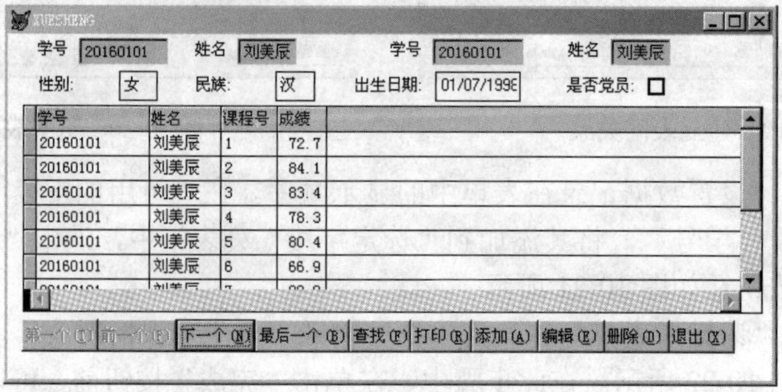

图 10-24　表单的修改效果

【操作步骤】

1）先用表单向导创建一对多表单。父表为 xuesheng，字段选用“性别”“民族”“出生日期”“是否党员”，子表为 xuanke1617，选用全部字段，其他步骤全部为默认值，保存表单 sy4-1form。

2）打开表单，用表单设计器编辑。打开表单 sy4-1form，在表单上右击，在弹出的快捷菜单中选择“数据环境”选项，分别将父表 xuesheng 和子表 xuanke1617 的前两个字段拖动到表单上，如图 10-25 所示。

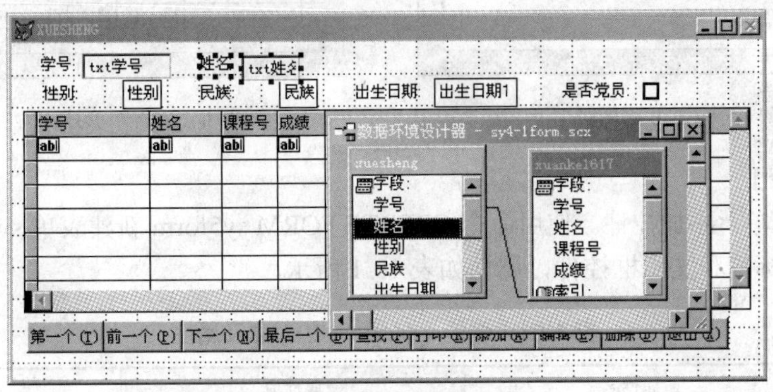

图 10-25　编辑表单

3）观察用数据环境生成的对象名称。选中文本框或标签控件，对照查看属性窗口文本框中的名称及其 Name 属性值，如图 10-26 所示。

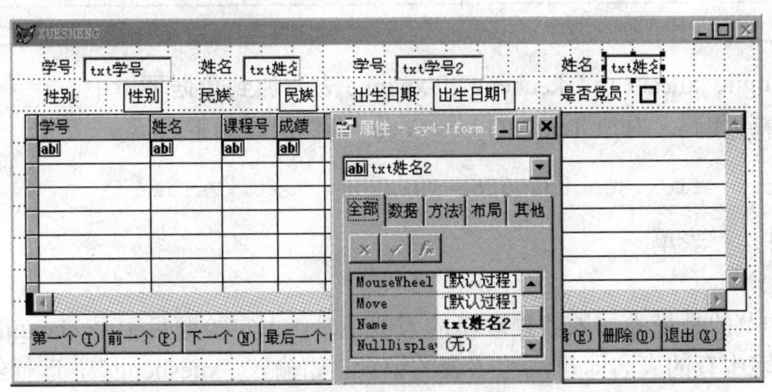

图 10-26　表单的修改编辑状态

4）保存表单并运行表单，结果如图 10-24 所示。

5. *表格控件设计*

【实验题目】设计表单 sy5form，如图 10-27 所示，在文本框中输入数据表名后，数据表中的数据将显示在表格中，如图 10-28 所示。

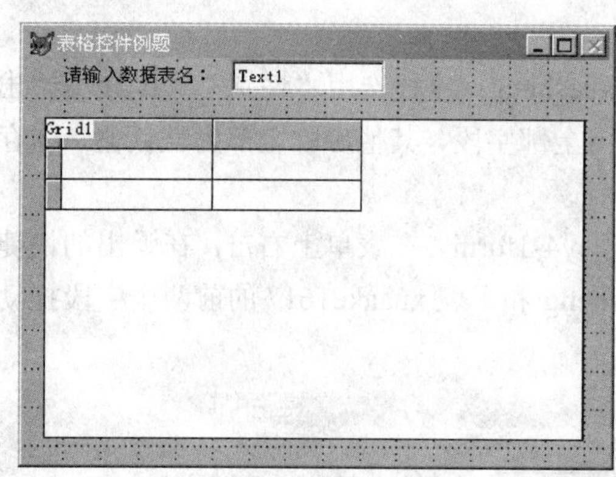

图 10-27　表格控件

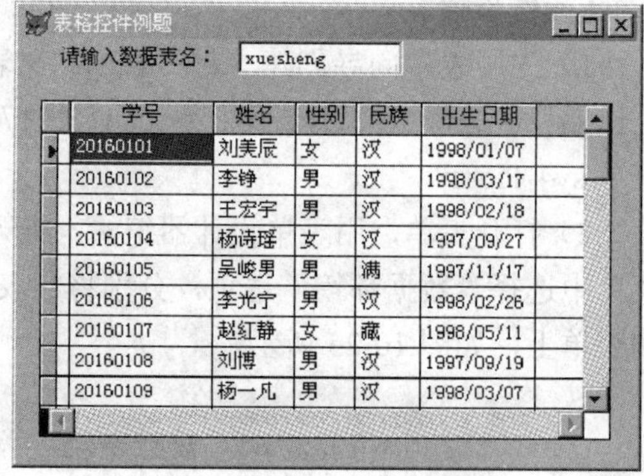

图 10-28　在表格中显示数据

【操作步骤】

1）建立表单，添加控件。使用命令 CREATE FORM sy5form 新建表单 sy5form，在表单中添加表格、标签和文本框控件，属性如表 10-1 所示。

表 10-1　表单 sy5form 中的对象及属性

对象名	属性名	属性值	说明
Label1	Caption	请输入数据表名：	
	AutoSize	.T.	
Text1			默认值为文本型
Grid1	RecordSourceType	1	根据表别名判断

2）将 chengji、xuesheng、kecheng 和 xuanke 表添加到数据环境中。

3）编写事件代码。对象 Text1 的 LostFocus 事件代码如下：

```
ThisForm.Grid1.RecordSource=ThisForm.Text1.Value
```

4）保存并运行表单。

提示

① 首先浏览的是最先加入数据环境的表的记录，本实验题目中是 chengji 表。在文本框中输入数据环境中有的表名即可浏览该表的记录，如输入“xuesheng”，运行结果如图 10-28 所示；在文本框中输入数据环境中没有的表名则无法浏览表的记录，如输入“jiaoshi”。

② 表格最重要的一对属性是 RecordSourceType 和 RecordSource。RecordSourceType 用于指明表格中数据源的类型。其常用值如下。

0-表：可以在 RecordSource 属性中指定表名。运行表单时，系统将自动打开表，以便在表格中显示表中的数据记录（不用事先将表放入数据环境中）。

1-别名：为系统默认值。表示数据来源于数据环境或打开的表（视图）别名，用 RecordSource 属性指定别名（需要事先将表放入数据环境中）。

2-提示：在表单运行时，根据提示选择需要的数据源。

3-查询（.QPR）：表示数据来源于查询，由 RecordSource 属性指定一个查询文件。

4-SQL 说明：表示数据来源于 SQL 语句，在程序中由 RecordSource 属性指定一条 SQL 语句。

【拓展练习 1】（练习设置 RecordSourceType 属性为 0）新建表单 sy5-1form.scx，通过选项按钮组决定在表格中显示的数据表，如图 10-29 所示。

提示 如图 10-30 所示，在表单 sy5-1form 中，按图 10-29 设置 Caption 属性；添加 Grid1 和 Optiongroup1 控件，设置 Grid1 的 RecordSourceType 属性为 0，Optiongroup1 的 Value 属性为空格。在代码编辑窗口，设置对象 Optiongroup1 的 InteractiveChange 事件代码如下：

```
ThisForm.Grid1.RecordSource=ThisForm.Optiongroup1.Value
```

表格控件拓展练习

职工号	部门码	姓名	工资	课程号
01	A1	袁月	6408.00	8
02	A2	王林非	4390.00	4
03	A3	刘光旭	2450.00	6
04	A4	张微微	3200.00	1
05	A5	李洋	4520.00	13
06	A1	孙皓月	2976.00	3
07	A2	钱瑞金	4987.00	4
08	A3	韩若曦	6220.00	6
09	B1	王洪磊	3980.00	10

xuesheng
xuanke
kecheng
chengji
jiaoshi
gongzi
zhicheng
bumen

图 10-29 表格控件拓展练习 1

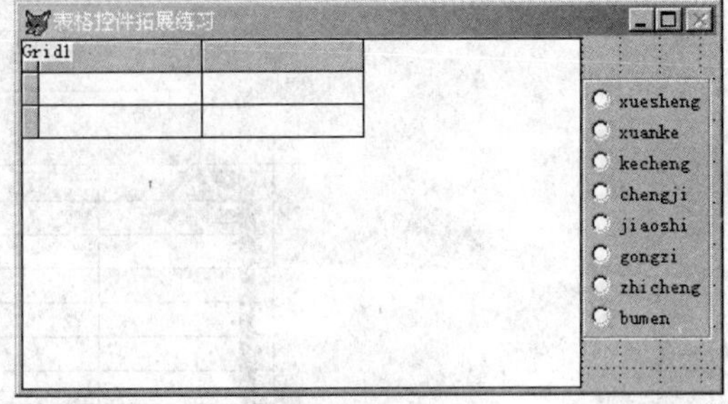

图 10-30 表格控件拓展练习 1 设计

【拓展练习 2】（练习设置 RecordSourceType 属性为 4）新建表单 sy5-2form.scx，显示 xuanke 表。通过复选框决定在表格中显示部分字段，如图 10-31 所示。

提示 如图 10-32 所示，在表单 sy5-2form 中，按图 10-31 设置 Caption 属性；添加 Grid1 和 Check1、Check2 控件，设 Grid1 的 RecordSourceType 属性为 4，Check1 的 Caption 属性为“课程号”，Check2 的 Caption 属性为“成绩”。在代码编辑窗口，如图 10-33 所示，设置对象 Check1 和 Check2 的 Click 事件代码为相同的代码。

表格控件拓展练习

学号	成绩
20160101	98.0
20160102	74.0
20160103	66.0
20160104	84.0
20160105	69.0
20160106	81.0
20160107	77.0
20160108	67.0
20160109	53.0

课程号
成绩

图 10-31 表格控件拓展练习 2

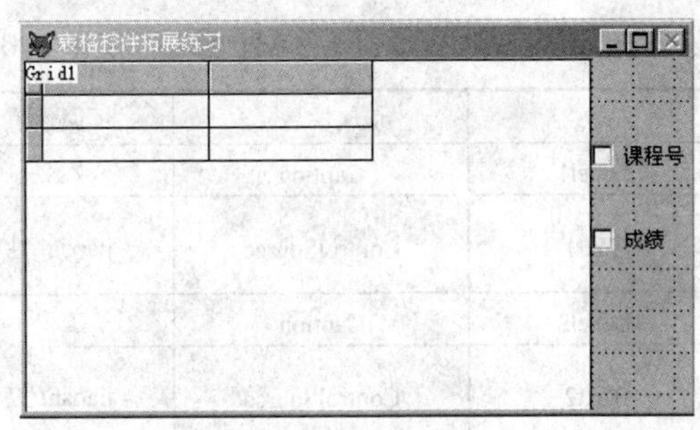

图 10-32 表格控件拓展练习 2 设计

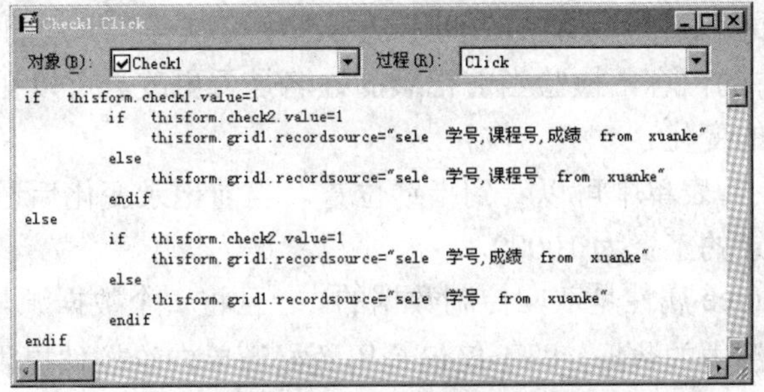

图 10-33 表单 sy5-2 代码窗口

6. 数据源与控件绑定

【实验题目】 设计表单 sy6form，如图 10-34 所示，使文本框与 jiaoshi 表中的“姓名”字段绑定，即 jiaoshi 表当前记录的“姓名”字段值与文本框的 Value 属性值绑定。在文本框中输入新的内容，当按 Enter 键确认的时候，就改变了 jiaoshi 表中第一个记录的“姓名”字段值。通过表格控件浏览 jiaoshi 表，检验修改文本框内的数据是否对表中当前记录的“姓名”字段值有影响。

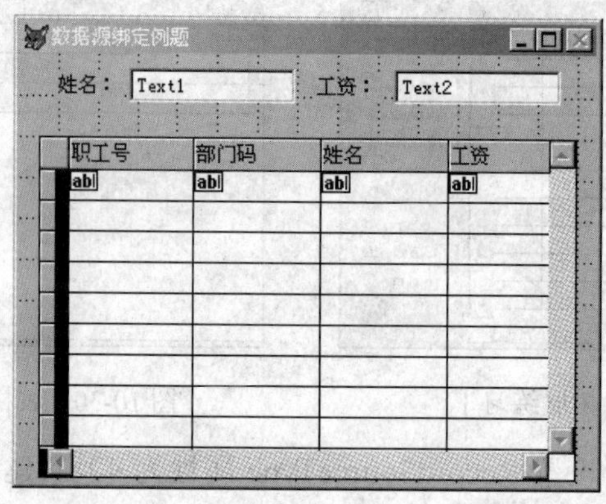

图 10-34　文本框数据绑定

【操作步骤】

1）建立表单 sy6form，并将 jiaoshi 表添加至表单的数据环境中。

2）表单中所包含的对象及其属性如表 10-2 所示。

表 10-2　表单 sy6form 中的对象及其属性

对象名	属性名	属性值	说明
Label1	Caption	姓名：	
Text1	ControlSource	jiaoshi.姓名	当数据环境中已添加表后，此值可以在属性输入区的下拉列表中选择
Label2	Caption	工资：	
Text2	ControlSource	jiaoshi.工资	当数据环境中已添加表后，此值可以在属性输入区的下拉列表中选择
Grid1			将数据环境中的 jiaoshi 表拖动到表单中

3）运行表单，如图 10-35 所示，在两个文本框中可以看到绑定的表中数据。

4）修改文本框中的内容，检验当前记录的姓名是否更改。可以在表格控件中看到当前记录即第一个记录值的变化。

5）单击其他记录，表单中可以看到指针位置。当前记录变化后通过文本框改变其记录值，如改变第 5 个记录的工资为 10000。

提示 ControlSource 属性是双向控制数据的。一旦将一个数据源与一个控件绑定，则控件中数据将修改数据源中的数据，即不仅仅是用数据源单向给控件提供数据以供显示。所以控件绑定数据源的使用方法和控件间的数据联系有很大区别，应该在设计中多加考虑。可以绑定数据源的控件，在程序设计中也常不绑定。

数据源绑定例题

姓名：袁月　　工资：6408.00

职工号	部门码	姓名	工资
01	A1	袁月	6408.00
02	A2	王林非	4390.00
03	A3	刘光旭	2450.00
04	A4	张微微	3200.00
05	A5	李洋	4520.00
06	A1	孙皓月	2976.00
07	A2	钱瑞金	4987.00
08	A3	韩若曦	6220.00
09	B1	王洪磊	3980.00

图 10-35　文本框数据绑定界面设计

【**拓展练习**】（不绑定数据源的控件间数据常规引用）创建设计一个表单文件 sy6-1form.scx，表单标题为“按学号查询”，其表单设计界面如图 10-36 所示。其他要求如下。

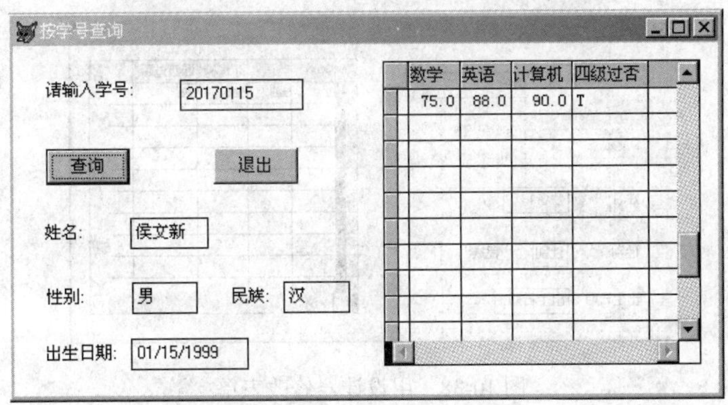

图 10-36　sy6-1form 表单设计

1）为表单建立数据环境，向数据环境依次添加 xuesheng 表（Cursor1）、chengji 表（Cursor2）。

2）当在“请输入学号”标签（Label1）右边的文本框（Text1）中输入学号并单击“查询”按钮（Command1）时，将在右边的表格控件（Grid1）内显示该学生的数学成绩、英语成绩、计算机成绩和是否通过四级考试等信息。

3）在左边相应的文本框中显示该同学的姓名（Text2）、性别（Text3）、民族（Text4）和出生日期（均取自 xuesheng 表）。

4）单击“退出”按钮（Command2）时，关闭表单。

提示

① 表格控件（Grid1）的 RecordSourceType 属性设置为“4-SQL 说明”。

② 使用 SQL 的 SELECT 语句将根据输入的学号查询到的姓名、性别、民族和出生日期数据存放到一维数组 tmp 中，并将 tmp 数组诸元素的值赋值到各文本框。

【操作步骤】

1）用表单向导建立不带按钮的一对多表单 sy6-1，如图 10-37 所示。

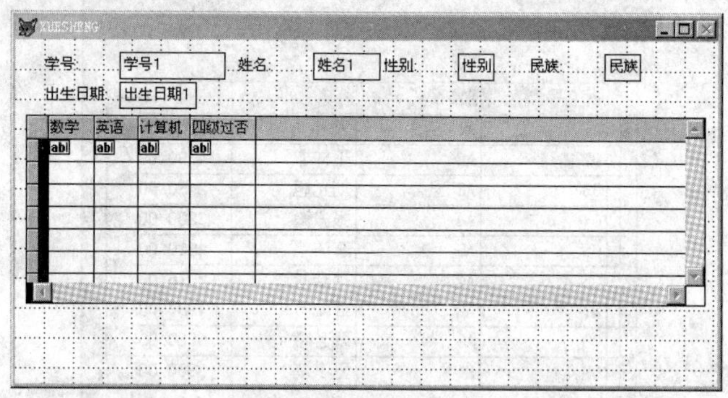

图 10-37　用向导建立表单

2）打开表单 sy6-1，在表单设计器中，编辑标签 Label1 的 Caption 属性为“请输入学号：”；表格控件 Grid1 的 RecordSourceType 属性更改为“4-SQL 说明”；RecordSource 属性更改为空。改变各个控件的位置，如图 10-38 所示。

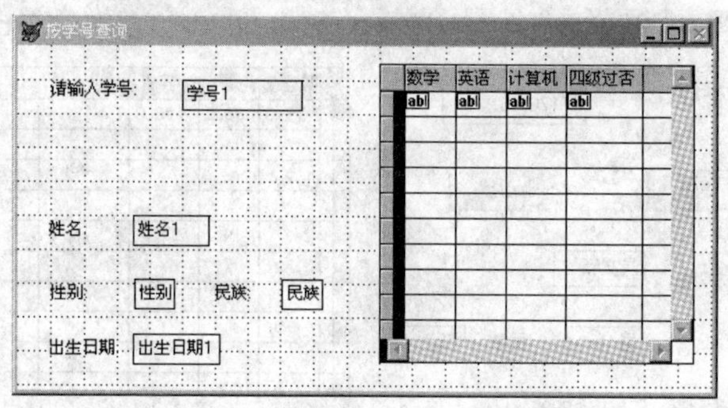

图 10-38　用设计器修改表单

3）在表单设计器中，添加两个命令按钮，Caption 属性分别为“查询”和“退出”。

4）在表单设计器中，双击“退出”命令按钮，在 Command2 的 Click 编辑窗口中输入“ThisForm. Release”，接着关闭编辑窗口。

5）在表单设计器中，双击“查询”命令按钮，编辑 Command1 的 Click 事件的方法，如图 10-39 所示。

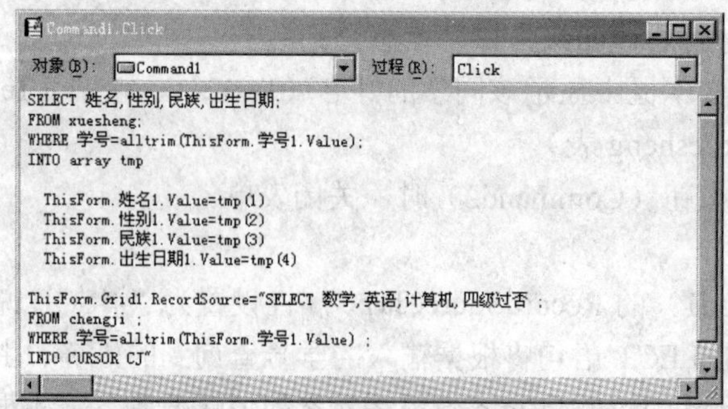

图 10-39　Command1 的 Click 事件代码

6）保存并运行表单 sy6form。

7）在表单上输入学号“20170115”，单击“查询”按钮，查看表单控件数据显示，如图 10-36 所示。改变学号查询其他人的信息。

提示 根据文本框输入的“学号”值（ThisForm.学号 1.Value）进行查询；ALLTRIM( ) 函数是去左右空格函数。两段 SQL 语句分别生成数组和临时表；文本框的赋值用 Value 属性；表格控件中显示的记录用 RecordSource 属性。

7. 列表框控件与表字段

【实验题目】 建立表单 sy7form，要求在列表框中显示 jiaoshi 表的“姓名”字段。在表单上单击，刷新表单；在列表框中选一个姓名，则在表单上输出该教师的信息，如图 10-40 所示。

【操作步骤】

1）用命令 CREATE FORM sy7form 新建表单。

2）将 jiaoshi 表添加到数据环境，并添加控件 List1。

3）设置控件属性：设置 List1 的 RowSourceType 属性为“6-字段”，RowSource 属性为“姓名”，如图 10-41 所示。

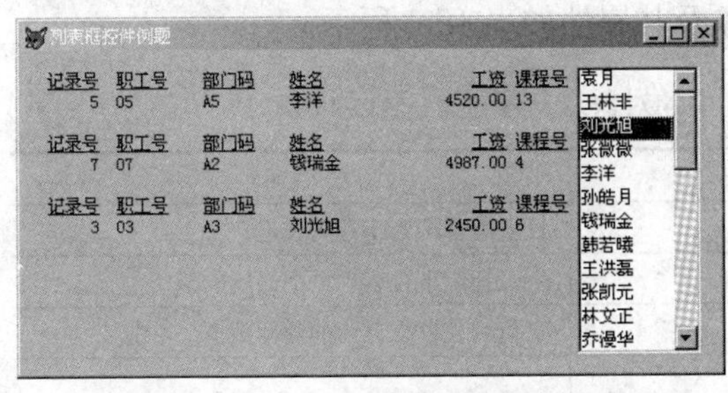

图 10-40　教师信息

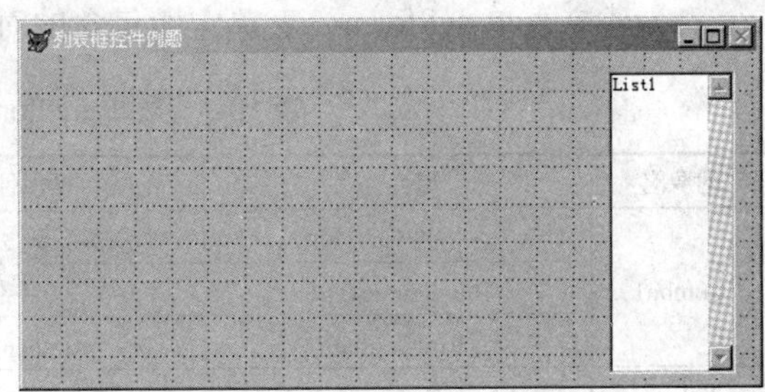

图 10-41　列表框控件界面设计

提示 列表框的 RowSourceType 属性是重要的属性之一，常用“表的字段”作为属性值，并且在另一个重要的属性 RowSource 中设置具体的表名。

4）编写事件代码。Form1 的 Click 事件代码如下：

```
ThisForm.Refresh
```

提示 Refresh 是表单的方法，用来刷新表单。注意调用方法与属性设置的不同。

在 List1 的 InteractiveChange 事件编写代码如下：

```
DISP  FOR  姓名=ThisForm.List1.Value
```

5）保存表单。运行表单时表单上的列表框中显示所有教师的名字，单击其中一个名字，在表单上显示此人信息，单击表单可以刷新。

8. 组合框控件与表字段

【实验题目】 设计及运行表单如图 10-42 和图 10-43 所示，在下拉列表框中选择数据表名后，数据表中的数据将显示在表格中。

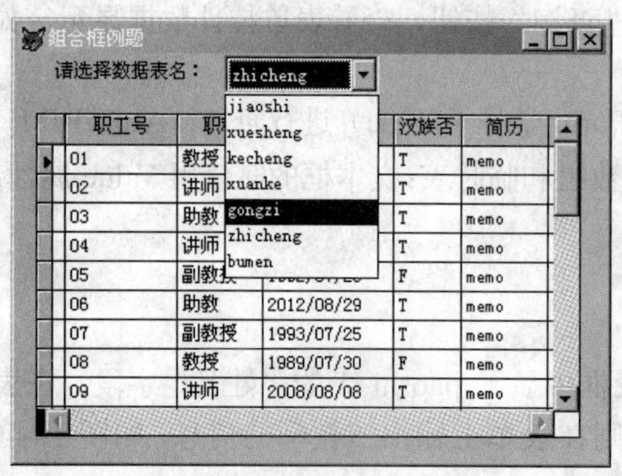

图 10-42　组合框表单

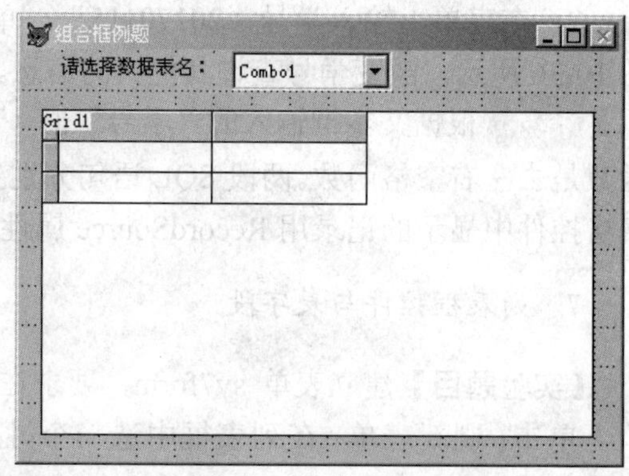

图 10-43　组合框表单设计

提示 在表格控件设计中，如果文本框输入错误表名，则无法输出记录。因为不清楚可以输出哪些表的记录，所以很容易出错。然而把文本输入改为列表框选择表名，就避免了这个问题。使用下拉列表框还能节省表单大量空间。

【操作步骤】

1）建立表单 sy8form，表单中所包含的对象及其属性如表 10-3 所示。

表 10-3　表单 sy8form 中的对象及其属性

对象名	属性名	属性值	说明
Combo1	Style	2	设置组合框为下拉列表框
	RowSourceType	1-值	手工指定下拉列表框中显示的值
	RowSource	xuesheng,jiaosi	下拉列表框中显示的具体数据
Label1	Caption	请选择数据表名：	
Grid1	RecordSourceType	1	

2）将 xuesheng、chengji、xuanke、kecheng、jiaoshi、zhicheng、gongzi、bumen 表添加到数据环境中。

3）Combo1 的 Click 事件代码如下：

```
ThisForm.Grid1.RecordSource=ThisForm.Combo1.Value
```

4）保存并运行表单。在下拉列表框中选中表，按 Enter 键后在表格中显示表记录。

9. 页框控件

【实验题目】创建一个表单 sy9form，如图 10-44 所示，表单的标题为“页框控件例题”，在表单中包括一个页框控件 Pageframe1，在页框中有 3 个页面：Page1（学生信息）、Page2（课程信息）和 Page3（成绩）。要求当表单运行时，在 Page1 中显示 xuesheng 表的内容，在 Page2 中显示 kecheng 表的内容，在 Page3 中显示 chengji 表的内容。

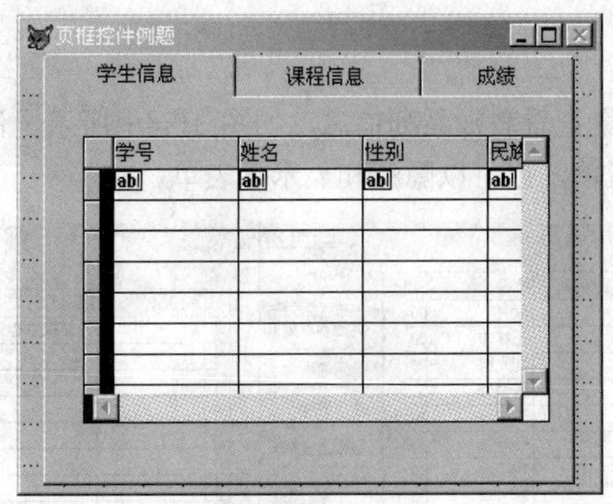

图 10-44　页框控件界面设计

【操作步骤】

1）创建表单界面。在命令窗口中输入“CREATE FORM sy9form”，启动表单设计器。向表单中添加页框控件 Pageframe1，打开表单的数据环境，依次添加表 xuesheng、kecheng、chengji。

2）设置控件属性。打开属性窗口，选择 Form1，设置 Caption 属性为“页框控件例题”。选择 Pageframe1，设置 PageCount 属性为“3”。在属性窗口的名称框下拉列表中，选择 Pageframe1 中的 Page1，设置 Caption 属性为“学生信息”。在属性窗口的名称框下拉列表中，选择 Pageframe1 中的 Page2，设置 Caption 属性为“课程信息”。在属性窗口的名称框下拉列表中，选择 Pageframe1 中的 Page3，设置 Caption 属性为“成绩”。在页框控件 Pageframe1 上右击，在弹出的快捷菜单中选择“编辑”选项，则页框控件被绿色编辑框包围，此时单击一页，将表拖进其中。

从表单数据环境中选择表 xuesheng，将其拖拽到 Page1 中。

从表单数据环境中选择表 kecheng，将其拖拽到 Page2 中。

从表单数据环境中选择表 chengji，将其拖拽到 Page3 中。

提示　在页框上右击，在弹出的快捷菜单中选择“生成器”选项，也同样可以设置 PageCount 和 Caption 属性，与属性窗口设置结果相同。

3）保存并运行表单 sy9form，结果如图 10-45 所示。

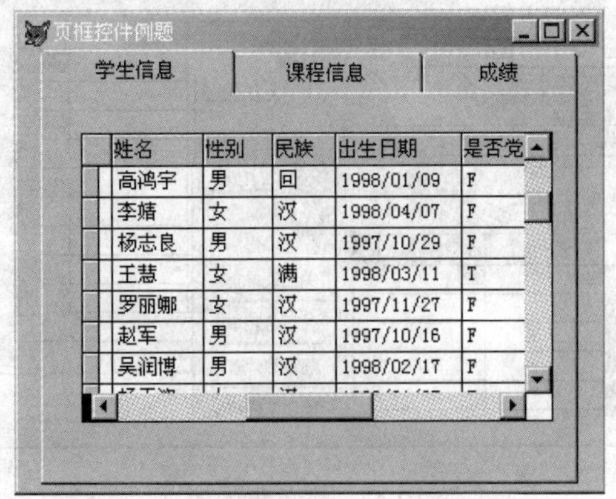

图 10-45　页框控件例题

10. 表单集

【实验题目】用表单集查看教师系列信息，如图 10-46 所示。使用命令按钮组，使其能够同时关闭表单集所属表单，也可以隐藏和显示各表单。

图 10-46　表单集的运行

【操作步骤】

1）创建表单界面。在命令窗口中输入“CREATE FORM sy10form”，启动表单设计器。

2）选择“表单”→“创建表单集”选项，然后选择“表单”→“添加新表单”选项，共添加 3 个表单，形成有 4 个表单的表单集。

3）向 Form1 中添加一个命令按钮组 Commandgroup1 并右击，在弹出的快捷菜单中选择“生成器”选项，设置命令按钮组由 6 个命令按钮组成，并修改标题，如图 10-47 所示。

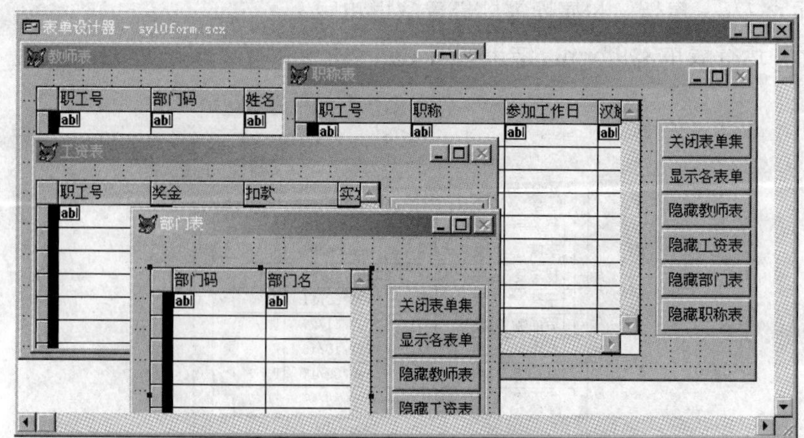

图 10-47　表单集的建立

4）打开表单的数据环境，依次添加表 jiaoshi、gongzi、bumen、zhicheng，并建立表间关系，如图 10-48 所示。并将各表分别拖动到表单集的 Form1、Form2、Form3、Form4 表单中。

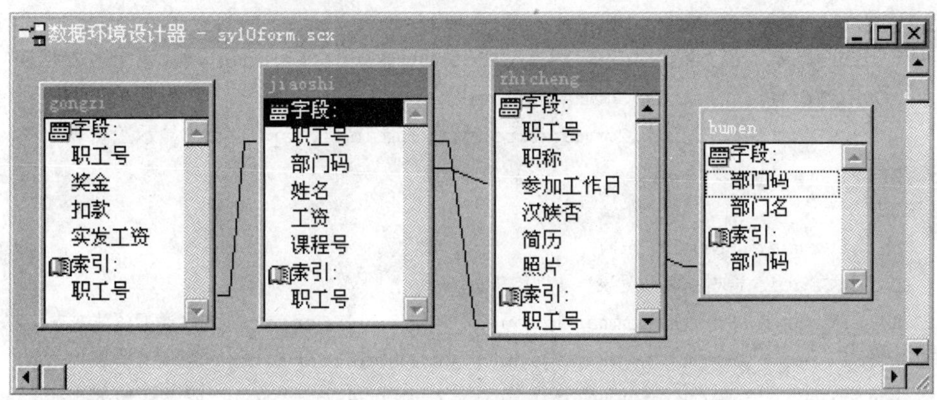

图 10-48　表单集的数据环境

5）设置控件属性。打开属性窗口，选择 Form1、Form2、Form3、Form4 设置 Caption 属性分别为“教师表”“工资表”“部门表”“职称表”。

6）添加事件代码如下。

① 在对象 Command1 的 Click 事件中添加代码：

```
ThisFormset.Release
```

② 在对象 Command2 的 Click 事件中添加代码：

```
DO FORM  sy10form
```

③ 在对象 Command3 的 Click 事件中添加代码：

```
IF  This.Caption="隐藏教师表"
  ThisFormset.Form1.Hide
  This.Caption="显示教师表"
  ThisFormset.Form2.Commandgroup1.Command3.Caption="显示教师表"
  ThisFormset.Form3.Commandgroup1.Command3.Caption="显示教师表"
  ThisFormset.Form4.Commandgroup1.Command3.Caption="显示教师表"
  ThisFormset.Refresh
ELSE
  ThisFormset.Form1.Show
  This.Caption="隐藏教师表"
  ThisFormset.Form2.Commandgroup1.Command3.Caption="隐藏教师表"
  ThisFormset.Form3.Commandgroup1.Command3.Caption="隐藏教师表"
  ThisFormset.Form4.Commandgroup1.Command3.Caption="隐藏教师表"
  ThisFormset.refresh
ENDIF
```

④ 在对象 Command4 的 Click 事件中添加代码：

```
IF  This.Caption="隐藏工资表"
ThisFormset.Form2.Hide
   This.Caption="显示工资表"
   ThisFormset.Form1.Commandgroup1.Command4.Caption="显示工资表"
   ThisFormset.Form3.Commandgroup1.Command4.Caption="显示工资表"
   ThisFormset.Form4.Commandgroup1.Command4.Caption="显示工资表"
ThisFormset.Refresh
ELSE
 ThisFormset.Form2.Show
 This.Caption="隐藏工资表"
 ThisFormset.Form1.Commandgroup1.Command4.Caption="隐藏工资表"
 ThisFormset.Form3.Commandgroup1.Command4.Caption="隐藏工资表"
 ThisFormset.Form4.Commandgroup1.Command4.Caption="隐藏工资表"
 ThisFormset.Refresh
ENDIF
```

⑤ 在对象 Command5 的 Click 事件中添加代码：

```
IF  This.Caption="隐藏部门表"
    ThisFormset.Form3.Hide
    This.Caption="显示部门表"
    ThisFormset.Form2.Commandgroup1.Command5.Caption="显示部门表"
    ThisFormset.Form1.Commandgroup1.Command5.Caption="显示部门表"
    ThisFormset.Form4.Commandgroup1.Command5.Caption="显示部门表"
    ThisFormset.Refresh
ELSE
    ThisFormset.Form3.Show
    This.Caption="隐藏部门表"
    ThisFormset.Form2.Commandgroup1.Command5.Caption="隐藏部门表"
    ThisFormset.Form1.Commandgroup1.Command5.Caption="隐藏部门表"
    ThisFormset.Form4.Commandgroup1.Command5.Caption="隐藏部门表"
    ThisFormset.Refresh
ENDIF
```

⑥ 在对象 Command6 的 Click 事件中添加代码：

```
IF  This.Caption="隐藏职称表"
    ThisFormset.Form4.Hide
    This.Caption="显示职称表"
    ThisFormset.Form2.Commandgroup1.Command6.Caption="显示职称表"
    ThisFormset.Form3.Commandgroup1.Command6.Caption="显示职称表"
    ThisFormset.Form1.Commandgroup1.Command6.Caption="显示职称表"
    ThisFormset.Refresh
```

```
ELSE
    ThisFormset.Form4.Show
    This.Caption="隐藏职称表"
    ThisFormset.Form2.Commandgroup1.Command6.Caption="隐藏职称表"
    ThisFormset.Form3.Commandgroup1.Command6.Caption="隐藏职称表"
    ThisFormset.Form1.Commandgroup1.Command6.Caption="隐藏职称表"
    ThisFormset.Refresh
ENDIF
```

7）保存并运行表单 sy10form，在各表单中可以分别查看教师表、工资表、部门表、职称表信息。

8）在教师表表单中，单击“03”号职工，查看其他表单中信息的相应变化。

9）单击各命令按钮查看表单集中各表单的隐藏和显示，最后单击“关闭表单集”按钮，查看表单集的释放。

11. 表单中容器控件中对象的引用——以表格为例

【实验题目】创建“各部门教师工资”表单 sy11form，完成以下操作。

1）表单中包括一个标签（Label1）、一个列表框（List1）、一个表格（Grid1）。

2）在表单的数据环境中添加 jiaoshi 表、gongzi 表、bumen 表。

3）列表框用于显示部门名。

4）表格用于显示所在部门教师的姓名、工资、奖金信息，如图 10-49 所示。

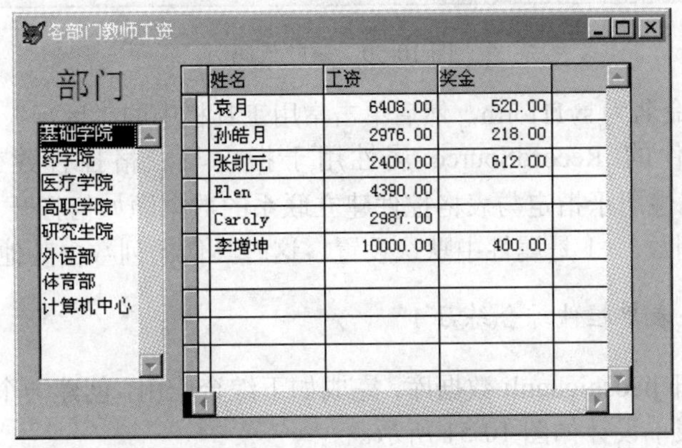

图 10-49 表单运行结果

【操作步骤】

1）通过“新建”对话框新建一个表单，将表单的 Caption 属性设置为“各部门教师工资”，向表单中添加一个标签、一个列表框和一个表格控件，适当调整各控件的大小及位置，如图 10-49 所示。

2）在表单空白处右击，在弹出的快捷菜单中选择“数据环境”选项，将 jiaoshi 表、gongzi 表、bumen 表添加到数据环境中。

3）在表单设计器窗口下，将标签（Label1）控件的 Caption 属性设为“部门”，AutoSize 属性为.T. 。将列表框（List1）控件的 RowSource 属性设为“bumen. 部门名”，RowSourceType

属性设为“6-字段”。

4）在表单设计器下，将表格控件 Grid1 的 ColumnCount 属性设为“3”，将 Grid1 中的 Column1、Column2、Column3 容器控件中的 Header1 控件的 Caption 属性值设置为“姓名”“工资”“奖金”。

提示 表格控件是一种容器对象，包含的多个列对象也都是容器，在列容器中包含标头等对象，表格、列、标头和其他控件都有自己的属性事件和方法。在属性窗口设置时，要注意找准对象；也可以在代码窗口中用代码设置，要特别注意调用层次，如在 Form1 的 Load 事件中设置：

```
ThisForm.Grid1.Column1.Header1.Caption='姓名'
```

5）分别将 Grid1 容器中的 Column1、Column2、Column3 控件的 ControlSource 属性设置为“ ”、0、0。

6）双击列表框控件 List1，编写其 Click 事件代码如图 10-50 所示。

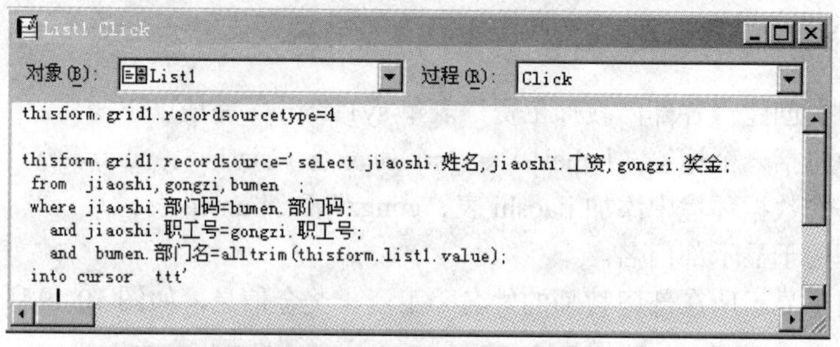

图 10-50　事件代码

7）保存表单并命名为 sy11form，然后单击常用工具栏中的“运行”按钮，运行表单。

说明 表格控件的 RecordSource 属性用于指定与表格控件建立联系的数据源。RecordSourceType 属性用于指定与表格控件建立联系的数据源如何打开。ColumnCount 属性用于设置表格中的列数，-1 是属性中默认设置，这时具体的列数由其他代码决定。

12. 数据表相关表单控件综合练习 1

【实验题目】打开 jiaoshiguanli 数据库，完成如下综合应用，创建一个标题为“教师查询”的表单 sy12form，表单设计如图 10-51 所示。

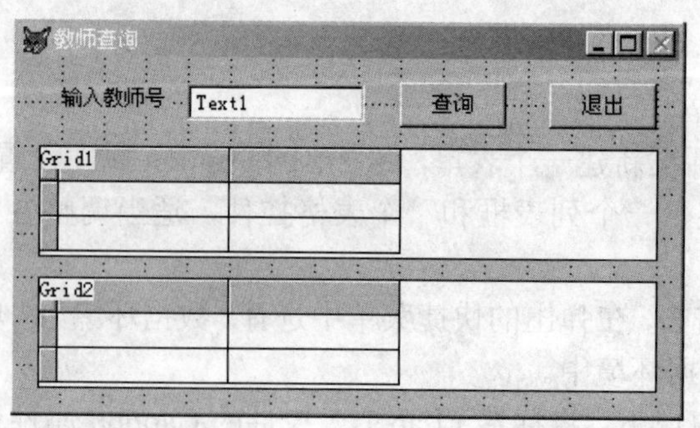

图 10-51　表单设计器图

表单要求如下。

1）为表单建立数据环境，依次向数据环境添加 jiaoshi、zhicheng 和 gongzi 表。

2）表单启动后自动居中。

3）在该表单中设计一个标签、一个文本框、两个表格和两个命令按钮。

4）标签对象标题文本为“输入教师号”；文本框用于输入教师号；两个表格控件用于显示结果。

5）命令按钮的功能如下。

① “查询”按钮：在该按钮的 Click 事件中使用 SQL 的 SELECT 命令查询教师号等于输入的“教师号”的教师的姓名、职称和参加工作日，以及教师的工资、奖金、扣款、实发工资等信息。

② 将查询的教师信息在表格控件 Grid1 中显示，同时将结果存储到表 jiaoshixinxi 中。

③ 将查询的教师工资的结果在表格控件 Grid2 中显示，同时将结果存储到表 jiaoshi gongzi 中。

提示 jiaoshixinxi 表、jiaoshigongzi 表的结构分别如下。

Jiaoshixinxi（姓名，职称，参加工作日）。

Jiaoshigongzi（工资，奖金，扣款，实发工资）。

④“退出”按钮：其功能是关闭和释放表单。

提示 表格控件的 RecordSourceType 属性设置为“4-SQL 说明”。

表单设计完成后，运行该表单，查询教师号等于“03”的教师信息和工资情况信息。

【操作步骤】

1）新建表单，保存表单文件名为 sy12form.scx。

2）修改表单的 Caption 属性为“教师查询”，AutoCenter 为.T.。

3）在表单中右击，在弹出的快捷菜单中选择“数据环境”选项，依次添加 jiaoshiguanli 数据库中的表 jiaoshi、zhicheng 和 gongzi。

4）按图 10-51 所示添加一个标签、一个文本框和两个表格及两个命令按钮，并设置标签及两个命令按钮的 Caption 属性值分别为“输入教师号”“查询”“退出”，两个表格的 RecordSourceType 属性为“4-SQL 说明”。

5）在“查询”按钮的 Click 事件中输入图 10-52 所示的程序代码。

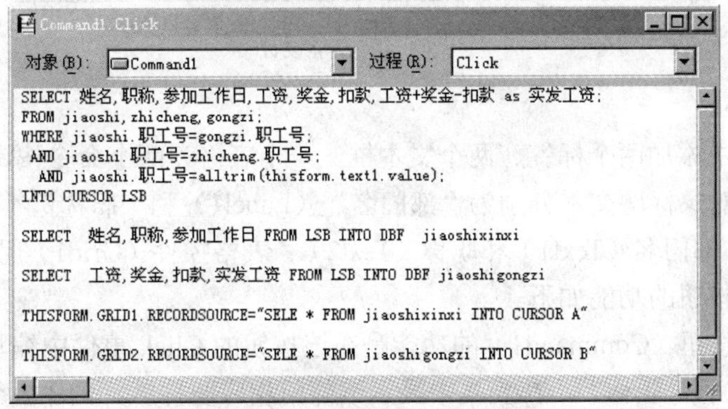


```
SELECT 姓名,职称,参加工作日,工资,奖金,扣款,工资+奖金-扣款 as 实发工资;
FROM jiaoshi,zhicheng,gongzi;
WHERE jiaoshi.职工号=gongzi.职工号;
 AND jiaoshi.职工号=zhicheng.职工号;
  AND jiaoshi.职工号=alltrim(thisform.text1.value);
INTO CURSOR LSB

SELECT  姓名,职称,参加工作日 FROM LSB INTO DBF  jiaoshixinxi

SELECT  工资,奖金,扣款,实发工资 FROM LSB INTO DBF jiaoshigongzi

THISFORM.GRID1.RECORDSOURCE="SELE * FROM jiaoshixinxi INTO CURSOR A"

THISFORM.GRID2.RECORDSOURCE="SELE * FROM jiaoshigongzi INTO CURSOR B"
```

图 10-52 Command1 的 Click 事件代码

说明 先将所有的查询结果保存到临时表 LSB 中，再分别使用查询语句将结果保存到 TABA、TABB 中，最后将 Grid1 和 Grid2 的数据源设为两个查询的全部结果。

6）在“退出”按钮的 Click 事件中输入如下代码。

```
ThisForm.Release
```

7）按题目要求输入教师号“03”，运行并保存程序，如图 10-53 所示。

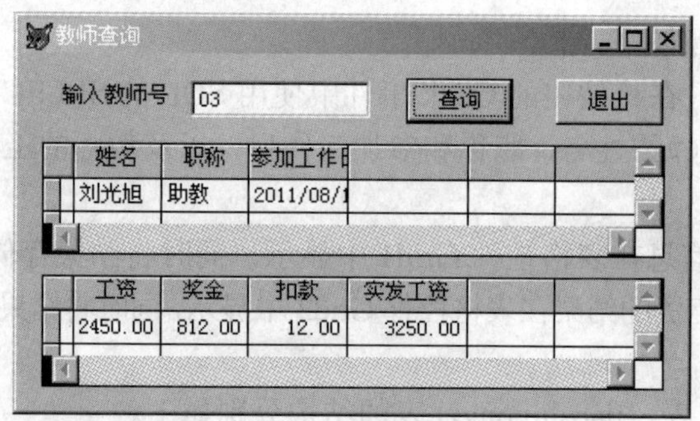

图 10-53　表单 sy11form 运行结果

13. 数据表相关表单控件综合练习 2

【实验题目】 打开 jiaoshiguanli 数据库，完成如下综合应用。创建一个标题为“按部门和职称查询工资”、表单名为 biaodan13、文件名为 sy13form.scx 的表单，表单设计如图 10-54 所示。

图 10-54　表单设计

表单要求如下。

1）向该表单中添加两个标签、两个文本框、一个表格和两个命令按钮。

2）两个标签对象标题文本分别为“部门名”（Label1）和“职称”（Label2）；两个文本框分别用于输入部门名（Text1）和职称（Text2）；表格控件（Grid1）用于显示查询结果。

3）两个命令按钮的功能如下。

①“查询”按钮（Command1）的功能是在该按钮的 Click 事件中编写程序代码，根据输入的“部门号”和“职称”，在表格中显示该部门相应职称教师的“姓名”“工资”“奖金”“扣款”“实发工资”，将查询结果存储到以“bd+部门名”为名称的表中（例如，部

门名为“基础学院”，则相应的表名为“bd基础学院.dbf”）。

② “退出”按钮（Command2）的功能是关闭并释放表单。

4）表单设计完成后，运行该表单，输入部门名为“基础学院”；职称为“教授”，单击“查询”按钮进行查询。

【操作步骤】

1）打开jiaoshiguanli数据库。

2）通过“新建”对话框新建一个表单。设置Caption属性为“按部门和职称查询工资”；Name属性为“biaodan13”。

3）按照题目的要求为表单添加控件，设置Command1的Caption属性为“查询”，Command2的Caption属性为“退出”；Label1的Caption属性为“部门名”，Label2的Caption属性为“职称”；表格控件的ColumnCount属性为“5”，RecordSourceType属性为“4-SQL语句”，并适当调整位置，结果如图10-55所示。

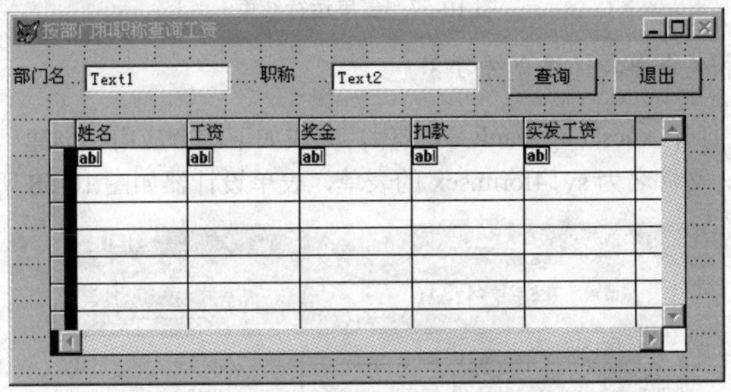

图10-55 sy13form表单属性设置

4）右击表单空白处，在弹出的快捷菜单中选择“编辑”选项，分别设置各列的Header对象的Caption属性为“姓名”“工资”“奖金”“扣款”“实发工资”。

5）设置“查询”按钮的Click事件代码，如图10-56所示。

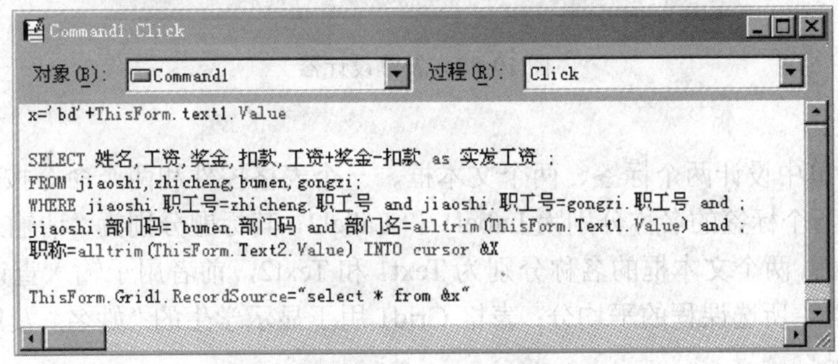


```
x='bd'+ThisForm.text1.Value

SELECT 姓名,工资,奖金,扣款,工资+奖金-扣款 as 实发工资 ;
FROM jiaoshi,zhicheng,bumen,gongzi;
WHERE jiaoshi.职工号=zhicheng.职工号 and jiaoshi.职工号=gongzi.职工号 and ;
jiaoshi.部门码= bumen.部门码 and 部门名=alltrim(ThisForm.Text1.Value) and ;
职称=alltrim(ThisForm.Text2.Value) INTO cursor &X

ThisForm.Grid1.RecordSource="select * from &x"
```

图10-56 “查询”按钮的Click事件代码

6）设置“退出”按钮的Click事件代码如下。

```
ThisForm.Release
```

7）以 sy13form.scx 为文件名对表单进行保存并运行。在“部门名”文本框中输入“基础学院”，在“职称”文本框中输入“教授”，单击“查询”按钮查看表格中的显示结果，最后单击“退出”按钮结束表单的运行，如图 10-54 和图 10-57 所示。

按部门和职称查询工资

姓名	工资	奖金	扣款	实发工资
袁月	6408.00	520.00	102.00	6826.00
李增坤	10000.00	400.00	50.00	10350.00

图 10-57　表单运行结束

14. 数据表相关表单控件综合练习 3

【实验题目】打开 xueshengguanli 数据库，完成如下综合应用。创建一个标题为“学生选课情况查询”、文件名为 sy14form.scx 的表单，表单设计器如图 10-58 所示。

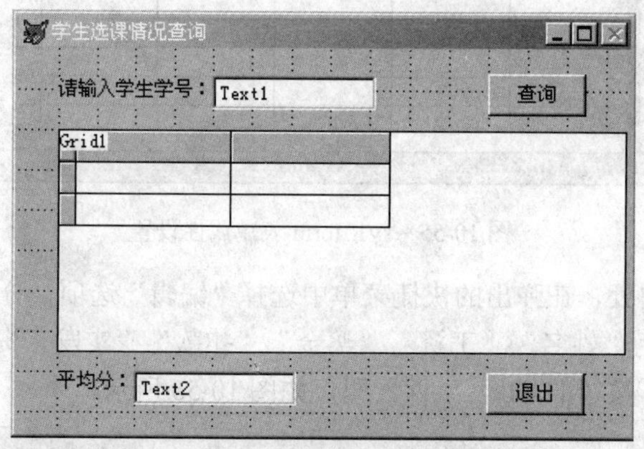

图 10-58　表单设计器

表单要求如下。

1）在该表单中设计两个标签、两个文本框、一个表格控件和两个命令按钮。

2）表单中两个标签的名称分别为 Label1 和 Label2，其标题分别为“请输入学生学号：”和“平均分：”；两个文本框的名称分别为 Text1 和 Text2，前者用于输入查询的学生学号，后者用于显示学生所选课程的平均分；表格 Grid1 用于显示学生的“姓名”及所选“课程号”和“成绩”情况。

3）两个命令按钮的功能如下。

①“查询”按钮（Command1）：在该按钮的 Click 事件中编写程序，采用 SQL 语句根据第一个文本框输入的学生学号进行查询。在表格控件中显示该学生的姓名和所选课程的课程号及该课程的成绩，按照各课程的成绩升序排序。该查询结果应同时存储到表 cj 中。

另外需要统计该同学的平均成绩，并将结果显示在 Text2 文本框中。

② “退出”按钮（Command2）：关闭并释放表单。

4）表单设计完成后，运行该表单，输入学生号“20160120”，单击“查询”按钮进行查询。

【操作步骤】

1）单击“打开”按钮，在打开的“打开”对话框中选择 xueshengguanli 数据库。

2）单击“新建”按钮，在打开的“新建”对话框中选中“表单”单选按钮，再单击“新建文件”按钮，新建表单。

3）单击“保存”按钮，将表单保存为 sy14form。

4）在表单上添加标签控件，并将 Caption 属性设置为“请输入学生学号：”。两个命令按钮的 Caption 属性分别为“查询”“退出”，并进行适当的布置和大小调整，如图 10-58 所示。

5）将表格 Grid1 的 RecordSourceType 属性值设置为“4-SQL 说明”。

6）设置“查询”按钮的 Click 事件代码，如图 10-59 所示。

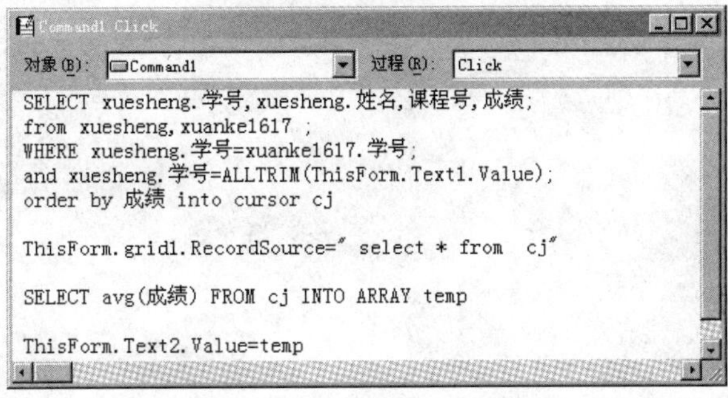

图 10-59　Command1 的 Click 的事件代码

7）设置“退出”按钮的 Click 事件代码如下。

```
ThisForm.Release
```

提示 先将所有的查询结果保存到临时表 cj 中，再使用查询语句将成绩的平均值保存到数组 temp 中，此时数组 temp 中只有一个元素。

8）保存表单并运行，在“输入学生学号：”文本框输入“20160120”，单击“查询”按钮进行计算。最后，单击“退出”按钮结束，运行结果如图 10-60 所示。

图 10-60　表单运行

习 题 篇

第1章 习 题

一、单选题

1．退出 Visual FoxPro 6.0 的方法错误的是（　　）。

A．在命令窗口中输入命令“QUIT”，然后按 Enter 键

B．选择系统菜单的“文件”→“退出”选项

C．单击系统主窗口右上角的“关闭”按钮

D．用 Alt+F2 组合键退出系统

2．在命令窗口中，不能实现的操作是（　　）。

A．在命令窗口中显示命令执行结果　　B．重复执行已执行过的命令

C．同时执行多个命令　　D．复制已执行过的命令

3．Visual FoxPro 的主界面包括（　　）。

A．工具栏和状态栏　　B．标题栏和菜单

C．命令窗口　　D．以上全部

4．关于 Visual FoxPro 的配置，下列说法错误的是（　　）。

A．对配置所做的更改既可以是临时的，也可以是永久的

B．可以通过 SET 命令和“选项”对话框定制自己的系统环境

C．在“选项”对话框中选择各项设置，单击“确定”按钮之后，所改变的设置是临时的，仅在本次系统运行期间有效

D．单击“选项”对话框中的“设置为默认值”按钮，Visual FoxPro 将把系统环境还原成最初的系统默认配置

5．Visual FoxPro 安装完成后可以在“选项”对话框中进行相关设置，设置货币符号在（　　）中完成。

A．“显示”选项卡　　B．“常规”选项卡

C．“区域”选项卡　　D．“字段”选项卡

6．Visual FoxPro 中修改数据库、表单和报表等组件的可视化工具是（　　）。

A．向导　　B．生成器　　C．设计器　　D．项目管理器

7．Visual FoxPro 中，扩展名为.mnx 的文件是（　　）。

A．备注文件　　B．项目文件　　C．表单文件　　D．菜单文件

8．Visual FoxPro 中，扩展名为.scx 的文件是（　　）。

A．备注文件　　B．项目文件　　C．表单文件　　D．菜单文件

9．Visual FoxPro 中，扩展名为.pjx 的文件是（　　）。

A．数据库表文件　B．表单文件　C．数据库文件　D．项目

10．Visual FoxPro 中，表单文件的扩展名是（　　）。

A．.frm　B．.prg　C．.scx　D．.vcx

11．Visual FoxPro 中，可视类库文件的扩展名是（　　）。

A．.dbf　B．.scx　C．.vcx　D．.dbc

12．Visual FoxPro 中，数据库文件的扩展名是（　　）。

A．.dbf　B．.dbc　C．.dcx　D．.dbt

13．Visual FoxPro 中，数据库表文件的扩展名是（　　）。

A．.dbf　B．.dbc　C．.dcx　D．.dbt

14．Visual FoxPro 中，扩展名为.mpr 的文件是（　　）。

A．菜单文件　B．菜单程序文件

C．菜单备注文件　D．菜单参数文件

15．关于 Visual FoxPro 命令窗口，下列说法错误的是（　　）。

A．命令窗口是可编辑窗口

B．命令窗口可以通过 Esc 键关闭

C．命令窗口可以重复执行命令

D．在命令窗口中，当一条命令特别长时，可以用续行符号续行编写

16．Visual FoxPro 6.0 的性能指标中错误的是（　　）。

A．每个表的最大记录数为 10 亿

B．每个记录最大字符数为 500

C．每个表字段最大字符数为 254

D．表文件最大尺寸 2GB

二、填空题

1．Visual FoxPro 6.0 设计器对话框主要包括表设计器、________、________、________、________、________、________等。

2. Visual FoxPro 6.0 的生成器主要有________、________、________、________、________等。

3．通常情况下，向导和设计器是对应的，但是有一种设计器没有向导和它对应，是________设计器。

4．工具条实际上也是一种窗口，只是这种窗口只能改变其________而不能改变其________。

5．在 Visual FoxPro 6.0 中，系统提供________和________两种操作方式。

6．交互方式又分为________和________。可视化操作主要包括菜单操作、设计器、向导、生成器等工具类操作。

7．Visual FoxPro 6.0 的系统界面主要由标题栏、菜单栏、工具栏、状态栏、工作区及________窗口组成。

8．FoxPro 是自含型数据库管理系统，是________和________混合的系统，可以以解释的方式定义、操纵数据库，也可以将操作过程编写成程序进行编译、脱离系统直接运行，所以特别受欢迎。

9．Visual FoxPro 6.0 菜单种类繁多，如弹出式菜单、条形菜单、________菜单、层叠式菜单和列表菜单，其中前 3 项是最为常用的菜单。

10．工具栏的显示方式分为________显示和________显示两种。

第2章 习 题

一、单选题

1. 字符型数据的表示符是（　　）。

A. C　　B. N　　C. L　　D. D

2. 字符型常量的定界符不包括（　　）。

A. 单引号　　B. 双引号　　C. 花括号　　D. 方括号

3. 字符型常量aa正确的使用方法是（　　）。

A. [aa]　　B. {aa}　　C. .aa.　　D. aa

4. 正确描述数据类型表示符的是（　　）。

A. 字符型是Z　　B. 数值型是S

C. 逻辑型是L　　D. 日期型是R

5. Visual FoxPro结构化程序设计中的3种基本逻辑结构不包括（　　）。

A. 选择结构　　B. 循环结构

C. 嵌套结构　　D. 顺序结构

6. 在Visual FoxPro中，通用型字段G和备注型字段M在表中的宽度都是（　　）字节。

A. 2　　B. 4　　C. 8　　D. 10

7. 在Visual FoxPro中程序文件的扩展名为（　　）。

A. .spr　　B. .qpr　　C. .fxp　　D. .prg

8. 在Visual FoxPro中EXIT命令只可以使用在（　　）。

A. 顺序程序　　B. 分支程序　　C. 循环程序　　D. 任何结构下的程序

9. 在Visual FoxPro中，要执行程序temp.prg，应该执行的命令是（　　）。

A. DO PRG temp.prg　　B. DO temp.prg

C. DO CMD temp.prg　　D. DO FORM temp.prg

10. 在Visual FoxPro中，有如下几个内存变量语句。

```
X={^2001-07-28 }
Y=.T.
N=123.45
Z="123.45"
```

执行上述赋值语句之后，内存变量*X*、*Y*、*N*、*Z*的内存变量的数据类型是（　　）。

A. T　M　C　N　　B. D　L　C　N

C. T　L　N　C　　D. D　L　N　C

11．在 Visual FoxPro 中，有关 SCAN 循环结构叙述正确的是（ ）。

A．在使用 SCAN 循环结构时，必须打开某一个数据表

B．SCAN 循环结构体中，必须要有 SKIP 语句

C．SCAN 循环结构中的 EXIT 语句，可将程序流程直接指向循环开始的 SCAN 语句

D．SCAN 循环结构中，如果省略了条件和范围子句，则允许直接退出循环

12．在 Visual FoxPro 中，有关 FOR 循环结构的叙述正确的是（ ）。

A．对于 FOR 循环结构，循环的次数是未知的

B．FOR 循环结构中，可以使用 EXIT 语句，但不能使用 LOOP 语句

C．FOR 循环结构中，通过循环变量来控制循环次数

D．FOR 循环结构中，可以使用 LOOP 语句，但不能使用 EXIT 语句

13．在 Visual FoxPro 中，用于建立或编辑程序文件 abc.prg 的命令是（ ）。

A．MODIFY abc　　B．MODIFY COMMAND abc

C．MODIFY PROCEDURE abc　　D．MODIFY VIEW abc

14．在 Visual FoxPro 中，下列属于分支语句的是（ ）。

A．DO CASE…ENDCASE　　B．DO WHILE…ENDDO

C．FOR…ENDFOR　　D．SCAN…ENDSCAN

15．在 Visual FoxPro 中，如果希望跳出 SCAN…ENDSCAN 循环体，执行 ENDSCAN 后面的语句应使用（ ）。

A．LOOP 语句　　B．EXIT 语句

C．BREAK 语句　　D．RETURN 语句

16．在 Visual FoxPro 中，如果希望跳出 FOR…ENDFOR 循环体，执行 ENDFOR 后面的语句应使用（ ）。

A．LOOP 语句　　B．EXIT 语句

C．BREAK 语句　　D．RETURN 语句

17．在 Visual FoxPro 中，可以终止程序并将控制返回操作系统状态的命令是（ ）。

A．RETURN　　B．QUIT　　C．EXIT　　D．CANCEL

18．在 Visual FoxPro 中，关于?和??的输出语句，下列说法中错误的是（ ）。

A．?和??只能输出多个同类型表达式的值

B．?从当前光标所在行的下一行起始列开始显示

C．??从当前光标的位置处开始显示

D．?和??后可以没有表达式

19．在 Visual FoxPro 的命令窗口中执行程序文件 fm.prg 的命令格式是（ ）。

A．DO PROGRAM fm.prg　　B．DO fm.prg

C．!fm.prg　　D．RUN fm.prg

20．在 Visual FoxPro 的 DO WHILE…ENDDO 循环结构中，LOOP 命令的作用是（ ）。

A．退出过程，返回程序开始处

B．转移到 DO WHILE 语句行，开始下一个判断和循环

C．终止循环，将控制转移到本循环结构 ENDDO 后面的第一条语句继续执行

D．终止程序执行

21．在 Visual FoxPro 的 DO WHILE…ENDDO 的循环结构中，下列叙述正确的是（　　）。

A．循环体中的 LOOP 和 EXIT 语句的位置是固定的

B．在程序中应加入控制循环结束的语句

C．执行到 ENDDO 时，首先判断表达式的值，然后返回 DO WHILE 语句

D．循环体中的 LOOP 语句的作用是跳出循环体

22．用 Visual FoxPro 中的 DO 命令可以调用（　　）。

A．数据库文件　　B．程序文件

C．索引文件　　D．内存变量文件

23．以下赋值语句正确的是（　　）。

A．STORE 8 TO X,Y　　B．X=8,Y=9

C．STORE 8,9 TO X,Y　　D．X,Y=8

24．一个数据表文件中多个备注字段的内容存放在（　　）。

A．这个数据表文件中　　B．一个备注文件中

C．多个备注文件中　　D．一个文本文件中

25．下面有关变量的描述正确的是（　　）。

A．改变变量的名字不影响变量值　　B．改变变量值，变量类型也改变

C．变量的类型与变量值无关　　D．通过变量名访问变量值

26．数组元素的初始值默认为（　　）。

A．.T.　　B．.F.　　C．无　　D．0

27．数组的维数可以是（　　）。

A．0 维　　B．0 维，1 维

C．1 维，2 维　　D．1 维，2 维，3 维

28．数值型数据的表示符是（　　）。

A．C　　B．N　　C．L　　D．D

29．如果一个字段的宽度为 8，则此字段的类型不可能是（　　）。

A．数值型　　B．字符型　　C．日期型　　D．备注型

30．日期型数据的表示符是（　　）。

A．C　　B．N　　C．L　　D．D

31．日期型常量正确的使用方法是（　　）。

A．[2013,05,12]　　B．{^2013,05,12}

C．{^2013/05/12}　　D．{2013/05/12}

32．日期型常量的定界符是（　　）。

A．花括号　　B．双引号　　C．单引号　　D．方括号

33．命令 DIME array(5,5)执行后，?array(3,3)显示的结果为（　　）。

A．0　　B．1　　C．.T.　　D．.F.

34．逻辑型数据的表示符是（　　）。

A．C　　B．N　　C．L　　D．D

35. 逻辑型常量正确的使用方法是（　　）。

A. T　　B. “T”　　C. .T.　　D. {T}

36. 逻辑型、日期型、备注型字段的宽度的固定值分别为（　　）。

A. 2、8、8　　B. 2、4、10

C. 1、8、任意　　D. 1、8、4

37. 对于数组的描述不正确的是（　　）。

A. 数组在使用前要先定义　　B. 数组元素的数据类型都相同

C. 数组是变量　　D. 数组的最小下标是 1

38. 下面有关 STORE 命令的说法错误的是（　　）。

A. 一次可以给多个内存变量赋值

B. 一次可以给一个内存变量赋值

C. 可以将多个值赋给多个内存变量

D. 可以将一个值赋给多个内存变量

39. 下面有关“=”命令的说法正确的是（　　）。

A. 一次可以给多个内存变量赋值

B. 一次只能给一个内存变量赋值

C. 可以将多个值赋给多个内存变量

D. 可以将多个值赋给一个内存变量

40. Visual FoxPro 内存变量的数据类型不包括（　　）。

A. 数值型　　B. 货币型　　C. 备注型　　D. 逻辑型

二、填空题

1. Visual FoxPro 的工作方式有两种：一种为交互方式，另一种为________方式。

2. 在 Visual FoxPro 中，程序文件的扩展名为________。

3. 定义数组的命令是________。

4. 在 Visual FoxPro 中，建立修改程序文件的命令是________。

5. 在交互式输入命令中，只能输入单个字符的命令是________。

6. 在交互式输入命令中，能输入数值型数据的命令是________。

7. 在 Visual FoxPro 中，跳出 DO WHILE…ENDDO 循环的语句是________。

8. 在 Visual FoxPro 中，返回 DO WHILE…ENDDO 循环的起始语句 DO WHILE 重新判断条件的语句是________。

9. 在显示表达式时，实现同行显示的命令是________，换行显示的命令是________。

10. 在 Visual FoxPro 中，使用________命令运行程序。

11. 在 Visual FoxPro 中，使用数组定义命令，定义一个数组为 a(3,5)，则该数组包含________个数组元素。

12. 在 Visual FoxPro 中，在表达数据类型时，使用字母 N 代表________型数据，使用字母 C 代表________型数据。

13. 在 Visual FoxPro 中，定义数组 s(3,4)之后，执行命令?s(2,3)显示的值为________。

14．退出 Visual FoxPro 系统，返回 Windows 系统的命令是________。

15．在 Visual FoxPro 系统中，________命令能够终止程序运行，返回命令窗口。

16．在交互式输入命令中，能输入字符串，且输入时不用加定界符的命令是________。

17．在分支结构中，与 DO CASE 语句成对使用的结束语句是________。

18．结构化程序设计的 3 种基本结构是顺序结构、分支结构和________。

19．在赋值语句中，使用________命令可以一次对多个变量同时进行赋值。

20．备注型数据的表示符是________，通用型数据的表示符是________。

第3章 习 题

一、单选题

1．对象的相对引用中，要引用当前操作的对象，可以使用的关键字是（ ）。

A．Parent B．ThisForm

C．ThisFormset D．This

2．假设某个表单中有一个命令按钮 Close，为了实现当用户单击此按钮时能够关闭该表单的功能，应在该按钮的 Click 事件中写入语句（ ）。

A．ThisForm.Close B．ThisForm.Erase

C．ThisForm.Release D．ThisForm.Return

3．下面关于类、对象、属性和方法的叙述中，错误的是（ ）。

A．类是对一类相似对象的描述，这些对象具有相同种类的属性和方法

B．属性用于描述对象的状态，方法用于表示对象的行为

C．基于同一个类产生的两个对象可以分别设置自己的属性值

D．通过执行不同对象的同名方法，其结果必然是相同的

4．下列关于编辑框的说法中，正确的是（ ）。

A．编辑框可用来选择、剪切、粘贴及复制正文

B．在编辑框中只能输入和编辑字符型数据

C．编辑框实际上是一个完整的字处理器

D．以上说法均正确

5．假设表单上有一选项组：●男 ○女，其中第一个选项按钮“男”被选中，则该选项组的 Value 属性为（ ）。

A．.T. B．“男”

C．1 D．“男”或 1

6．以下所列各项属于命令按钮事件的是（ ）。

A．Parent B．This

C．ThisForm D．Click

7．在表单控件中，要保存多行文本，可创建（ ）。

A．列表框 B．文本框 C．标签 D．编辑框

8．在表单 MyForm 中通过事件代码，设置标签 Label1 的 Caption 属性值为“计算机期末考试”，下列程序代码正确的是（ ）。

A．MyForm.Label1.Caption="计算机期末考试"

B．This.Label1.Caption="计算机期末考试"

C．ThisForm.Label1.Caption="计算机期末考试"

D．ThisForm.Label1.Caption=计算机期末考试

9．在 Visual FoxPro 中，基类的最小事件集包含的事件是（　　）。

A．Load、Destroy、Click　　B．Load、Error、Unload

C．Init、Load、Unload　　D．Init、Error、Destroy

10．对于表单及控件的绝大多数属性，其类型通常是固定的，通常 Caption 属性只用来接收（　　）。

A．数值型数据　　B．字符型数据

C．逻辑型数据　　D．以上数据类型都可以

11．当对象获得焦点时引发的事件是（　　）。

A．GotFocus　　B．LostFocus

C．SetFocus　　D．InteractiveChange

12．在命令按钮组中，决定命令按钮数目的属性是（　　）。

A．ButtonCount　　B．Buttons

C．Value　　D．ControlSource

13．表单控件工具栏的作用是在表单上创建（　　）。

A．文本　　B．事件　　C．控件　　D．方法

14．下列表单及控件常用事件中，与鼠标操作有关的是（　　）。

A．Click　　B．DbClick

C．RightClick　　D．以上 3 项都是

15．在表单上对齐和调整控件的位置，应使用（　　）。

A．表单控件工具栏　　B．布局工具栏

C．常用工具栏　　D．定制工具栏

16．设计表单时，要设定表单窗口的颜色，可使用（　　）。

A．Caption 属性　　B．BackColor 属性

C．ForeColor 属性　　D．Color 属性

17．让控件获得焦点，使其成为活动对象的方法是（　　）。

A．Show　　B．Release　　C．SetFocus　　D．GotFocus

18．如果文本框的 InputMask 属性值是#99999，允许在文本框中输入的是（　　）。

A．+12345　　B．abc123　　C．$12345　　D．abcdef

19．在当前表单的 Label1 控件中显示系统时间的语句是（　　）。

A．ThisForm.Label1.Caption=Time( )

B．ThisForm.Label1.Value=Time( )

C．ThisForm.Label1.Text=Time( )

D．ThisForm.Label1.Control=Time( )

20．子类或对象具有沿用父类的属性、事件和方法的能力，称为类的（　　）。

A．继承性　　B．抽象性　　C．封装性　　D．多态性

21．以下有关 Visual FoxPro 表单的叙述中，不正确的是（ ）。

A．所谓表单就是数据表清单

B．表单是一个容器类的对象

C．表单可以用来设计类似于窗口或对话框的用户界面

D．在表单上可以设置各种控件对象

22．表单内的控件都有一个默认名称，下拉列表框的默认名称是（ ）。

A．Combo1 B．Command1 C．Check1 D．Caption

23．关于表单中的列表框和组合框的区别，下列叙述不正确的是（ ）。

A．列表框提供一个列表给用户选择，而组合框不提供列表

B．列表框任何时候都显示它的列表，而组合框通常只显示一项内容

C．列表框中只能选择数据不能输入数据，而组合框可以选择或输入数据

D．列表框只能显示数据列表供选择，而组合框兼有列表框和文本框的功能

24．在表单中加入一个复选框 Check1 和一个文本框 Text1，编写 Check1 的 Click 事件代码如下：ThisForm.Text1.Visible=This.Value，则单击复选框后（ ）。

A．文本框可见

B．文本框不可见

C．文本框是否可见由复选框当前值决定

D．文本框是否可见与复选框当前值无关

25．以下各项中，不可以作为文本框控件数据来源的是（ ）。

A．数值型字段 B．内存变量

C．字符型字段 D．备注型字段

26．下列关于类的叙述中，不正确的是（ ）。

A．类是对象的集合

B．一个类包含了相似的对象的特征和行为方法

C．类可以按其定义的属性、事件和方法进行实际的行为操作

D．类并不实行任何行为操作，它仅仅表明该怎样做

27．下列关于属性、方法和事件的叙述中，不正确的是（ ）。

A．属性用于描述对象的状态，方法用于表示对象的行为

B．基于同一个类产生的两个对象可以分别设置自己的属性值

C．事件代码也可以像方法一样被显示调用

D．在新建一个表单时，可以添加新的属性、方法和事件

28．以下启动表单设计器新建一个表单的方法中，不正确的是（ ）。

A．在系统菜单中选择“文件”→“新建”选项，在打开的“新建”对话框中选中“表单”单选按钮，单击“新建文件”按钮

B．在 Command 窗口输入命令“CREATE FORM<文件名>”

C．在 Command 窗口输入命令“MODIFY FORM <文件名>”

D．在项目管理器中，先选择“文档”选项卡，然后选择“表单”选项，单击“新建”按钮

29．在 Visual FoxPro 控件中，标签默认的名称为（　　）。

A．List　　B．Label　　C．Edit　　D．Lable

30．在 Visual FoxPro 中，命令按钮组是（　　）。

A．控件　　B．容器

C．控件类对象　　D．容器类对象

31．在下列对象中，不属于控件类的是（　　）。

A．文本框　　B．组合框　　C．表格　　D．命令按钮

32．若要同时选定表单中的多个对象，可按住（　　）键的同时再单击其他对象。

A．Ctrl　　B．Shift　　C．Alt　　D．空格键

33．在 Visual FoxPro 中，对象的 Visible 属性的作用是（　　）。

A．设置对象是否可用　　B．设置对象是否可见

C．设置对象是否可改变大小　　D．设置对象是否可移动

34．新建表单默认标题为 Form1，要修改表单的标题，应设置表单的（　　）。

A．Name 属性　　B．Caption 属性

C．Closable 属性　　D．AlwaySonTop 属性

35．要使表单中某个控件不可用，则应将该控件的（　　）属性设置为.F.。

A．Caption　　B．Name　　C．Visible　　D．Enabled

36．下列一定是数值型的属性是（　　）。

A．Caption　　B．Value　　C．Enabled　　D．Interval

37．在 Visual FoxPro 中，下列不是表单方法的是（　　）。

A．Delete　　B．Hide　　C．Refresh　　D．Release

38．在对象的引用中，ThisForm 表示（　　）。

A．当前对象　　B．当前表单

C．当前表单集　　D．当前对象的上一级对象

39．下列控件中，在表单运行时一定不可见的是（　　）。

A．选项按钮组　　B．页框　　C．命令按钮　　D．计时器

40．如果表单中要为一逻辑型字段创建一个对象，较为合适的控件是（　　）。

A．文本框　　B．复选框　　C．选项按钮　　D．组合框

二、填空题

1．Visual FoxPro 子类是在已有类的基础上进行修改而形成的类，子类对父类的方法和属性可以________。

2．在 Visual FoxPro 中，对象的引用有________和________两种。

3．在 Visual FoxPro 中，表单的 Load 事件发生在 Init 事件之________。

4．在 Visual FoxPro 中，为表单指定标题的属性是________。

5．在表单中要使控件成为可见的，应设置控件的________属性。

6．在将设计好的表单存盘时，系统将生成扩展名分别是.scx 和________的两个文件。

7．在 Visual FoxPro 中释放和关闭表单的方法是________。

8．设计表单时，要确定表单中是否有最大化按钮，可通过表单的________属性进行设置。

9. 在文本框中，________属性指定在一个文本框中如何输入和显示数据，利用________属性指定文本框内显示占位符。

10．在面向对象程序设计中，类具有 3 个主要的特性，它们分别是________、________和________。

11．Visual FoxPro 提供了一系列基类来支持用户派生出新类，Visual FoxPro 的基类有两种，它们是________和________。

12．在面向对象的程序设计中，对象所具有的特征被称为________；对象的________就是对象可以执行的动作或它的行为。

13．Visual FoxPro 提供了 3 种方式来创建表单，它们分别是使用________创建表单；使用________创建一个新的表单或修改一个已经存在的表单；使用“表单”菜单中的________创建一个简单的表单。

14．要修改对象在表单中的位置，应修改它的________属性和 Left 属性；要修改对象上显示的文字的字体名称，应设置它的________属性；要使对象根据内容的多少自动调整大小，应设置它的________属性。

15．用来确定复选框是否被选中的属性是________，用来指定显示在复选框旁文字的属性是________。

16．在文本框中通过设置________属性可将其设为只读，若想使用户输入到文本中的任何字符都显示成“*”，那么应将文本框的________属性设置“*”。

17．表单常用事件有多个，在表单创建时引发________事件；在表单对象释放时引发________事件；在用鼠标右击表单时引发________事件。

18．用当前窗体的 Label1 控件显示系统时间的语句是 ThisForm.Label1. ________=________。

第4章　习　　题

一、单选题

1．在建立数据表结构过程中不需要输入字段宽度的字段类型是（　　）。

A．字符型　　B．数值型　　C．备注型　　D．字符型和数值型

2．下列有关自由表的叙述中，不正确的是（　　）。

A．自由表是不属于任何数据库的表

B．自由表不能建立字段级规则和约束

C．自由表不能建立候选索引

D．自由表可以加入数据库中

3．在人事档案数据表中，文字内容较多的“个人简历”字段的类型应该定义为（　　）。

A．数值型　　B．字符型　　C．备注型　　D．逻辑型

4．要对姓名（字符型）和出生日期（日期型）两个字段进行组合索引，正确的表达式是（　　）。

A．姓名+出生日期

B．CTOD(姓名)+出生日期

C．姓名+DTOC(出生日期)

D．STR(姓名)+STR(出生日期)

5．下列有关数据库设计器的概念与操作的叙述中，正确的是（　　）。

A．选中某个表，单击“移去表”按钮，则该表将从磁盘上永久删除

B．数据库表可属于多个数据库文件

C．一个数据库表只能属于一个数据库文件

D．在数据库设计器中建立的表间关系是临时性关系

6．要在不同的工作区中打开相应的表，应执行的菜单操作是（　　）。

A．在“窗口”菜单中选择“数据工作期”选项

B．在“文件”菜单中选择“打开”选项

C．在“工具”菜单中选择“选项”选项

D．在“显示”菜单中选择“工具栏”选项

7．为一个打开的表文件增加新字段，应当使用命令（　　）。

A．APPEND　　B．MODIFY STRUCTURE

C．INSERT　　D．BROWSE

8. 对于表间的永久性关系和临时性关系，下列说法错误的是（ ）。

A. 只要打开数据库表，两数据库表之间的永久性关系就起作用

B. 永久性关系只能建立于数据库表中，而临时性关系可以建立于各种表之间

C. 一个表可以和另外一个表之间建立临时性关系

D. 临时性关系不保存在数据库中

9. Visual FoxPro 参照完整性规则不包括（ ）。

A. 更新规则 B. 删除规则 C. 查询规则 D. 插入规则

10. 在 Visual FoxPro 中，可以对字段设置默认值的表（ ）。

A. 必须是数据库表 B. 必须是自由表

C. 可以是自由表或数据库表 D. 不能设置字段的默认值

11. 逻辑型、日期型、备注型字段的宽度的固定值分别为（ ）。

A. 2，8，8 B. 2，4，10 C. 1，8，任意 D. 1，8，4

12. 一个索引文件中包含多种索引排序方式，则这种索引文件称为（ ）文件。

A. 单索引 B. 复合索引 C. 主索引 D. 普通索引

13. 下面有关索引的描述正确的是（ ）。

A. 建立索引以后，原表中记录的物理顺序被改变

B. 索引与数据表的数据存储在一个文件中

C. 创建索引是创建一个指向表文件记录的指针构成的文件

D. 使用索引并不能加快对表的查询

14. 在 Visual FoxPro 中，建立数据库表时，将年龄字段值限制在 12～40 岁范围内的约束属于（ ）。

A. 实体完整性约束 B. 域完整性约束

C. 参照完整性约束 D. 视图完整性约束

15. 下面有关表间永久联系和关联的描述中，正确的是（ ）。

A. 永久联系中的子表一定有索引，关联中的子表不需要有索引

B. 无论是永久联系还是关联，子表一定有索引

C. 永久联系中子表的记录指针会随父表的记录指针的移动而移动

D. 关联中父表的记录指针会随子表的记录指针的移动而移动

16. 建立两个表之间的临时性关系时，必须设置（ ）。

A. 父表的主索引 B. 父表的主控索引

C. 子表的主索引 D. 子表的主控索引

17. 创建数据库后，系统自动生成扩展名为（ ）的 3 个文件。

A. .scx .sct .spx B. .dbc .dct .dcx

C. .pjx .pjt .rpj D. .dbf .dbt .fpt

18. 关于数据库和表的说法，正确的是（ ）。

A. 表包含数据库

B. 表和数据库无关

C. 数据库只包含表

D．数据库不仅包含表，而且包含表间的关系和相关的操作

19．在 Visual FoxPro 中，学生表 student 中包含通用型字段，表中通用型字段中的数据全部存储在（ ）文件中。

A．student.doc B．student.men C．student.dbt D．student.fpt

20．在 Visual FoxPro 中，建立索引的作用之一是（ ）。

A．节省存储空间 B．便于管理

C．提高查询速度 D．提高查询和更新的速度

21．在 Visual FoxPro 中，相当于主关键字的索引是（ ）。

A．主索引 B．普通索引 C．唯一索引 D．排序

22．独立于数据库之外的表是（ ）。

A．数据库表 B．自由表 C．逻辑表 D．索引表

23. 若所建立索引的字段值不允许重复，并且一个表中只能创建一个，它应该是（ ）。

A．普通索引 B．唯一索引 C．候选索引 D．主索引

24．在数据库设计器中，若两个表的索引标识之间有一条黑线相连接，表示这两个表存在（ ）。

A．永久性关系 B．临时性关系 C．索引关系 D．触发关系

25．数据库菜单下，“清理数据库”的功能是（ ）。

A．删除无用数据库 B．删除无用表

C．删除表中无用记录 D．删除表中有删除标记的记录

26．关于建立表间关系，下列叙述正确的是（ ）。

A．临时性关系只有当表关闭时才能取消

B．永久性关系只有当表关闭时才能取消

C．关闭相关的表时，临时性关系将自动取消

D．关闭相关的表时，永久性关系将自动取消

27．用“窗口”菜单中的“数据工作期”命令（ ）。

A．可以建立永久性关系 B．可以建立临时性关系

C．可以建立索引 D．可以生成排序文件

28．在表文件中，如果包含有 2 个备注型字段和 1 个通用型字段，则创建表文件后，Visual FoxPro 将自动建立（ ）个 FPT 文件。

A．0 B．1 C．2 D．3

29．随着表的打开而自动打开的索引是（ ）。

A．单索引文件（IDX） B．结构化复合索引文件

C．复合索引文件 D．非结构化复合索引文件

30．设置参照完整性的目的是（ ）。

A．定义表的外部联接

B．定义表的临时联接

C．定义表的永久联接

D．在插入、删除、更新记录时，确保已定义的表间关系

31．表间的“临时性关系”是在两个打开的表之间建立的关系，如果两个表有一个关闭后，则该“临时性关系”（ ）。

A．消失 B．临时保留 C．永久保留 D．转化为永久性关系

32．在向数据库添加表的操作中，下列叙述正确的是（ ）。

A．可以将一个自由表添加到数据库中

B．可以将一个数据库表直接添加到另一个数据库

C．可以在项目管理器中将数据库表复制到数据库中使它成为数据库表

D．要使一个数据库表成为另一个数据库的表，则必先关闭先前的数据库

33．不能作为索引关键字的数据类型是（ ）。

A．数值型 B．备注型 C．日期型 D．字符型

34．下列关于主索引的叙述中，正确的是（ ）。

A．只有数据库中的表才能建立主索引

B．只有自由表才能建立主索引

C．所有的表都可以建立主索引

D．需要建立临时性关系的表要先建立主索引

35．对于数据库的建立，以下说法正确的是（ ）。

A．在项目管理器中建立

B．用“文件”菜单的“新建”命令

C．用命令 CREATE DATABASE

D．以上说法都正确

36．Visual FoxPro 的数据库表之间可建立两种联系，它们是（ ）。

A．永久联系和临时联系 B．长期联系和短期联系

C．永久联系和短期联系 D．长期联系和临时联系

37．下列关于“数据工作期”窗口的描述，不正确的是（ ）。

A．通过“数据工作期”窗口能够打开和浏览表

B．“数据工作期”窗口建立的视图能够以表文件的形式保存在数据库中

C．通过“数据工作期”窗口可以实现表间的关联操作

D．通过“数据工作期”窗口可以直接查看工作区的使用情况

38．自由表和数据库表字段名最长可达（ ）字符。

A．128、128 B．10、128 C．10、10 D．128、10

39．在 Visual FoxPro 中，执行 CREA DATA 命令将（ ）。

A．建立一个扩展名为.dbc 的数据库文件

B．建立一个扩展名为.dbf 的数据库表文件

C．建立一个子目录

D．建立一个扩展名为.dbc 的数据库文件和一个扩展名为.dbf 的数据库表文件

40．建立表文件结构时，需要定义的参数是（ ）。

A．表文件名、表的大小、字段名、字段类型

B．字段名、字段类型、记录个数、字段宽度

C．字段名、字段类型、字段宽度、小数位数

D．表文件名、字段名、字段类型、字段宽度

二、填空题

1．在 Visual FoxPro 中，数据库文件的扩展名为________。

2．在 Visual FoxPro 中，表文件的扩展名为________。

3．删除数据库的命令为________。

4．在建立数据库表之间的一对多永久联系时，父表要建立________，子表要建立普通索引。

5．建立数据库的命令是________。

6．在 Visual FoxPro 中，索引包括主索引、________、普通索引和唯一索引。

7．在定义字段有效性规则中，在“规则”表达式中输入的表达式类型是________。

8．数据库中的表存在永久性关系和临时性关系两种，永久性关系保存在________中。

9．在 Visual FoxPro 中，可以伴随着表的打开而自动打开的索引是________。

10．在 Visual FoxPro 中，关闭当前打开的数据库文件的命令是________。

11．在项目管理器中，“数据库”在________选项卡中。

12．在项目管理器中，“表”在________选项卡中。

13．在项目管理器中，“菜单”在________选项卡中。

14．在项目管理器中，“表单”在________选项卡中。

15．项目文件的扩展名是________。

第5章 习 题

一、单选题

1. 在 Visual FoxPro 中，关于查询的描述正确的是（ ）。

   A．查询是使用查询设计器对数据库进行操作

   B．查询是使用查询设计器生成各种复杂的 SQL SELECT 语句

   C．查询是使用查询设计器帮助用户编写 SQL SELECT 命令

   D．查询是使用查询设计器生成查询程序，与 SQL 语句无关

2. 查询是以（ ）类型的文件保存在磁盘上的。

   A．.dbf B．.qpr C．.prg D．.exe

3. 查询的数据源不能是（ ）。

   A．自由表 B．视图 C．查询 D．数据库表

4. 在“添加表或视图”对话框中，“其他”按钮的作用是让用户选择（ ）。

   A．数据库表 B．视图

   C．不属于当前数据库的表 D．查询

5. 下列关于视图的叙述不正确的是（ ）。

   A．视图是一个虚表，所有的视图中不含有数据

   B．数据库中的视图只能使用所属数据库的表，不能访问其他数据库的表

   C．视图既可以通过表得到，也可以通过其他视图得到

   D．用户不允许使用视图修改表数据

6. 在视图上不能完成的操作是（ ）。

   A．更新视图 B．查询

   C．在视图上定义新的表 D．在视图上定义新的视图

7. 默认查询的输出形式是（ ）。

   A．数据表 B．图形 C．报表 D．浏览窗口

8. 查询的输出不能是（ ）。

   A．临时表 B．永久表 C．视图 D．屏幕

9. 以下关于查询的描述正确的是（ ）。

   A．不能根据自由表建立查询

   B．只能根据自由表建立查询

   C．只能根据数据库表建立查询

   D．可以根据数据库表和自由表建立查询

10．下列关于视图的叙述正确的是（　　）。

A．视图与数据库表相同，用来存储数据

B．视图不能同数据库表进行连接操作

C．在视图上不能进行更新操作

D．视图是从一个或多个表或视图导出的虚拟表

11．视图设计器的选项卡与查询设计器中的选项卡几乎一样，只是视图设计器中的选项卡比查询设计器中的选项卡多一个（　　）。

A．字段　　B．排序依据　　C．联接　　D．更新条件

12．查询得到的结果可以（　　）。

A．直接输出到打印设备　　B．保存到文本文件

C．输出到屏幕上　　D．以上均可以

13．在数据库中实际存储数据的是（　　）。

A．基本表　　B．视图

C．基本表和视图　　D．均不是

14．视图不能以自由表的形式单独存在，它依赖于（　　）。

A．图　　B．数据库　　C．表　　D．查询

15．以下关于视图的叙述正确的是（　　）。

A．视图是对表的复制产生的

B．视图不能删除，否则影响原来的数据文件

C．使用 SQL 对视图进行查询时必须事先打开该视图所在的数据库

D．使用 MODIFY STRUCTURE 命令修改视图结构

16．查询设计器中包括的选项卡有（　　）。

A．字段、筛选、排序依据

B．字段、条件、分组依据

C．条件、排序依据、分组依据

D．条件、筛选、杂项

17．远程视图可以访问（　　）上的数据。

A．局域网服务器　　B．网络服务器

C．本地服务器　　D．远程服务器

18．视图与基本表的关系是（　　）。

A．视图随基本表打开而打开

B．基本表随视图关闭而关闭

C．基本表随视图打开而打开

D．视图随基本表关闭而关闭

19．如果要将视图中修改的数据传送到基本表中，应当选用视图设计器中的（　　）选项卡。

A．排序依据　　B．更新条件　　C．分组依据　　D．视图参数

20．视图建立后，在数据字典中存放的是（　　）。

A．查询语句　　B．组成视图的表的内容

C．视图的定义　　D．产生视图的表的定义

21．下列利用项目管理器新建查询的操作中，正确的一项是（　　）。

A．打开项目管理器，选择“数据”选项卡，选择“查询”选项，单击“新建”按钮

B．打开项目管理器，选择“数据”选项卡，选择“查询”选项，单击“运行”按钮

C．打开项目管理器，选择“文档”选项卡，选择“查询”选项，单击“新建”按钮

D．打开项目管理器，选择“代码”选项卡，选择“查询”选项，单击“新建”按钮

22．查询设计器中的选项卡依次为（　　）。

A．字段、联接、筛选、排序依据、分组依据

B．字段、联接、排序依据、分组依据、杂项

C．字段、联接、筛选、排序依据、分组依据、更新条件、杂项

D．字段、联接、筛选、排序依据、分组依据、杂项

23．在查询设计器的“字段”选项卡中设置字段时，如果将“选定字段”列表框中的所有字段一次移到“可用字段”列表框中，可单击（　　）按钮。

A．添加　　B．全部添加　　C．移去　　D．全部移去

24．查询设计器中的“筛选”选项卡用来（　　）。

A．编辑联接条件　　B．指定查询条件

C．指定排序属性　　D．指定是否要重复记录

25．在查询设计器中，可以定义的“查询去向”有（　　）。

A．浏览、临时表、表、图形、屏幕、报表、标签

B．浏览、临时表、表、图形、屏幕、报表、视图

C．浏览、临时表、表、图形、屏幕、标签

D．浏览、临时表、表、图形、报表、标签

26．在 Visual FoxPro 中，当一个查询基于多个表时，要求表（　　）。

A．之间不需要有联系　　B．之间必须是有联系的

C．之间一定不要有联系　　D．之间可以有联系也可以没联系

27．在视图设计器的“更新条件”选项卡中，如果出现“铅笔”标志，表示（　　）。

A．该字段为关键字　　B．该字段为非关键字

C．该字段可以更新　　D．该字段不可以更新

28．查询设计器和视图设计器的主要不同表现在（　　）。

A．查询设计器有“更新条件”选项卡，没有“查询去向”选项

B．视图设计器没有“更新条件”选项卡，有“查询去向”选项

C．视图设计器有“更新条件”选项卡，也有“查询去向”选项

D．查询设计器没有“更新条件”选项卡，有“查询去向”选项

29．查询设计器中的“杂项”选项卡用于（　　）。

A．编辑联接条件

B．指定是否要重复记录及列在前面的记录等

C．指定查询条件

D．指定要查询的数据

30．在查询设计器中，可以指定是否重复记录的是（　　）选项卡。

A．字段　　B．杂项　　C．联接　　D．筛选

31．下列关于视图的叙述中正确的是（　　）。

A．视图保存在项目文件中

B．视图保存在数据库文件中

C．视图保存在表文件中

D．视图保存在视图文件中

32．在 Visual FoxPro 中，下列叙述正确的是（　　）。

A．利用视图可以修改数据

B．利用查询可以修改数据

C．查询和视图具有相同的作用

D．视图可以定义输出去向

33．下列关于"查询"的叙述正确的是（　　）。

A．查询文件的扩展名为.prg

B．查询保存在数据库文件中

C．查询保存在表文件中

D．查询保存在查询文件中

34．下列不是查询结果去向的是（　　）。

A．浏览　　B．报表　　C．表单　　D．表

35．下列关于视图的说法错误的是（　　）。

A．视图可以显示和更新数据

B．可以在项目管理器中"浏览"视图

C．使用于表的命令都可以用于视图

D．用命令打开视图之前，要先打开数据库

36．下列选项中（　　）是视图不能完成的。

A．指定更新的表

B．指定可更新的字段

C．检查更新的合法性

D．删除与视图相关联的表

37．以下关于查询的叙述中，错误的是（　　）。

A．使用查询设计器可以生成所有的 SQL 命令

B．使用查询设计器生成的 SQL 命令存放在扩展名为.qpr 的文件中

C．扩展名为.qpr 的文件实际上是一种特殊的文本文件

D．可以在文本编辑器中创建和编辑扩展名为.qpr 的文件

38．对于在 Visual FoxPro 6.0 中创建的查询，以下叙述错误的是（　　）。

A．查询的对象可以是表，也可以是已有的视图

B．查询文件中的内容是一些用 SQL 命令定义的查询条件与规则

C．执行查询文件与执行该文件包含的 SQL 命令的效果是一样的

D．执行查询文件查询表中的数据时，必须事先打开有关的表

39．在 Visual FoxPro 6.0 中，关于查询的叙述正确的是（　　）。

A．查询文件内容与数据库表相同，用来存储筛选后得到的数据

B．查询文件内容与视图文件内容相同，用来存储筛选后得到的数据

C．查询所得的数据可以作为一个新的表文件加以保存

D．查询是从一个或多个数据库表中导出的，用户定制的虚拟表

二、填空题

1．查询是预先定义好的 SQL SELECT 语句，其作用是________。

2．查询是以.qpr 的文件保存的，这种文件类型是________。

3．设计查询不只是为了完成一种________，还可以在查询设计器中根据需要为查询输出定位________。查询________更新表中的数据。

4．当一个查询是基于多个表时，这些表之间必须有________。

5．查询设计器可以生成________，但是不能生成________。

6．视图类型有________、________。

7．视图是操作表的一种手段，通过视图可以________，也可以________。

8．要创建查询或视图可以单击项目管理器的________选项卡。

9．视图既具有________的特点，又具有________的特点。

10．视图是在数据表的基础上创建的一种虚拟表，只能存在于________中。

11．使用当前数据库中的表建立的视图是________，使用当前数据库之外的数据源表建立的视图是________。

12．在视图设计器中，可以使用视图中的________选项卡来设置更新数据属性。

13．在创建视图时，视图将随数据库的关闭而________。

14．在查询设计器窗口中选择________选项卡，可以实现将相同字段值的记录合并为一组。

15．视图和查询都可以对________表进行操作。

16．关系数据库的标准语言是________。

17．在视图中可以通过________实现对源表数据的更新。

18．打开视图设计器窗口时，系统菜单将自动显示________菜单。

19．创建视图时，相应的数据库必须是________状态。

20．视图中的数据来自于________和________。

第6章 习　题

一、单选题

1. SQL 语言中使用最多的功能是（　　）。

A．数据查询　　B．数据修改　　C．数据定义　　D．数据控制

2. SQL 语句中，SELECT 命令中 JOIN 短语用于建立表之间的联系，联接条件应使用的短语是（　　）。

A．WHERE　　B．ON　　C．HAVING　　D．IN

3. SQL 语句中删除表中数据的语句是（　　）。

A．DROP　　B．ERASE

C．CANCEL　　D．DELETE

4. 用 SQL 语句建立表时，为属性定义主索引应在 SQL 语句中使用的短语是（　　）。

A．DEFAULT　　B．PRIMARY KEY

C．CHECK　　D．UNIQE

5. 在 SQL 的数据定义功能中，下列命令格式可以用来修改表中字段名的是（　　）。

A．CREATE TABLE 数据表名 name

B．ALTER TABLE 数据表名 ALTER 字段名

C．ALTER TABLE 数据表名 RENAME COLUMN 字段名 TO

D．ALTER TABLE 数据表名 ALTER 字段名 SET DEFAULT

6. SQL 语句中条件短语的关键字是（　　）。

A．WHERE　　B．FOR　　C．WHILE　　D．CONDITION

7. SQL 中可以使用的通配符有（　　）。

A．*　　B．%　　C．_　　D．B 和 C

8. SQL 的数据操纵语句不包括（　　）。

A．INSERT　　B．DELETE　　C．UPDATE　　D．CHANGE

9. 字符串匹配运算符是（　　）。

A．LIKE　　B．AND　　C．IN　　D．=

10. 将查询结果放在数组中应使用的短语是（　　）。

A．INTI CURSOR　　B．TO ARRAY

C．INTO TABLE　　D．INTO ARRAY

11. SQL 实现分组查询的短语是（　　）。

A．ORDER BY　　B．GROUP BY　　C．HAVING　　D．ASC

12．用 SQL 语句建立表时，为属性定义有效性规则应使用的短语是（　　）。

A．DEFAULT　　B．PRIMARY KEY　　C．CHECK　　D．UNIQE

13．书写 SQL 语句，若语句要占用多行，在行的末尾要加续行符（　　）。

A．:　　B．;　　C．,　　D．"

14．找出平均分大于 95 分的学生学号和他们所在的班级的命令是（　　）。

A．SELECT 学号,班级 FROM 成绩 WHERE 平均分>95

B．SELECT 学号,班级 FROM 班级 WHERE (平均分>95) AND (成绩.学号=班级.学号)

C．SELECT 学号,班级 FROM 成绩,班级 WHERE (平均分>95) OR (成绩.学号=班级.学号)

D．SELECT 学号,班级 FROM 成绩,班级 WHERE (平均分>95) AND (成绩.学号=班级.学号)

15．给出在车间“W1”或“W2”工作，并且工资大于 3000 的职工姓名，正确的命令是（　　）。

A．SELECT 姓名 FROM 车间 WHERE 工资>3000 AND 车间="W1" OR 车间 ="W2"

B．SELECT 姓名 FROM 车间 WHERE 工资>3000 AND (车间="W1" OR 车间 ="W2")

C．SELECT 姓名 FROM 车间 WHERE 工资>3000 OR 车间="W1" OR 车间="W2"

D．SELECT 姓名 FROM 车间 WHERE 工资>3000 AND (车间="W1" OR 车间 ="W2")

16．用于更新表中数据的 SQL 语句是（　　）。

A．UPDATE　　B．REPLACE　　C．DROP　　D．ALTER

17．SQL 语句中，集合的并运算符是（　　）。

A．NOT　　B．OR　　C．AND　　D．UNION

18．SQL 查询语句中，用于实现关系的投影操作的短语是（　　）。

A．WHERE　　B．SELECT　　C．FROM　　D．GROUP BY

19．向表中插入数据的 SQL 语句是（　　）。

A．INSERT　　B．INSERT IN

C．INSERT BLANK　　D．INSERT BEFORE

20．HAVING 短语不能单独使用，且必须放在（　　）短语之后。

A．ORDER BY　　B．FROM

C．WHERE　　D．GROUP BY

21．SQL 语句中的短语（　　）。

A．必须是大写字母　　B．必须是小写字母

C．大小字母均可　　D．大小写字母不能混合使用

22．在 Visual FoxPro 中，以下有关 SQL 的 SELECT 语句的叙述中，错误的是（　　）。

A．SELECT 子句中可以包含表中的列和表达式

B．SELECT 子句中可以使用别名

C．SELECT 子句规定了结果集中的列顺序

D．SELECT 子句中列的顺序应该与表中列的顺序一致

第 23～29 题可能要用到下面的表。

xuesheng 表

学号(C,10)	姓名(C,6)	性别(C,2)	民族(C,2)	出生日期(D,8)	是否党员(L,1)
20160101	刘美辰	女	汉	01/07/98	.F.
20160102	李铮	男	汉	03/17/98	.F.
20160103	王宏宇	男	汉	02/18/98	.F.
20160104	杨诗瑶	女	汉	09/27/97	.F.
20160105	吴峻男	男	满	11/17/97	.F.
20160106	李光宁	男	汉	02/26/98	.F.
20160107	赵红静	女	藏	05/11/98	.F.
20160108	刘博	男	汉	09/19/97	.T.
20160109	杨一凡	男	汉	03/07/98	.F.
20160110	高鸿宇	男	回	01/09/98	.F.

kecheng 表

课程号(C,2)	课程名(C,10)	学时(N,3,0)
1	大学英语	60
2	生理	90
3	生化	96
4	药理	64
5	药分	64
6	计算机基础	36
7	程序设计	36
8	解剖学	102
9	内科学	64

xuanke1617 表

学号(C,10)	课程号(C,10)	成绩(N,5,1)
20160101	1	98.0
20160102	1	74.0
20160103	1	66.0
20160104	1	84.0
20160105	2	69.0
20160106	2	81.0
20160107	2	77.0
20160108	2	67.0
20160109	2	53.0
20160110	3	75.0

23. 用 SQL 语句建立 xuesheng 表的结构：学号(C,10)、姓名(C,6)、性别(C,2)、民族(C,2)、出生日期(D,8)、是否党员(L,1)，正确的是（ ）。

A. NEW TABLE xuesheng(学号 C(10),姓名 C(6),性别 C(2),民族 C(2),出生日期 D(8),是否党员 L(1))

B. CREATE xuesheng(学号 C(10),姓名 C(6),性别 C(2),民族 C(2),出生日期 D(8),是否党员 L(1))

C. CREATE TABLE xuesheng(学号 C(10),姓名 C(6),性别 C(2),民族 C(2),出生日期 D(8),是否党员 L(1))

D. ALTER TABLE xuesheng(学号 C(10),姓名 C(6),性别 C(2),民族 C(2),出生日期 D(8),是否党员 L(1))

24. 在上面 3 个表中查询学生的学号、姓名、课程号和数学成绩，使用 SQL 语句正确的是（ ）。

A. SELECT A.学号,A.姓名,B.课程号,C.成绩 FROM xuesheng, kecheng, xuanke1617

B. SELECT 学号,姓名,课程号,数学 FROM xuesheng,kecheng,xuanke1617

C. SELECT xuesheng.学号,姓名,课程号,成绩 FROM xuesheng,kecheng,xuanke1617 WHERE xuesheng.学号=xuanke1617.学号 AND kecheng.课程号=xuanke1617.课程号

D. SELECT A.学号,A.姓名,B.课程号,C.成绩 FROM xuesheng A, kecheng B, xuanke1617 C WHERE xuesheng.学号=xuanke1617.学号 and kecheng.课程号=xuanke1617.课程号

25. 在 xuanke1617 表中，按成绩升序排列，将结果存入 new 表中，使用 SQL 语句正确的是（ ）。

A. SELECT * FROM xuanke1617 ORDER BY 成绩

B. SELECT * FROM xuanke1617 ORDER BY 成绩 INTO CURSOR new

C. SELECT * FROM xuanke1617 ORDER BY 成绩 INTO TABLE new

D. SELECT * FROM xuanke1617 ORDER BY 成绩 TO new

26. 有 SQL 语句：SELECT 课程号,AVG(成绩) AS 平均成绩 FROM xuanke1617 GROUP BY 课程号 INTO TABLE temp，执行该语句后，temp 表中的第二个记录的“平均成绩”字段的内容是（ ）。

A. 69.4　　B. 80.5　　C. 75　　D. 85

27. 有 SQL 语句：SELECT DISTINCT 课程号 FROM xuanke1617 INTO TABLE t，执行该语句后，t 表中记录的个数是（ ）。

A. 10　　B. 5　　C. 4　　D. 3

28. UPDATE kecheng SET 学时=学时+10 命令的功能是（ ）。

A. 将 kecheng 表中所有的学时的变为 10

B. 给 kecheng 表中所有记录的学时加 10 学时

C. 给 kecheng 表中当前记录的学时加 10

D. 将 kecheng 表中当前记录的学时变为 10

29. DELETE FROM xuanke1617 WHERE 成绩>60 语句的功能是（　　）。

A．从 xuanke1617 表中彻底删除成绩大于 60 的记录

B．xuanke1617 表中成绩大于 60 的记录被加上删除标记

C．删除 xuanke1617 表

D．删除 xuanke1617 表的成绩列

第 30～33 题使用如下 3 个数据库表。

学生表：s(学号,姓名,性别,出生日期,院系)。

课程表：c(课程号,课程名,学时)。

选课成绩表：sc(学号,课程号,成绩)。

在上述表中，出生日期的数据类型为日期型，学时和成绩为数值型，其他均为字符型。

30. 用 SQL 命令查询选修的每门课程的成绩都高于或等于 85 分的学生的学号和姓名，正确的命令是（　　）。

A．SELECT 学号,姓名 FROM s WHERE NOT EXISTS ;
(SELECT * FROM sc WHERE sc.学号=s.学号 AND 成绩<85)

B．SELECT 学号,姓名 FROM s WHERE NOT EXISTS ;
(SELECT * FROM SC WHERE sc.学号=s.学号 AND 成绩>=85)

C．SELECT 学号,姓名 FROM s,sc ;
WHERE s.学号=sc.学号 AND 成绩>=85

D．SELECT 学号,姓名 FROM s,sc ;
WHERE s.学号=sc.学号 AND ALL 成绩>=85

31. 用 SQL 语言检索选修课程在 5 门以上（含 5 门）学生的学号、姓名和平均成绩，按平均成绩降序排序，正确的命令是（　　）。

A．SELECT s.学号,姓名,平均成绩 FROM s,sc WHERE s.学号=sc.学号;
GROUP BY s.学号 HAVING COUNT(*)>=5 ORDER BY 平均成绩 DESC

B．SELECT 学号,姓名,AVG(成绩) FROM s,sc WHERE s.学号=sc.学号
AND COUNT(*)>=5 GROUP BY 学号 ORDER BY 3 DESC

C．SELECT s.学号,姓名,AVG(成绩) 平均成绩 FROM s,sc WHERE s.学号=sc.学号 AND COUNT(*)>=5 GROUP BY s.学号 ORDER BY 平均成绩 DESC

D．SELECT s.学号,姓名,AVG(成绩) 平均成绩 FROM s,sc WHERE s.学号=sc.学号 GROUP BY s.学号 HAVING COUNT(*)>=5 ORDER BY 3 DESC

32. 查询每门课程的最高分，要求得到的信息包括课程名和分数，正确的命令是（　　）。

A．SELECT 课程名, SUM(成绩) AS 分数 FROM c,sc WHERE c.课程号=sc.课程号 GROUP BY 课程名

B．SELECT 课程名, MAX(成绩) 分数 FROM c,sc WHERE c.课程号=sc.课程号
GROUP BY 分数

C．SELECT 课程名, SUM(成绩) 分数 FROM c,sc WHERE c.课程号=sc.课程号
GROUP BY c.课程号

D．SELECT 课程名, MAX(成绩) AS 分数 FROM c,sc WHERE c.课程号=sc.课程

号 GROUP BY 课程名

33．建立视图 age_List，视图显示所有目前年龄是 22 岁的学生的学号、姓名和年龄，正确的命令是（ ）。

A．CREATE VIEW age_List AS ;
SELECT 学号,姓名, YEAR(DATE( ))-YEAR(出生日期)年龄 FROM S SELECT 学号,姓名,年龄 FROM age_List WHERE 年龄=22

B．CREATE VIEW age_List AS ;
SELECT 学号, 姓名,YEAR (出生日期) FROM S SELECT 学号, 姓名,年龄 FROM Age_List WHERE YEAR(出生日期)=22

C．CREATE VIEW age_List AS ;
SELECT 学号, 姓名,YEAR (DATE( ))-YEAR(出生日期)年龄 FROM S SELECT 学号, 姓名,年龄 FROM 学生 WHERE YEAR(出生日期)=22

D．CREATE VIEW age_List AS Student;
SELECT 学号, 姓名,YEAR (DATE( ))-YEAR(出生日期)年龄 From S SELECT 学号, 姓名,年龄 FROM Student WHERE 年龄=22

34．“图书”表中有字符型字段“图书号”。要求用 SQL DELETE 命令将图书号中以字母“A”开头的图书记录全部打上删除标记，正确的命令是（ ）。

A．DELETE FROM 图书 FOR 图书号 LIKE “A%”

B．DELETE FROM 图书 WHILE 图书号 LIKE “A*”

C．DELETE FROM 图书 WHERE 图书号=“A*”

D．DELETE FROM 图书 WHERE 图书号 LIKE“A%”

35．SQL 语句中修改表结构的命令是（ ）。

A．ALTER TABLE　　B．MODIFY TABLE

C．ALTER STRUCTURE　　D．MODIFY STRUCTURE

第 36～39 题使用如下的仓库表和职工表。

仓库表

仓库号	所在城市
A1	北京
A2	上海
A3	天津
A4	广州

职工表

职工号	仓库号	工资
M1	A1	2000.00
M3	A3	2500.00
M4	A4	1800.00
M5	A2	1500.00
M6	A4	1200.00

36．检索在广州仓库工作的职工记录，要求显示“职工号”和“工资”字段，正确的命令是（ ）。

A．SELECT 职工号,工资 FROM 职工表 WHERE 仓库表.所在城市="广州"

B．SELECT 职工号,工资 FROM 职工表 WHERE 仓库表.仓库号=职工表.仓库号 AND 仓库表.所在城市="广州"

C．SELECT 职工号,工资 FROM 仓库表,职工表 WHERE 仓库表.仓库号=职工表.仓库号 AND 仓库表.所在城市="广州"

D．SELECT 职工号,工资 FROM 仓库表,职工表 WHERE 仓库表.仓库号=职工表.仓库号 OR 仓库表.所在城市="广州"

37．有如下 SQL 语句：SELECT SUM(工资) FROM 职工表 WHERE 仓库号 IN (SELECT 仓库号 FROM 仓库表 WHERE 所在城市="北京" OR 所在城市="上海")，执行语句后，工资总和是（ ）。

A．1500.00　　B．3500.00　　C．5000.00　　D．10500.00

38．求至少有两个职工的每个仓库的平均工资（ ）。

A．SELECT 仓库号,COUNT(*),AVG(工资)FROM 职工表 HAVING COUNT(*)>=2

B．SELECT 仓库号,COUNT(*),AVG(工资)FROM 职工表 GROUP BY 仓库号 HAVING COUNT(*)>=2

C．SELECT 仓库号,COUNT(*),AVG(工资)FROM 职工表 GROUP BY 仓库号 SET COUNT(*)>=2

D．SELECT 仓库号,COUNT(*),AVG(工资)FROM 职工表 GROUP BY 仓库号 WHERE COUNT(*)>=2

39．有如下 SQL 语句：SELECT DISTINCT 仓库号 FROM 职工表 WHERE 工资>= ALL(SELECT 工资 FROM 职工表 WHERE 仓库号="A1")，执行语句后，显示查询到的仓库号有（ ）。

A．A1　　B．A3　　C．A1,A2　　D．A1,A3

40．有如下 SQL 语句：

```
SELECT * FROM 仓库 WHERE 仓库号="H1";
UNION  SELECT * FROM 仓库 WHERE 仓库号="H2"
```

该语句的功能是（ ）。

A．查询在 H1 或 H2 仓库中的职工信息

B．查询仓库号 H1 或 H2 的仓库信息

C．查询既在仓库号 H1，又在仓库号 H2 工作的职工信息

D．语句错误，不能执行

二、填空题

1．查询文件的扩展名为________。

2．在 SQL 的 SELECT 查询中，使用________子句实现消除查询结果中的重复记录。

3．在 SQL 的 WHERE 子句的条件表达式中，字符串匹配（模糊查询）的运算符是________。

4．jiaoshi 表有“工资”字段，计算工资总和的 SQL 语句是 SELECT________FROM 职工。

5．在 SQL 的 SELECT 语句进行分组计算查询时，可以使用________子句来去掉不满足条件的分组。

6．在 SQL 中，要查询表 S 在 AGE 字段上取空值的记录，正确的 SQL 语句为

```
SELECT * FROM S WHERE ________。
```

7．歌手表中有“歌手号”“姓名”“最后得分”3 个字段，“最后得分”越高名次越靠前，查询前 10 名歌手的 SQL 语句是

```
SELECT *________FROM 歌手 ORDER BY 最后得分________。
```

8．在 SQL SELECT 语句中为了将查询结果存储到永久表应该使用________短语。

9．在 SQL 中，插入、删除、更新命令依次是 INSERT、DELETE 和________。

10．在 Visual FoxPro 中，使用 SQL 的 CREATE TABLE 语句建立数据库表时，使用________子句说明主索引。

11．在 Visual FoxPro 中，使用 SQL 的 CREATE TABLE 语句建立数据库表时，使用________子句说明有效性规则。

12．建立视图的命令是________。

第7章 习 题

一、单选题

1. 在报表设计器中，可以使用的控件是（　　）。

A．标签、域控件和线条　　B．标签、域控件和列表框

C．标签、文本框和列表框　　D．布局和数据源

2. 报表的数据源可以是（　　）。

A．自由表或其他报表　　B．数据库表、自由表或视图

C．数据库表、自由表或查询　　D．表、查询或视图

3. 在创建快速报表时，基本带区包括（　　）。

A．标题、细节和总结　　B．页标头、细节和页注脚

C．组标头、细节和组注脚　　D．报表标题、细节和页注脚

4. 使用“报表向导”定义报表时，定义报表布局的选项是（　　）。

A．列数、方向、字段布局　　B．列数、行数、字段布局

C．行数、方向、字段布局　　D．列数、行数、方向

5. Visual FoxPro 6.0 的报表文件.frx 中保存的是（　　）。

A．打印报表的预览格式　　B．打印报表本身

C．报表的格式和数据　　D．报表设计格式的定义

6. 创建报表的命令是（　　）。

A．CREATE REPORT　　B．REPORT FORM

C．MODIFY FORM　　D．PREVIEW FORM

7. 下列关于快速报表的说法不正确的是（　　）。

A．快速报表只能基于单一的表或视图创建报表

B．快速报表无法建立复杂的布局

C．快速报表可以显示通用型字段的内容

D．快速报表在创建时，基本带区包括页标头、细节和页注脚

8. 下列关于报表和标签的说法不正确的是（　　）。

A．在进行分组之前，一般要对报表的数据源进行适当的分组

B．标签是多列报表，是为匹配特定的标签纸而特殊设置的

C．报表布局文件的扩展名是.frx，它存储着每个数据字段的值

D．报表文件存储一个特定报表的位置和格式信息，每次运行报表，值都可能不一样

9．若要为报表设计器指定数据源，可以打开（ ）窗口进行设计。

A．数据源 B．报表数据源

C．报表属性 D．数据环境设计器

10．用菜单方式打开一个已经存在的报表文件时，将在命令窗口自动输入的相应命令是（ ）。

A．MODIFY REPORT B．CREATE REPORT

C．OPEN REPORT D．START REPORT

11．在项目管理器的（ ）选项卡中管理报表。

A．报表 B．程序 C．文档 D．其他

12．报表文件的扩展名是（ ）。

A．.spr B．.frx C．.rep D．.rpx

13．报表设计器中默认的带区不包括（ ）。

A．页标头带区 B．页注脚带区

C．细节带区 D．标题带区

14．若要将一个报表以表的形式打印输出，应该将表记录的各个字段项放在报表设计器的（ ）内。

A．页标头带区 B．页注脚带区

C．细节带区 D．标题带区

15．在报表设计器窗口的某个带区内添加一个域控件之后，系统将打开（ ）对话框。

A．域控件 B．报表表达式

C．计算字段 D．打印条件

16．在设计报表时，利用添加域控件的方法不能在报表中添加（ ）字段的内容。

A．字符型 B．数值型 C．日期型 D．通用型

17．打印报表的命令是（ ）。

A．REPORT FORM TO PRINT B．PRINT FORM

C．DO REPORT D．RUN REPORT

18．预览报表的命令是（ ）。

A．PREVIEW REPORT B．REPORT FORM…PREVIEW

C．PRINT FORM PREVIEW D．REPORT PREVIEW

19．在报表设计器窗口中，若要进行数据分组，则依据为（ ）。

A．查询 B．排序

C．分组表达式 D．以上都不是

20．为了在报表中打印当前时间，应该插入一个（ ）。

A．表达式控件 B．域控件 C．标签控件 D．文件控件

21．下列选项中不属于域控件的数据类型是（ ）。

A．字符型 B．备注型 C．数值型 D．日期型

22．用报表向导创建报表时，可以选择的报表样式中，没有的是（ ）。

A．经营式 B．账务式 C．标准式 D．简报式

23．要改变标尺刻度为像素，则需要使用（　　）。

A．“格式”→“设置网格刻度”命令

B．“工具”→“设置网格刻度”命令

C．“格式”→“选项”命令

D．“工具”→“选项”命令

24．向报表中添加报表控件的操作方法与向表单中添加控件的操作方法（　　）。

A．相同　　B．不同

C．可能相同，可能不同　　D．以上都不对

25．如果要显示的记录和字段较多，并且希望可以同时浏览多个记录和方便比较同一字段的值，则应创建（　　）。

A．列报表　　B．行报表

C．一对多报表　　D．多栏报表

26．若职工表中有“姓名”“基本工资”“职务津贴”等字段，在产生 Visual FoxPro 报表时，需计算每个职工的工资（工资=基本工资+职务津贴），应把计算工资的域控件设置在（ ）。

A．“细节”带区里　　B．“标题”带区里

C．“页标头”带区里　　D．“列标头”带区里

27．报表的数据源不包括（　　）。

A．视图　　B．自由表　　C．数据库表　　D．文本文件

28．下列关于报表的说法，错误的是（　　）。

A．报表的数据源可以是临时表、视图或自由表

B．必须为报表设置数据源

C．可以利用报表设计器创建自定义报表

D．不能利用报表来修改表中的数据

29．在 Visual FoxPro 中设计打印输出通常使用（ ）。

A．报表和标签　　B．报表和表单

C．标签和表单　　D．以上选项均不正确

30．在 Visual FoxPro 中可以用 DO 命令执行的文件不包括（　　）。

A．PRG 文件　　B．MPR 文件　　C．FRX 文件　　D．QPR 文件

31．创建“一对多”报表要保证两个表是（　　）。

A．两个自由表

B．两个数据库表

C．一个数据库中的具有“一对多”关系的两个表

D．一个数据库中没有关联关系的两个表

32．报表中不能使用的控件是（　　）。

A．标签　　B．线条　　C．矩形　　D．命令按钮

33．布局类型为一对多的报表，一般适用于打印（　　）。

A．财政报表、销售总结　　B．列表

C．发票、会计报表　　D．电话本名片

34．系统变量_PAGENO 的值表示（　　）。

A．还未打印的报表页数　　B．已经打印的报表页数

C．当前打印的报表日期　　D．当前打印的报表页数

35．下列说法正确的是（　　）。

A．报表必须有别名

B．报表的数据源不可以是视图

C．报表的数据源不可以是临时表

D．可以不设置报表的数据源

36．下列关于报表预览的说法，错误的是（　　）。

A．如果报表文件的数据源内容已经改变，但没有保存表，其预览结果也会随之改变

B．只有预览了报表后，才能打印报表

C．在报表设计器中，任何时候都可以使用预览功能查看页面设计效果

D．在进行报表预览时，不可以更改报表的布局

37．下列关于报表带区及其作用的叙述，错误的是（　　）。

A．对于“标题”带区，系统只在报表开始时打印一次该带区所包含的内容

B．对于“页标头”带区，系统只打印一次该带区所包含的内容

C．对于“细节”带区，每个记录的内容只打印一次

D．对于“组标头”带区，系统将在数据分组时每组打印一次该内容

38．报表备注文件的扩展名是（　　）。

A．.mnx　　B．.frx　　C．.frt　　D．.prc

39．常用的报表布局类型有（　　）。

A．一对多报表　　B．行报表　　C．列报表　　D．以上都是

40．有报表文件 A1，在报表设计器中修改该报表文件的命令是（　　）。

A．MODIFY REPORT A1　　B．CREATE REPORT A1

C．OPEN A1　　D．MODIFY A1

二、填空题

1．报表文件的扩展名是________。

2．报表设计主要包括两部分：________和________。

3．创建报表的方法主要有 3 种：________、________和________。

4．Visual FoxPro 提供了两种类型的报表向导：________和________。

5．报表布局中默认有 3 个基本带区：________、________和________。

6．创建报表的命令是________。

7．修改报表的命令是________。

8．使用________创建报表比较灵活，不但可以设计报表布局，规划数据在页面上的打印位置，还可以添加各种控件。

9．创建分组报表需要按________进行索引或排序，否则不能进行正确分组。

10．如果已对报表进行了数据分组，则此报表会自动包含________和________带区。

11．报表中的数据源主要有________、________、________和________。

12．报表的总体布局大体可以分为________、________、________、________和________5种类型。

13．报表文件不存储每个字段的值，只存储特定报表的________和________信息。

14．使用报表向导创建报表时，报表向导提供的报表样式有________、________、________、________和________5种。

15．在使用报表向导创建报表时，最多可以设置的分组层数是________层。

16．在设计报表时，如果没有显示报表控件工具栏，可以选择“显示”菜单中的________选项，启动报表控件工具栏。

17．多栏报表的栏目数可以通过________来设置。

18．在“页面设置”的“列”选项组中，可以设置报表的________、________和________。

19．在设置报表添加域控件时，可以从________添加，也可以从报表控件工具栏添加。

第8章 习 题

一、单选题

1．在 Visual FoxPro 中，有关菜单文件描述正确的是（　　）。

A．MNX 文件是菜单源文件，MPR 文件是生成的程序文件

B．MPR 文件是菜单源文件，MNX 文件是生成的程序文件

C．只有 MPR 文件，无 MNX 文件

D．以上说法均不正确

2．在 Visual FoxPro 中，无论是哪种类型的菜单，当选择某个选项时都会有一定的动作，这个动作不可能是（　　）。

A．执行一条命令　　B．执行一个过程

C．执行一个 EXE 程序　　D．激活另一个菜单

3．要将 Visual FoxPro 系统菜单恢复成标准配置，可执行 SET SYSMENU NOSAVE 命令，然后执行命令（　　）。

A．SET SYSMENU TO DEFAULT　　B．SET MENU TO DEFAULT

C．SET DEFAULT MENU　　D．SET SYSMENU TO

4．下面设置系统菜单的命令中，错误的是（　　）。

A．SET SYSMENU DEFAULT　　B．SET SYSMENU NOSAVE

C．SET SYSMENU OFF　　D．SET SYSMENU TO

5．如果希望屏蔽系统菜单，使系统菜单不可用，应该使用的命令是（　　）。

A．SET SYSMENU OFF　　B．SET SYSMENU TO

C．SET SYSMENU TO CLOSE　　D．SET SYSMENU TO OFF

6．要将系统菜单的默认配置恢复成 Visual FoxPro 系统菜单的标准配置，正确的命令是（　　）。

A．SET SYSMENU TO DEFAULT　　B．SET SYSMENU DEFAULT

C．SET SYSMENU TO NOSAVE　　D．SET SYSMENU NOSAVE

7．在 Visual FoxPro 中，要将系统菜单恢复成默认配置，正确的命令是（　　）。

A．SET SYSMENU TO DEFAULT　　B．SET SYSMENU DEFAULT

C．SET SYSMENU TO NOSAVE　　D．SET SYSMENU NOSAVE

8．扩展名为.mnt 的文件是（　　）。

A．菜单文件　　B．菜单程序文件

C．菜单备注文件　　D．菜单参数文件

9．在 Visual FoxPro 中，要运行菜单文件 menu1.mpr，可以使用命令（　　）。

A．DO menu1　　B．DO menu1.mpr

C．DO MENU menu1　　D．RUN menu1

10．在 Visual FoxPro 中，菜单定义文件的默认扩展名是（　　）。

A．.mnx　　B．.mnt　　C．.mpr　　D．.prg

11．假设已用命令 MODIFY MENU mymenu 创建了一个菜单并生成了相应的菜单程序，则运行菜单程序的命令是（　　）。

A．DO mymenu　　B．DO MENU mymenu

C．DO mymenu.mpr　　D．DO MENU mymenu.mpr

12．在 Visual FoxPro 中，打开菜单设计器设计新菜单的命令是（　　）。

A．CREATE MENU　　B．CREATE POPUP

C．MODIFY MENU　　D．MENU <新菜单文件名>

13．在 Visual FoxPro 中，菜单设计器生成的程序文件的扩展名是（　　）。

A．.mnu　　B．.prg　　C．.mpr　　D．.mnx

14．在菜单设计中，可以在定义菜单名称时为菜单项指定一个访问键。规定了菜单项的访问键为“X”的菜单名称定义是（　　）。

A．综合查询<(X)　　B．综合查询\<(X)

C．综合查询(<X)　　D．综合查询(\<X)

15．在 Visual FoxPro 中，为了将菜单作为顶层菜单，需要设置表单的某属性值为 2，该属性是（　　）。

A．ShowWindow　　B．WindowShow

C．WindowState　　D．Visible

16．为顶层表单设计菜单时需要作一系列设置，下面有关这些设置的描述错误的是（　　）。

A．在设计相应的菜单时，需要在“常规选项”对话框中选中“顶层表单”复选框

B．需要将表单的 WindowType 属性值设置为“2-作为顶层表单”

C．在表单的 Init 事件代码中运行菜单程序

D．在表单的 Destroy 事件代码中清除相应的菜单

17．在 Visual FoxPro 中可以用 DO 命令执行的文件不包括（　　）。

A．PRG 文件　　B．MPR 文件　　C．FRX 文件　　D．QPR 文件

18．释放或清除快捷菜单的命令是（　　）。

A．RELEASE MENU　　B．RELEASE POPUPS

C．CLEAR MENU　　D．CLEAR POPUPS

19．要将一个弹出式菜单作为某个控件的快捷菜单，需要在该控件的某事件代码中调用弹出式菜单程序的命令，这个事件是（　　）。

A．RightClick　　B．Click　　C．Load　　D．DblClick

二、填空题

1．在菜单设计器中保存的菜单文件扩展名为________。

2．创建菜单的命令为________。

3．运行菜单的命令为________。

4．弹出式菜单可以分组，插入分组线的方法是在“菜单名称”项中输入________两个字符。

5．Visual FoxPro 中支持两种类型的菜单，分别是________和________。

6．Visual FoxPro 系统的主菜单是一个________。

7．从用户菜单返回系统菜单应该使用的命令是________。

第9章 习　题

一、单选题

1. ?AT("大学", "北京语言文化学院")的结果是（　　）。

A．12　　B．13　　C．16　　D．0

2. APPEND BLANK 命令的功能是（　　）。

A．在第一个记录前增加新记录

B．编辑记录

C．在表尾增加一个空白记录

D．在当前记录前增加一个空白记录

3. INSERT 命令将一个新记录加到（　　）。

A．当前记录之前　　B．当前记录之后

C．文件顶部　　D．不能添加

4. Visual FoxPro 中的 SET RELATION 关联是（　　）。

A．逻辑连接　　B．物理连接　　C．逻辑排序　　D．物理排序

5. 不带文件名的 USE 的功能是（　　）。

A．关闭所有工作区的表文件　　B．关闭当前工作区的表文件

C．关闭所有文件　　D．对表文件没有影响

6. 不论索引是否生效，多次执行后总能定位到相同记录的命令是（　　）。

A．GO TOP　　B．GO BOTTOM　　C．GO 6　　D．SKIP

7. 不能修改当前数据表记录内容的命令有（　　）。

A．EDIT　　B．REPLACE　　C．DISPLAY　　D．BROWSE

8. 不能作为索引关键字的数据类型是（　　）。

A．数值型　　B．备注型　　C．日期型　　D．字符型

9. 当前表中含“姓名”字段，显示“李”姓的所有记录的命令是（　　）。

A．DISPLAY FOR "李"=姓名　　B．DISPLAY FOR 姓名="李"

C．DISPLAY SUBSTR(姓名,1,2)="李"　　D．DISPLAY SUBSTR(姓名,1,1)="李"

10. 当用 LOCATE 命令查找到一个符合条件的记录时，下列描述中不正确的是（　　）。

A．记录指针指向第一个满足条件的记录

B．FOUND( )返回值为.T.

C．若继续查找下一个满足条件的记录，应再执行一次 LOCATE 命令

D．若继续查找下一个满足条件的记录，应执行 CONTINUE 命令

11．关系表达式的运算结果是（　　）。

A．正确　　B．错误　　C．大和小　　D．.T.或.F.

12．恢复删除记录的命令是（　　）。

A．ROLLBACK　　B．RECALL　　C．PACK　　D．REMIND

13．计算结果不是字符串“Teacher”的语句是（　　）。

A．AT("MyTeacher",3,7)　　B．SUBSTR("MyTeacher",3,7)

C．RIGHT("MyTeacher",7)　　D．LEFT("Teacher",7)

14．命令?LEN(SPACE(3)-SPACE(2))的结果是（　　）。

A．3　　B．2　　C．1　　D．5

15．命令 SELECT 3 等价于命令（　　）。

A．SELECT A　　B．SELECT 0

C．SELECT C　　D．SELECT Ⅲ

16．某表文件已按性别建立索引，表中有男生记录 5 个，女生记录 3 个，使用 TOTAL 命令按照性别分类汇总，生成的表文件中共有（　　）个记录。

A．3　　B．2　　C．5　　D．8

17．如果内存变量和字段变量均有变量名“姓名”，那么引用内存变量的正确方法是（　　）。

A．M.姓名　　B．M->姓名　　C．姓名　　D．A 和 B 都可以

18．设 *a*=[6*8-2]、*b*=6*8-2、*c*="6*8-2"，属于合法表达式的是（　　）。

A．*a*+*b*　　B．*b*+*c*　　C．*a*-*c*　　D．*c*-*b*

19．设 *x*="11"，*y*="1122"，下列表达式结果为假的是（　　）。

A．NOT(*x*==*y*) AND (*x*$*y*)　　B．NOT (*x*>=*y*)

C．NOT(*x*$*y*) OR (*x*< >*y*)　　D．NOT (*x*$*y*)

20．设表中有 10 个记录，并且已经打开，下面命令中不能改变当前记录的是（　　）。

A．SKIP　　B．GO 2　　C．LIST　　D．DISPLAY

21．使用“INDEX ON 关键字 TO 索引文件名”命令建立的索引文件是（　　）。

A．单索引文件　　B．结构复合索引文件

C．非结构复合索引文件　　D．复合索引文件

22．物理删除表文件全部记录的命令是（　　）。

A．DELETE　　B．EDIT　　C．ZAP　　D．PACK

23．物理删除某一打开的表中的第 3 个记录，使用以下命令：①DELE；②GO 3；③PACK。正确的操作顺序是（　　）。

A．①②③　　B．②③①　　C．①③②　　D．②①③

24．下列表达式中不符合 Visual FoxPro 规则的是（　　）。

A．{^1993/03/12}　　B．T+T

C．VAL("1234")　　D．2X>6

25．下列不能作为查询的命令是（　　）。

A．LOCATE　　B．INDEX　　C．SEEK　　D．FIND

26．下列短语不是 Visual FoxPro 范围短语的是（　　）。

A．SKIP　　B．REST　　C．NEXT 2　　D．ALL

27．下列命令中，不能求出当前表中所有记录个数的是（　　）。

A．COUNT ALL TO x　　B．RECCOUNT( )

C．CALCULATE CNT( )　　D．SUM TO CONNT

28．要判断数值型数据 *x* 能否被 7 整除，不正确的表达式是（　　）。

A．MOD(x,7)=0　　B．INT(x/7)=x/7

C．0=MOD(x,7)　　D．MOD(x,7)=INT(x/7)

29．以下 4 组表达式的结果是逻辑值.T.的是（　　）。

A．"this"$"this is a string"　　B．"this"="THIS IS A STRING"

C．"this is a string"$"this"　　D．"this">"this is a string"

30．有如下赋值语句：a="计算机"，b="微型"，结果为“微型机”的表达式是（　　）。

A．b+LEFT(a,2)　　B．b+RIGHT(a,1)

C．b=LEFT(a,5,2)　　D．b+RIGHT(a,2)

31．在 Visual FoxPro 系统中，用户打开一个表后，若要显示其中的记录，可使用的命令是（　　）。

A．BROWSE　　B．SHOW　　C．VIEW　　D．OPEN

32．在 Visual FoxPro 中，从键盘上接收字符型数据并存入内存变量 *x*，下列命令错误的是（　　）。

A．WAIT TO x　　B．ACCEPT TO x

C．INPUT TO x　　D．@10,10 GET x

33．在 Visual FoxPro 中，对数据表建立索引，将产生相应的索引文件，原表文件内容（　　）。

A．并不改变　　B．顺序改变

C．指定记录改变　　D．数据改变

34．在 Visual FoxPro 中，对未经排序或索引的数据表进行查找时，只能用命令（　　）。

A．FIND　　B．SEEK　　C．LOCATE　　D．DISPLAY

35．在 Visual FoxPro 中，使用 LOCATE FOR 命令按条件查找记录，当查找到满足条件的第一个记录后，如果还需要查找下一个满足条件的记录，应使用（　　）。

A．再次使用 LOCATE 命令　　B．SKIP 命令

C．CONTINUE 命令　　D．GO 命令

36．在当前工作区打开的表中有“英语”“数学”“总分”字段，计算每个学生总分的正确命令是（　　）。

A．SUM 英语+数学 TO 总分　　B．REPL ALL 总分 WITH 英语+数学

C．SUM 英语,数学,总分　　D．REPL 总分 WITH 英语+数学

37．在非空表中，执行命令 SEEK "张三"后，若未找到符合条件的记录，则命令?BOF( )、?FOUND( )、?EOF( )的显示结果是（　　）。

A．.F.　.T.　.F.　　B．.F.　.F.　.T.　　C．.T.　.F.　.F.　　D．.F.　.T.　.T.

38．在下列表达式中，运算结果为字符型数据的是（　　）。

A．"ABCD"-"EF"="ABCDEF"　　B．"1234"+"56"

C．CTOD("05/08/01")　　D．以上都是

39．在下列函数中，函数返回值为数值的是（　）。

A．BOF( )　　B．CTOD(01/01/96)

C．AT("人民","共和国")　　D．SUBSTR(DTOC(DATE( )),7)

40．在下面的 Visual FoxPro 表达式中，运算结果为逻辑值的是（　　）。

A．VAL('123+245')　　B．STR("acd",3)

C．AT("a","123abc")　　D．EOF( )

二、填空题

1．数据库文件的扩展名是________，数据表文件的扩展名是________。

2．数据库表的字段名最多可由________个字符组成，自由表的字段名最多可由________个字符组成。

3．建立数据库的命令是________。

4．修改数据库的命令是________。

5．打开数据库的命令是________。

6．单索引文件的扩展名是________，复合索引文件的扩展名是________。

7．在 Visual FoxPro 中，最多能同时打开________个数据表。

8．Visual FoxPro 提供的常量类型有数值型、________、货币型、日期型、________、日期时间型 6 种。

9．在使用 LOCATE 命令查询满足条件的记录时，若想继续查找其他满足条件的记录，可以使用________命令。

10．在 Visual FoxPro 中，能够随着表的打开而自动打开的索引是________。

11．函数 SUBSTR("计算机基础教研室",11)的返回值是________。

12．在多工作区操作中，选择未使用过的最小工作区的命令是________。

13．Visual FoxPro 中提供的索引查询命令是________和________。

14．修改表结构的命令是________。

15．测试是否文件头的函数是________，测试是否文件尾的函数是________。

16．将记录指针移动到最后一个记录的命令是________。

17．函数 LEFT("1234567890",LEN("您好"))的计算结果是________。

18．插入记录的命令是________，删除记录的命令是________。

19．设置表间临时性关系的命令是________。

20．在 Visual FoxPro 命令中使用的范围子句，表示所有记录的范围子句是________，表示从当前记录直到表尾的所有记录的范围子句是________。

第10章 习 题

一、单选题

1．下列叙述中，不属于表单数据环境常用操作的是（　　）。

A．向数据环境添加表或视图　　B．向数据环境中添加控件
C．从数据环境中删除表或视图　　D．在数据环境中编辑关系

2．利用数据环境将表中备注型字段拖到表单中，将产生一个（　　）。

A．文本框控件　　B．列表框控件
C．编辑框控件　　D．容器控件

3．下列表格控件属性中，属于标头属性的是（　　）。

A．Sparse　　B．ControlSource
C．Alignment　　D．CurrentControl

4．Visual FoxPro 提供的各种设计器中，可以用来定义表单或报表中使用的数据源的是（　　）。

A．表单设计器　　B．报表设计器
C．数据环境设计　　D．数据库设计器

5．表格控件的数据源可以是（　　）。

A．视图　　B．表
C．SQL　SELECT 语句　　D．以上 3 种都可以

6．在 Visual FoxPro 的项目管理器中不包括的选项卡是（　　）。

A．数据　　B．文档　　C．类　　D．表单

7．以下关于表单数据环境的叙述错误的是（　　）。

A．可以向表单数据环境设计器中添加表或视图
B．可以从表单数据环境设计器中移出表或视图
C．可以在表单数据环境设计器中设置表之间的联系
D．不可以在表单数据环境设计器中设置表之间的联系

8．如果要为控件设置焦点，则下列属性值是真（.T.）的是（　　）。

A．Enabled 和 Default　　B．Enabled 和 Visible
C．Default 和 Cancel　　D．Visible 和 Default

9．在表单中，有关列表框和组合框内选项的多重选择，正确的叙述是（　　）。

A．列表框和组合框都可以设置成多重选择
B．列表框和组合框都不可以设置成多重选择

C．列表框可以设置多重选择，而组合框不可以

D．组合框可以设置多重选择，而列表框不可以

10．下列关于组合框的说法中，正确的是（　　）。

A．组合框中，只有一个条目是可见的

B．组合框不提供多重选定的功能

C．组合框没有 MultiSelect 属性的设置

D．以上说法均正确

11．在 Visual FoxPro 中，（　　）不是命令按钮组的容器控件属性。

A．ButtonCount　　B．Buttons

C．Caption　　D．Value

12．下面的选项按钮中，（　　）不是表单的选项组按钮。

A．ButtonCount　　B．Buttons

C．ControlSource　　D．ColumnCount

13．下面关于表单数据环境和数据环境中两个表之间关联的叙述中，正确的是（　　）。

A．数据环境是对象，关系不是对象

B．数据环境不是对象，关系是对象

C．数据环境是对象，关系是数据环境中的对象

D．数据环境和关系都不是对象

14．在选项组控件设计中，选项组控件的 ButtonCount 属性用于（　　）。

A．指定选项组中有几个选项按钮被选中

B．指定有几个数据源与选项组建立联系

C．指定选项组中选项按钮的数目

D．指定存取选项组中每个按钮的数组

15．在列表框控件设计中，确定列表框内的某个条目是否被选定应使用的属性是（　　）。

A．Value　　B．ColumnCount　　C．ListCount　　D．Selected

16．在表格控件设计中，表格控件的数据源可以是（　　）。

A．查询　　B．表　　C．SQL 语句　　D．以上 3 种都可以

17．在表单中为表格控件指定数据源的属性是（　　）。

A．DataSource　　B．DataFrom

C．RecordSource　　D．RecordSourceType

18．在列表框中，ColumnCount 的作用是（　　）。

A．指定列表框的行数　　B．指定列表框的数目

C．制定被选中的条目　　D．允许多重选择的数目

19．在 Visual FoxPro 中，可以用（　　）设置页框中页的数目。

A．Page　　B．PageCount　　C．Count　　D．Number

20．将某个控件绑定到一个字段，移动记录后字段的值发生变化，这时该控件的（　　）属性的值也随之变化。

A．Value　　B．Name　　C．Caption　　D．没有

21．页框（PageFrame）能包容的对象是（　　）。

A．页面（Page）　　B．列（Column）

C．标头（Header）　　D．表单集（Formset）

22．下列控件均为容器类的是（　　）。

A．表单、命令按钮组、命令按钮　　B．表单集、列、组合框

C．表格、列、文本框　　D．页框、列、表格

23．下列控件中，不属于容器类控件的是（　　）。

A．页面　　B．标签　　C．表格　　D．命令按钮组

24．有两种形式的组合框，即下拉组合框和下拉列表框，下列说法错误的是（　　）。

A．当 Style 的值为“0”时为下拉组合框；当 Style 的值为“2”时为下拉列表框

B．在下拉组合框中，用户既可以从中选择一个选项，也可直接在文本框中输入新值

C．在下拉列表框中，只允许用户从它的下拉列表中选择一个选项，而不允许用户在文本框中输入新值

D．在下拉列表框中，既允许用户从它的下拉列表中选择一个选项，也允许用户在文本框中输入新值

25．下列控件中，不能设置数据源的是（　　）。

A．复选框　　B．列表框　　C．命令按钮　　D．选项组

26．对列表框的内容进行一次新的选择，将发生（　　）事件。

A．GotFocus　　B．CLICK　　C．WHEN　　D．InterActiveChange

27．数据环境泛指定义表单或表单集时使用的（　　），包括表、视图和关系。

A．数据　　B．数据库　　C．数据源　　D．数据项

28．用表单设计器设计表单，下列叙述中错误的是（　　）。

A．可以对表单添加新属性和新方法

B．可以创建表单集

C．可以将表单以类的形式保存在类库中

D．数据环境对象是表单所包含的子对象，可以添加到表单中

29．表单文件在项目管理器的（　　）选项卡中。

A．类　　B．文档　　C．代码　　D．数据

二、填空题

1．要返回页框中的活动页号，应设置页框的________属性。

2．在 Visual FoxPro 的表单设计中，为表格控件指定数据源的属性是________。

3．在 Visual FoxPro 中，如果要改变表单上表格对象中当前显示的列数，应设置表格的________属性值。

4．每个表单或表单集都有一个数据环境，数据环境定义了表单所使用的________，包括数据表、视图及表之间的关系。

5．设置列表框中是否允许同时选定多行数据的属性是________。

6．数据环境中建立的临时性关系，会随着表单的关闭而________。

7．用一对多表单向导创建一个使用________个表的表单，表单中所使用的两个表之间要存在一对多的关系，一方所对应的表称为父表，多方所对应的表称为子表。在表单中，父表数据以________显示，子表数据以________显示。

8．创建表单集的操作步骤：新建或打开某________，选择“表单”→“________”选项。

9．创建表单集后，表单集的内容存储在________中，打开该表单文件后，表单集也自动打开，但层次上表单集却是一个容器，属于________表单集。

第11章 习 题

一、单选题

1. 在数据管理技术的发展过程中，经历了人工管理阶段、文件系统阶段和数据库系统阶段。其中数据独立性最高是（　　）阶段。

A. 数据库系统　B. 文件系统　C. 人工管理　D. 数据项管理

2. 下述关于数据库系统的叙述正确的是（　　）。

A. 数据库系统减少了数据冗余

B. 数据库系统避免了一切冗余

C. 数据库系统中数据的一致性是指数据类型一致

D. 数据库系统比文件系统能管理更多的数据

3. 数据库系统的核心是（　　）。

A. 数据库　B. 数据库管理系统

C. 数据模型　D. 软件工具

4. 用树形结构来表示实体之间联系的模型称为（　　）。

A. 关系模型　B. 层次模型

C. 网状模型　D. 数据模型

5. 关系表中的每一横行称为一个（　　）。

A. 元组　B. 字段　C. 属性　D. 码

6. 关系数据库管理系统的3种基本关系运算不包括（　　）。

A. 比较　B. 选择　C. 联接　D. 投影

7. 关系数据管理系统能实现的专门关系运算包括（　　）。

A. 排序、索引、统计　B. 选择、投影、联接

C. 关联、更新、排序　D. 显示、打印、制表

8. 在关系数据库中，用来表示实体之间联系的是（　　）。

A. 树结构　B. 网结构　C. 线性表　D. 二维表

9. 数据库设计包括两个方面的设计内容，它们是（　　）。

A. 概念设计和逻辑设计

B. 模式设计和内模式设计

C. 内模式设计和物理设计

D. 结构特性设计和行为特性设计

10．在数据库系统中，用于对客观世界中复杂事物的结构及它们之间的联系进行描述的是（　　）。

A．逻辑数据模型　　B．概念数据模型
C．物理数据模型　　D．关系数据模型

11．在数据管理技术发展过程中，文件系统与数据库系统的主要区别是数据库系统具有（　　）。

A．数据无冗余　　B．数据可共享
C．专门的数据管理软件　　D．特定的数据模型

12．分布式数据库系统不具有的特点是（　　）。

A．分布式
B．数据冗余
C．数据分布性和逻辑整体性
D．位置透明性和复制透明性

13．下列说法中，不属于数据模型所描述的内容的是（　　）。

A．数据结构　　B．数据操作
C．数据查询　　D．数据约束

14．下列有关数据库的描述，正确的是（　　）。

A．数据库是一个 DBF 文件
B．数据库是一个关系
C．数据库是一个结构化的数据集合
D．数据库是一组文件

15．SQL 语言又称为（　　）。

A．结构化定义语言　　B．结构化控制语言
C．结构化查询语言　　D．结构化操纵语言

16．数据库概念设计的过程中，视图设计一般有 3 种设计次序，以下各项中错误的是（　　）。

A．自顶向下　　B．由底向上
C．由内向外　　D．由整体到局部

17．索引属于（　　）。

A．模式　　B．内模式　　C．外模式　　D．概念模式

18．将 E-R 图转换到关系模式时，实体与联系都可以表示成（　　）。

A．属性　　B．关系　　C．键　　D．域

19．数据库（DB）、数据库系统（DBS）和数据库管理系统（DBMS）之间的关系是（　　）。

A．DB 包括 DBS 和 DBMS　　B．DBS 包括 DB 和 DBMS
C．DBMS 包括 DB 和 DBS　　D．3 者属于平级关系

20．对关系 S 和关系 R 进行集合运算，结果中既包含 S 中元组也包含 R 中元组，这种集合运算称为（　　）。

A．并运算　　B．交运算　　C．差运算　　D．积运算

21. 下列数据模型中，具有坚实理论基础的是（ ）。

A. 层次模型　　B. 网状模型

C. 关系模型　　D. 以上 3 个都是

22. 下列叙述中正确的是（ ）。

A. 数据库是一个独立的系统，不需要操作系统的支持

B. 数据库设计是指设计数据库管理系统

C. 数据库技术的根本目标是解决数据共享的问题

D. 数据库系统中，数据的物理结构必须与逻辑结构一致

23. 数据处理的最小单位是（ ）。

A. 数据　　B. 数据元素　　C. 数据项　　D. 数据结构

24. 数据管理技术发展的 3 个阶段中，数据共享最好的是（ ）。

A. 人工管理阶段　　B. 文件系统阶段

C. 数据库系统阶段　　D. 3 个阶段相同

25. 如果一个工人可管理多个设施，而一个设施只被一个工人管理，则实体“工人”与实体“设备”之间存在（ ）联系。

A. 一对一　　B. 一对多　　C. 多对多　　D. 没有关系

26. Visual FoxPro 是一种（ ）模型的数据库管理系统。

A. 层次　　B. 网络　　C. 对象　　D. 关系

27. 对于二维表的关键字，不一定存在的是（ ）。

A. 主关键字　　B. 候选关键字　　C. 超关键字　　D. 外部关键字

28. 目前 3 种基本的数据模型是（ ）。

A. 层次模型、网络模型、关系模型

B. 对象模型、网络模型、关系模型

C. 网络模型、对象模型、层次模型

D. 层次模型、关系模型、对象模型

29. 数据库管理系统是（ ）。

A. 教学软件　　B. 应用软件

C. 计算机辅助设计软件　　D. 系统软件

30. 一个表的主关键字被包含到另一个表中时，在另一个表中称这些字段为（ ）。

A. 外部关键字　　B. 主关键字　　C. 超关键字　　D. 候选关键字

31. 关系模型的基本结构是（ ）。

A. 二维表　　B. 树形结构　　C. 无向图　　D. 有向图

32. 下列关于数据库操作的说法中，正确的是（ ）。

A. 数据库被删除后，则它包含的数据库表也随着被删除

B. 打开了新的数据库，则原来已打开的数据库被关闭

C. 数据库被关闭后，它所包含的数据库表不能被打开

D. 数据库被删除后，它所包含的表可以变成自由表

二、填空题

1．对关系进行选择、投影或联接运算后，运算的结果仍然是一个________。

2．________是数据库设计的核心。

3．数据库系统中实现各种数据管理功能的核心软件称为________。

4．关系模型的完整性规则是对关系的某种约束条件，包括实体完整性、________和自定义完整性。

5．在关系模型中，把数据看成一个二维表，每一个二维表称为一个________。

6．________是数据库应用的核心。

7．数据库设计包括概念设计、________和物理设计。

8．数据模型按不同的应用层次分为 3 种类型，它们是________数据模型、逻辑数据模型和物理数据模型。

9．当数据的物理结构（存储结构、存取方式等）改变时，不影响数据库的逻辑结构，从而不会引起应用程序的变化，这是指数据的________。

10．在关系数据模型中，二维表的列称为属性，二维表的行称为________。

11．数据库管理系统支持的数据模型主要有 3 种，分别是层次模型、网状模型、________模型。

12．关系是具有相同性质的________的集合。

13．数据库设计分为以下 6 个设计阶段：需求分析阶段、________、逻辑设计阶段、物理设计阶段、实施阶段、运行和维护阶段。

14．在 E-R 图中，矩形表示________。

15．数据字典是各类数据描述的集合，它通常包括 5 个部分，即数据项、数据结构、数据流、________和处理过程。

16．关系模型的数据操纵即是建立在关系上的数据操纵，一般有________、增加、删除和修改 4 种操作。

17．数据库保护分为安全性控制、________、并发性控制和数据的恢复。

18．关系操作的特点是________操作。

习题答案

第 1 章

一、单选题

1. D　2. A　3. D　4. D　5. C　6. C　7. D　8. C　9. D
10. C　11. C　12. B　13. A　14. B　15. B　16. B

二、填空题

1. 数据库设计器，查询设计器，视图设计器，表单设计器，菜单设计器，报表设计器，标签设计器　2. 表达式生成器，列表生成器，编辑框生成器，网格生成器，列表框生成器　3. 菜单　4. 形状，大小　5. 交互，程序操作　6. 可视化操作，命令方式　7. 命令　8. 解释型，编译型　9. 下拉式　10. 固定，浮动

第 2 章

一、单选题

1. A　2. C　3. A　4. C　5. C　6. B　7. D　8. C　9. B
10. D　11. A　12. C　13. B　14. A　15. B　16. B　17. B　18. A
19. B　20. B　21. B　22. B　23. A　24. B　25. D　26. B　27. C
28. B　29. D　30. D　31. C　32. A　33. D　34. C　35. C　36. D
37. B　38. C　39. B　40. C

二、填空题

1. 程序操作　2. .prg　3. DIMENSION　4. MODIFY COMMAND　5. WAIT　6. INPUT　7. EXIT　8. LOOP　9. ??，?　10. DO　11. 15　12. 数值，字符　13. .F.　14. QUIT　15. CANCEL　16. ACCEPT　17. ENDCASE　18. 循环结构　19. STORE　20. M，G

第 3 章

一、单选题

1. D　2. C　3. D　4. D　5. C　6. D　7. D　8. C　9. D
10. B　11. A　12. A　13. C　14. D　15. B　16. B　17. C　18. A
19. A　20. A　21. A　22. A　23. A　24. A　25. D　26. C　27. D
28. C　29. B　30. D　31. C　32. B　33. B　34. B　35. D　36. D
37. A　38. B　39. D　40. B

二、填空题

1. 继承　2. 绝对引用，相对引用　3. 前　4. Caption　5. Visible　6. .sct　7. Release　8. MaxButton　9. PasswordChar，InputMask　10. 封装，继承，多态性　11. 容器类，控件类　12. 属性，方法　13. 向导，设计器，快速表单　14. Top，FontName，AutoSize　15. Value，Caption　16. ReadOnly，PasswordChar　17. Init，Destroy，RightClike　18. Caption，Time( )

第 4 章

一、单选题

1. C　2. C　3. C　4. C　5. C　6. A　7. B　8. A　9. C
10. A　11. D　12. B　13. C　14. B　15. B　16. D　17. B　18. D
19. D　20. C　21. A　22. B　23. D　24. A　25. D　26. C　27. B
28. B　29. B　30. D　31. A　32. A　33. B　34. A　35. D　36. A
37. B　38. B　39. A　40. C

二、填空题

1. .dbc　2. .dbf　3. DELE DATABASE　4. 主索引　5. CREATE DATABASE　6. 候选索引　7. 逻辑表达式　8. 数据库文件　9. 结构复合索引　10. CLOSE DATABASE　11. 数据　12. 数据　13. 其他　14. 文档　15. .pjx

第 5 章

一、单选题

1. C　2. B　3. C　4. C　5. B　6. C　7. D　8. C　9. D

10. D　11. D　12. D　13. A　14. B　15. C　16. A　17. D　18. C
19. B　20. C　21. A　22. D　23. B　24. B　25. A　26. B　27. B
28. D　29. B　30. B　31. B　32. A　33. D　34. C　35. C　36. D
37. A　38. D　39. C

二、填空题

1. 提高查询效率　2. 文本文件　3. 查询功能，查询去向，不能　4. 永久性关联　5. 比较规范的查询，复杂的查询　6. 本地视图，远程视图　7. 查询表，更新表　8. 数据　9. 表，查询　10. 数据库　11. 本地视图，远程视图　12. 更新条件　13. 关闭　14. 分组依据　15. 数据库　16. SQL　17. 更新条件　18. 查询　19. 打开　20. 数据库表，视图

第 6 章

一、单选题

1. A　2. B　3. D　4. B　5. C　6. A　7. D　8. D　9. A
10. D　11. B　12. C　13. B　14. A　15. D　16. A　17. D　18. D
19. C　20. D　21. D　22. D　23. C　24. C　25. C　26. A　27. D
28. B　29. B　30. A　31. D　32. D　33. A　34. D　35. A　36. C
37. B　38. B　39. D　40. B

二、填空题

1. .qpr　2. DISTINCT　3. LIKE　4. SUM(工资)　5. HAVING　6. IS NULL　7. TOP，DESC　8. INTO TABLE 或 INTO DBF　9. UPDATE　10. PRIMARY KEY　11. SET CHECK　12. CREATE VIEW

第 7 章

一、单选题

1. A　2. B　3. B　4. A　5. D　6. A　7. C　8. C　9. D
10. A　11. C　12. B　13. D　14. C　15. B　16. D　17. A　18. C
19. C　20. B　21. B　22. C　23. A　24. A　25. A　26. A　27. D
28. B　29. A　30. C　31. B　32. D　33. C　34. D　35. D　36. B
37. B　38. C　39. D　40. A

二、填空题

1．.frx 2．数据源，布局 3．使用报表向导创建报表，使用快速报表创建报表，使用报表设计器创建报表 4. 报表向导，一对多报表向导 5. 页标头，细节，页注脚 6. CREATE REPORT 7．MODIFY REPORT 8．报表设计器 9．分组表达式 10．组标头，组注脚 11．数据库表，自由表，查询，视图 12．列报式，行报式，一对多报表，多栏报表，标签 13．位置，格式 14．经营式，账务式，简报式，带区式，随意式 15．3 16．报表控件工具栏 17．页面设置 18．列数，宽度，间隔 19．数据环境

第 8 章

一、单选题

1．A 2．C 3．A 4．A 5．B 6．D 7．A 8．C 9．B
10．A 11．C 12．C 13．C 14．D 15．A 16．B 17．C 18．B
19．A

二、填空题

1．.mnx 2．CREATE MENU 3．DO 4．\- 5．条形菜单，弹出式菜单 6．条形菜单 7．SET SYSMENU TO DEFAULT

第 9 章

一、单选题

1．D 2．C 3．B 4．A 5．B 6．C 7．C 8．B 9．B
10．C 11．D 12．B 13．A 14．D 15．C 16．B 17．D 18．C
19．D 20．D 21．A 22．C 23．D 24．D 25．B 26．A 27．D
28．D 29．A 30．D 31．A 32．D 33．A 34．C 35．C 36．B
37．B 38．B 39．C 40．D

二、填空题

1．.dbc，.dbf 2．128，10 3．CREATE DATABASE 4．MODIFY DATABASE 5．OPEN DATABASE 6．.idx，.cdx 7．32767 8．字符型，逻辑型 9．CONTINUE 10．结构复合索引 11．教研室 12．SELECT 0 13．FIND，SEEK 14．MODIFY STRUCTURE 15．BOF( )，EOF( ) 16．GO BOTTOM 17．1234 18．INSERT，DELETE 19．SET RELATION TO 20．ALL，REST

第 10 章

一、单选题

1. B 2. C 3. C 4. C 5. D 6. D 7. D 8. B 9. C
10. D 11. C 12. D 13. C 14. C 15. D 16. D 17. C 18. B
19. B 20. A 21. A 22. D 23. B 24. D 25. A 26. D 27. C
28. D 29. B

二、填空题

1. ActivePage 2. RecordSource 3. ColumnCount 4. 数据源 5. Multi Select 6. 撤销 7. 两，文本框，表格 8. 表单，创建表单集 9. 表单文件，表单

第 11 章

一、单选题

1. A 2. A 3. B 4. B 5. A 6. A 7. B 8. D 9. A
10. B 11. D 12. B 13. C 14. C 15. C 16. D 17. B 18. B
19. B 20. A 21. C 22. C 23. C 24. C 25. B 26. D 27. D
28. A 29. D 30. A 31. A 32. D

二、填空题

1. 关系 2. 数据模型 3. 数据库管理系统 4. 参照完整性 5. 关系 6. 数据库设计 7. 逻辑设计 8. 概念 9. 物理独立性 10. 元组或记录 11. 关系 12. 元组或记录 13. 概念设计阶段或数据库概念设计阶段 14. 实体集 15. 数据存储 16. 查询 17. 完整性控制 18. 集合

主要参考文献

安晓飞，丁茜，黄志丹，2010．Visual FoxPro 数据库设计与应用[M]．北京：机械工业出版社．

傅翠娇，2007．Visual FoxPro 典型系统实战与解析[M]．北京：电子工业出版社．

高昱，张筠莉，韩智涌，2014．Visual FoxPro 数据库程序设计实用实践教程[M]．北京：科学出版社．

教育部考试中心，2008．全国计算机等级考试二级教程：Visual FoxPro 数据库程序设计（2008 版）[M]．北京：高等教育出版社．

李丽萍，安晓飞，陈志国，2012．Visual FoxPro 数据库应用技术[M]．北京：科学出版社．

辽宁省教育厅，2003．Visual FoxPro 程序设计[M]．沈阳：辽海出版社．

求是科技，郑刚，2004．Visual FoxPro 实效编程百例[M]．2 版．北京：人民邮电出版社．

史济民，2007．Visual FoxPro 及其应用系统开发[M]．2 版．北京：清华大学出版社．

王世伟，2006．Visual FoxPro 程序设计教程[M]．北京：中国铁道出版社．

王延红，肖峰，2011．Visual FoxPro 程序设计教程[M]．北京：科学出版社．

朱珍，2005．Visual FoxPro 数据库程序设计[M]．北京：中国铁道出版社．